GEORGE POLYA

Schule des Denkens

Vom Lösen mathematischer Probleme

Sonderausgabe der vierten Auflage

A. Francke Verlag Tübingen und Basel

Bibliografische Information der Deutschen Nationalbibliothek

Die Deutsche Nationalbibliothek verzeichnet diese Publikation in der Deutschen Nationalbibliografie; detaillierte bibliografische Daten sind im Internet über <http://dnb.d-nb.de> abrufbar.

Titel der Originalausgabe
HOW TO SOLVE IT
A new aspect of mathematical method
Princeton, N. J., Princeton University Press
Aus dem Englischen übersetzt von Elisabeth Behnke

Sonderausgabe der 4. Auflage 2010
4. Auflage 1995
3. Auflage 1980
1. Auflage 1949

Gedruckt auf chlorfrei gebleichtem und säurefreiem Werkdruckpapier.

Internet: www.francke.de
E-Mail: info@francke.de

Druck und Bindung: Hubert & Co., Göttingen
Printed in Germany

ISBN 978-3-7720-0608-1

VERSTEHEN DER AUFGABE

- *Was ist unbekannt? Was ist gegeben? Wie lautet die Bedingung?*
- Ist es möglich, die Bedingung zu befriedigen? Ist die Bedingung ausreichend, um die Unbekannte zu bestimmen? Oder ist sie unzureichend? Oder überbestimmt? Oder kontradiktorisch?
- Zeichne eine Figur! Führe eine passende Bezeichnung ein!
- Trenne die verschiedenen Teile der Bedingung! Kannst du sie hinschreiben?

AUSDENKEN EINES PLANES

- Hast Du die Aufgabe schon früher gesehen? Oder hast Du dieselbe Aufgabe in einer wenig verschiedenen Form gesehen?
- *Kennst Du eine verwandte Aufgabe?* Kennst Du einen Lehrsatz, der förderlich sein könnte?
- *Betrachte die Unbekannte!* Und versuche, Dich auf eine Dir bekannte Aufgabe zu besinnen, die dieselbe oder eine ähnliche Unbekannte hat.
- *Hier ist eine Aufgabe, die der Deinen verwandt und schon gelöst ist. Kannst Du sie gebrauchen?* Kannst Du ihr Resultat verwenden? Kannst Du ihre Methode verwenden? Würdest Du irgend ein Hilfselement einführen, damit Du sie verwenden kannst?
- Kannst Du die Aufgabe anders ausdrücken? Kannst Du sie auf noch verschiedene Weise ausdrücken? Geh auf die Definition zurück!
- Wenn Du die vorliegende Aufgabe nicht lösen kannst, so versuche, zuerst eine verwandte Aufgabe zu lösen. Kannst Du Dir eine zugänglichere verwandte Aufgabe denken? Eine allgemeinere Aufgabe? Eine speziellere Aufgabe? Eine analoge Aufgabe? Kannst Du einen Teil der Aufgabe lösen? Behalte nur einen Teil der Bedingung bei und lasse den anderen fort; wie weit ist die Unbekannte dann bestimmt, wie kann ich sie verändern? Kannst Du etwas Förderliches aus den Daten ableiten? Kannst Du Dir andere Daten denken, die geeignet sind, die Unbekannte zu bestimmen? Kannst Du die Unbekannte ändern oder die Daten oder, wenn nötig, beide, so daß die neue Unbekannte und die neuen Daten einander näher sind?
- Hast Du alle Daten benutzt? Hast Du die ganze Bedingung benutzt? Hast Du alle wesentlichen Begriffe in Rechnung gezogen, die in der Aufgabe enthalten sind?

AUSFÜHREN DES PLANES

- Wenn Du Deinen Plan der Lösung durchführst, so *kontrolliere jeden Schritt.* Kannst Du deutlich sehen, daß der Schritt richtig ist? Kannst Du beweisen, daß er richtig ist?

RÜCKSCHAU

- Kannst Du das *Resultat kontrollieren?* Kannst du den Beweis kontrollieren?
- Kannst Du das Resultat auf verschiedene Weise ableiten? Kannst Du es auf den ersten Blick sehen?
- Kannst Du das Resultat oder die Methode für irgend eine andere Aufgabe gebrauchen?

SAMMLUNG DALP

VORBEMERKUNG ZUR NEUAUFLAGE

von
Peter Roquette

NUN erscheint er also wieder, der «kleine Polya», der seit fast 50 Jahren in vielen Auflagen und Sprachen[1] allseits gerne zur Hand genommen wurde. Ich bin sicher, daß dieses schöne Buch auch in Zukunft vielen als Leitfaden und Anregung dienen kann und wird.

Worin besteht denn nun der besondere Charakter dieses Buches, das offenbar nicht veraltet, sondern jeder neuen Generation wieder aktuell erscheint?

Das Buch handelt von Mathematik, ist jedoch kein Mathematikbuch im geläufigen Sinne. Es wird hier kein Resultat der Mathematik besprochen oder hergeleitet, sondern es geht um die Art und Weise, wie Mathematik betrieben wird, wie mathematische Entdeckungen zustande kommen und wie diese weiter vermittelt werden können und sollten.

Der deutsche Titel *Schule des Denkens* ist dem Anliegen des Buches weit besser angepaßt als der ursprüngliche englische Titel *How to solve it.* Letzterer könnte den Eindruck erwecken, hier ginge es um schlüssige Rezepte für die Lösung spezieller Schulaufgaben. Ja, um Aufgaben-Lösen geht es wohl, aber nicht um das schematische Einüben von Lösungsmethoden, sondern um eine grundsätzliche Diskussion über die allgemeinen Prinzipien, die zur Entdeckung mathematischer Sachverhalte und demnach zur Lösung von Aufgaben führen, seien sie nun von außen herangetragen oder ergeben sie sich aus dem eigenen Drang nach Erkenntnis.

---

[1] In englisch, deutsch, französisch, hebräisch, arabisch, kroatisch, niederländisch, ungarisch, italienisch, japanisch, polnisch, rumänisch und russisch (soweit ich orientiert bin).

Insofern klingen in dem Buch philosophische und erkenntnistheoretische Fragen an, so wie sie in den späteren, «größeren» Büchern von Polya eingehender besprochen werden.[2]

Vor allem beeindrucken an dem vorliegenden Buch aber die einfache Sprache und das elementare Niveau. Der Autor erklärt, er wende sich an alle an der Mathematik ernsthaft Interessierten, auch wenn sie keine mathematischen Vorkenntnisse besitzen. Und, was besonders bemerkenswert ist, er löst dieses Versprechen auch ein. Selbst ohne Vorkenntnisse ist dieses Buch für jedermann mit Gewinn lesbar – ohne daß deshalb der Inhalt verflacht oder verkürzt ist.

Daher ist es erklärlich, daß insbesondere Schüler aller Altersstufen, einschließlich der Studenten, sich angesprochen fühlen. Ihnen wird sich eine ganz neue Dimension der Mathematik auftun. Mathematik besteht eben nicht nur aus formalen Begriffen, Sätzen und Folgerungen. Jeder, der Mathematik betreibt, weiß, daß Mathematik eine lebendige Wissenschaft ist, in welcher Analogie, Heuristik, Plausibilität und experimentelle Erfahrung eine bedeutende Rolle spielen – wie natürlich in anderen Wissenschaften auch.

Leider werden diese Aspekte der Mathematik im modernen Unterricht oft zurückgedrängt oder gar ganz verschwiegen – sei es an der Schule oder an der Hochschule. Oft wird die Mathematik in doktrinärer Weise als ein starres Gebäude von Axiomen, Begriffen, Theoremen und Folgerungen dargeboten. Die Begriffe mögen zwar durchaus in didaktisch gekonnter Weise eingeführt und besprochen werden; dies ergibt jedoch keinen Hinweis darauf, daß es auch anders gehen könnte, daß die dargebotene Art der Mathematik oft genug nur den gegenwärtigen beschränkten Erkenntnisstand betrifft, der morgen schon überholt sein könnte.

Vielleicht ist dieser Trend verständlich im Hinblick auf die ungeheure Erweiterung der mathematischen Erkenntnis,

---

[2] Gemeint ist insbesondere das zweibändige Werk *Mathematik und plausibles Schließen.*

die sich in unserem Jahrhundert vollzogen hat, im Vergleich zu der nach wie vor begrenzten Zeit, die für den Unterricht zur Verfügung steht. Immer wieder höre ich von Lehrern, daß der Polya ja im Grunde recht habe, daß aber leider die Zeit nicht zur Verfügung stehe, um seine Grundsätze in der Praxis des Unterrichts zur vollen Wirkung kommen zu lassen.

Darin, in der Ergänzung unseres heutigen Mathematikunterrichts durch Aufzeigen anderer Wege zu mathematischer Erkenntnis, darin also liegt insbesondere der Wert und die Attraktivität dieses Buches. Und darin liegt wohl auch sein besonderer Charakter. Nirgendwo anders werden die Grundsätze mathematischen Denkens in dieser Form behandelt.

Wie dem auch sei: Derjenige, der sich nicht mit seinem Unterricht zufrieden geben und der darüber hinaus selbständig weiter denken will, der wird bei Polya eine wertvolle und brauchbare Anleitung dazu finden. Ihm sei gesagt, daß er ein Meisterwerk zur Hand nimmt, das weltweit konkurrenzlos dasteht.[3]

Heidelberg, am 21. September 1994

---

[3] Übrigens: Auch Polya war nicht immer ein Meister, sondern auch er hatte in seiner Jugend eine Lehr- und Gesellenzeit durchzustehen. Offenbar nicht immer zur Zufriedenheit seiner Lehrer und Kollegen. Denn in dem kürzlich erschienenen Büchlein *Die Mathematiker an den Züricher Hochschulen* von Günther Frei und Urs Stammbach ist zu lesen, daß über Polya noch im Jahre 1920 berichtet wurde: «Dagegen lauten die Urteile über seine Lehrbegabung und Lehrerfolge weniger günstig.» Die Autoren Frei und Stammbach bemerken dazu: «Diese Bemerkung entbehrt in Anbetracht der späteren Verdienste Polyas um den Mathematikunterricht nicht einer gewissen Pikanterie.» Aber: Ist es denn wirklich so merkwürdig, wenn sich herausstellt, daß jemand in seiner Jugend noch nicht so viel kann wie später als erfahrener Meister seines Faches?

VORWORT
ZUR DEUTSCHEN ÜBERSETZUNG

Die ersten Anfänge der nachfolgend dargestellten Überlegungen liegen nun schon viele Jahre zurück. Öffentlich sprach ich darüber erstmals in einem «Rathausvortrag» in Zürich unter dem Titel «Geometrische Darstellung einer Gedankenkette» im Jahre 1917, dann in einem Vortrag in Bern im Jahre 1931 vor dem Verein Schweizerischer Mathematiklehrer unter dem Titel: «Wie sucht man die Lösung mathematischer Aufgaben?» Den letzteren Titel wählte ich auch für die Vorlesungen, die ich im Sommer 1931 und Winter 1933/34 an der Eidgenössischen Technischen Hochschule in Zürich über den Gegenstand hielt.

Die vorliegende Darstellung wendet sich in erster Linie an junge Menschen mit ernsthaftem Interesse am mathematischen Denken, aber ohne besondere Vorkenntnisse, sowie an Lehrer der Mathematik aller Stufen. Daher werden die einfachsten Beispiele bevorzugt und alles in möglichst bescheidenem Tone hervorgebracht. Dies macht jedoch vielleicht notwendig, hier darauf hinzuweisen, daß die Ziele der dargelegten Überlegungen keineswegs bescheiden sind. Das Buch enthält relevante Beispiele und wesentliche Ansätze zur «Heuristik» oder «Logik der Erfindung» sowie auch zur «Logik des plausiblen Schließens». Diese Beispiele und Ansätze sind kurz und ohne zudringliche Reklame dargelegt unter der Devise: «sapienti sat».

Der vorliegenden deutschen Übersetzung liegt der fünfte, etwas erweiterte Abdruck des englischen Originaltextes «How to Solve It» zugrunde. Die Übersetzung benötigte eine teilweise Umstellung des Textes und die nicht leichte Neubearbeitung verschiedener Einzelheiten. Ich bin der Übersetzerin, Frau Elisabeth Behnke, für ihre verständnisvolle und hingebende Arbeit zu großem Danke verpflichtet. Auch Herrn Prof. Dr. Heinrich Behnke an der Universität Münster in Westfalen möchte ich gerne meinen Dank für seine freundliche Hilfe ausdrücken.

Zürich, den 1. August 1949. *G. Polya*

VORWORT

Die Lösung eines großen Problems stellt eine große Entdeckung dar, doch in der Lösung eines jeden Problems steckt etwas von einer Entdeckung. Deine Aufgabe mag noch so bescheiden sein; wenn sie jedoch dein Interesse weckt, wenn deine Erfindungsgabe angeregt wird und du die Aufgabe aus dir selbst heraus löst, so wirst du die Spannung und den Triumph eines Entdeckers erfahren. Wenn solche Erfahrungen in einem Alter, das für Eindrücke empfänglich ist, gemacht werden, so mag das den Sinn für geistige Arbeit hervorrufen und seinen Stempel auf Geist und Charakter für das ganze Leben einprägen.

So hat der Lehrer der Mathematik eine große Chance. Wenn er die ihm zur Verfügung stehende Zeit damit ausfüllt, seine Schüler in eingeübten Verfahren zu drillen, mindert er ihr Interesse und hemmt ihre geistige Entwicklung; dann nutzt er seine Chance schlecht. Aber wenn er den Wissensdrang seiner Schüler weckt, indem er ihnen Aufgaben stellt, die ihren Kenntnissen angepaßt sind, und ihnen durch geschickte Fragen hilft, die Aufgaben zu lösen, so wird er den Geschmack an selbständigem Denken in ihnen entwickeln und ihnen Wege dazu aufzeigen.

Auch der Schüler, dessen Studienplan Mathematik umfaßt, hat eine einzigartige günstige Gelegenheit. Diese Gelegenheit ist natürlich verpaßt, wenn er die Mathematik als ein Fach betrachtet, in dem er sich eine bestimmte Note verdienen muß und das er nach dem Schlußexamen so schnell wie möglich vergessen kann. Die Gelegenheit mag sogar verpaßt sein, wenn der Schüler eine natürliche Begabung für Mathematik hat, denn, wie in jedem Falle, muß er seine Begabungen und Neigungen ja erst entdecken; er kann nicht wissen, ob er bayrische Knödel liebt, wenn er sie niemals gegessen hat. Er mag etwa zu der Feststellung kommen, daß ein mathematisches Problem so viel Vergnügen bereiten kann wie ein Kreuzworträtsel, oder daß eine intensive geistige Arbeit so angenehm wie eine Tennispartie sein kann. Wenn er einmal die Freude an der Mathematik gekostet hat, wird er sie nicht leicht wieder verlieren, und das ist dann die Chance, daß die Mathematik eine Bedeutung für ihn bekommt: vielleicht wird sie sein Steckenpferd, vielleicht ein Werkzeug für seinen Beruf, oder sein Beruf selbst, oder gar eine große Leidenschaft.

Der Verfasser erinnert sich der Zeit, da er selbst Student war, und zwar ein einigermaßen ehrgeiziger Student, der danach strebte, etwas von Mathematik und Physik zu verstehen. Er hörte Vorlesungen und las Bücher und versuchte, die dargestellten Lösungen und Tatsachen zu begreifen; aber es gab eine Frage, die ihn immer und immer wieder in Unruhe versetzte: «Gewiß, die Lösung scheint zu gehen, sie scheint richtig zu sein; wie aber ist es möglich, eine solche Lösung zu finden? Dieses Experiment scheint zu klappen, es scheint ein Faktum zu sein; aber wie kann jemand solche Tatsachen entdecken? Und wie könnte ich selbst je so etwas erfinden oder entdecken?» Heute lehrt der Verfasser Mathematik an einer Universität; unter seinen Schülern, so denkt und hofft er, werden manche der eifrigeren ähnliche Fragen stellen, und er versucht, ihren Wissensdrang zu befriedigen. In dem Bemühen, nicht nur die Lösung von diesem oder jenem Problem zu verstehen, sondern auch die Motive und Verfahren der Lösung, und diese dann anderen zu erklären, wurde er schließlich dazu geführt, das vorliegende Buch zu schreiben. Möge es Lehrern nützlich sein, die bei ihren Schülern das Geschick zum Lösen von Aufgaben entwickeln wollen, und möge es Schülern helfen in dem Bestreben, ihre eigenen Fähigkeiten zu entwickeln!

Obgleich das vorliegende Buch den Erfordernissen der Studenten und Lehrer der Mathematik besondere Aufmerksamkeit widmet, wendet es sich auch an jeden, den die Mittel und Wege von Erfindungen und Entdeckungen interessieren. Ein solches Interesse mag weiter verbreitet sein, als man auf den ersten Blick annehmen würde. Der Raum, den populäre Zeitungen jederlei Art Kreuzwort- und anderen

Rätseln einräumen, scheint zu zeigen, daß viele Menschen mit der Lösung von Denkaufgaben gerne Zeit verbringen. Hinter dem Wunsch, dieses oder jenes Problem zu lösen, was keinerlei materielle Vorteile bringt, mag ein tieferer Wissensdrang stehen und die Sehnsucht, die Mittel und Wege, die Motive und Verfahren einer Lösung zu begreifen.

Die folgenden Seiten sind ein wenig gedrängt, aber so einfach wie möglich geschrieben; sie beruhen auf einem langen und gründlichen Studium von Lösungsmethoden. Diese Disziplin – manche Schriftsteller nennen sie Heuristik – ist heutzutage nicht in Mode, sie hat aber eine lange Vergangenheit und vielleicht auch einige Zukunft.

Wenn wir die Methoden der Lösung von Aufgaben studieren, nehmen wir ein anderes Gesicht der Mathematik wahr. In der Tat hat die Mathematik zwei Aspekte; sie ist die strenge Wissenschaft Euklids, aber sie ist auch etwas anderes. Nach Euklid dargestellt, erscheint die Mathematik als eine systematische deduktive Wissenschaft; aber die Mathematik im Entstehen erscheint als experimentelle induktive Wissenschaft. Beide Aspekte sind so alt wie die Mathematik selbst. Aber der zweite Aspekt ist in einer Beziehung neu; Mathematik «in statu nascendi», in dem Prozeß des Erfundenwerdens, ist in dieser Art niemals vorher dem Schüler oder dem Lehrer oder dem breiten Publikum dargestellt worden.

Das Gebiet der Heuristik hat mannigfaltige Verknüpfungen zu anderen Wissenschaften; Mathematiker, Logiker, Psychologen, Erziehungswissenschafter, sogar Philosophen mögen sie teilweise als zu ihrem Fachgebiet gehörig in Anspruch nehmen. Der Verfasser kennt sehr wohl die Möglichkeit der Kritik, die von entgegengesetzten Auffassungen ausgeht, und ist sich seiner Grenzen streng bewußt; aber er darf einen Anspruch erheben: er hat etwas Erfahrung in dem Lösen von Aufgaben und in dem Unterricht in Mathematik auf den verschiedensten Stufen.

Der Verfasser hat die Absicht, diesen Gegenstand eingehender in einem ausführlicheren Buche darzustellen, das seiner Vollendung entgegengeht.

Danken möchte der Autor mehreren Freunden und Kollegen für ihre Hilfe und ihren Rat während der vielen Jahre, die er diesem etwas fernerliegenden Gebiet gewidmet hat. Es ist hier nicht möglich, alle Namen aufzuzählen; ein einigermaßen vollständiges Verzeichnis, das hier unverhältnismäßig weitschweifig erscheinen würde, soll in dem ausführlicheren Werk gegeben werden. Der Verfasser möchte jedoch hier schon seinen Dank Herrn Datus C. Smith jr., dem Direktor der Princeton University Press, und Fräulein Gladys Fornell, der Mitarbeiterin des Verlages, für ihre wirksame und verständnisvolle Hilfe aussprechen.

Universität Stanford (Kalifornien), den 1. August 1944.

G. Polya

EINFÜHRUNG

Die folgenden Darlegungen gruppieren sich um einen Komplex von Fragen und Anregungen. Diese Fragen und Anregungen sind in einer Tabelle mit der Überschrift: «Wie löst man Probleme?» zweimal abgedruckt, einmal am Anfang und einmal am Ende des Buches, so daß der Leser sie schnell bei der Hand hat. Jede Frage und jede Anregung, die daraus zitiert werden, sind in *Kursivschrift* gedruckt, und das ganze Verzeichnis soll, wenn darauf Bezug genommen wird, einfach «die Tabelle» oder «unsere Tabelle» genannt werden.

Auf den folgenden Seiten soll der Zweck der Tabelle erörtert, ihr praktischer Nutzen an Beispielen aufgezeigt und die zugrunde liegenden Begriffe und Denkoperationen erklärt werden. Statt einleitender Erklärungen mag so viel gesagt sein: wenn du dir diese Fragen und Anregungen vorlegst und sie richtig anwendest, so können sie dir helfen, deine Aufgabe zu lösen. Wenn du dieselben Fragen und Anregungen einem deiner Schüler vorlegst und sie richtig anwendest, so kannst du ihm helfen, seine Aufgabe zu lösen.

Das Buch ist in drei Teile gegliedert.

Der erste Teil ist überschrieben: «Im Klassenzimmer». Er enthält 20 Paragraphen. Jeder Paragraph wird durch seine Nummer, die ihm in Fettdruck vorgesetzt ist, zitiert, wie z. B. «Paragraph **7**». Die Paragraphen **1–5** untersuchen den Zweck der Tabelle in allgemeinen Betrachtungen. In den Paragraphen **6–17** wird erklärt, welches die «Hauptteile und Hauptfragen» der Tabelle sind, und es wird ein erstes praktisches Beispiel diskutiert. Die Paragraphen **18**, **19** und **20** fügen «weitere Beispiele» hinzu.

Die Überschrift des sehr kurzen zweiten Teiles lautet: «Wie löst man Probleme?» Er ist in Dialogform geschrieben; ein idealisierter Lehrer beantwortet kurze Fragen eines idealisierten Schülers.

Der dritte und umfangreichste Teil ist ein «Kleines Wörterbuch der Heuristik»; wir nennen ihn kurz das «Wörterbuch». Es enthält 67 Abschnitte in alphabetischer Reihenfolge. Z. B. ist die Bedeutung des Ausdrucks HEURISTIK (in Kapitälchen gesetzt) in einem Abschnitt mit gleichlautender Überschrift auf Seite 118 erklärt. Wenn auf die Überschrift eines solchen Abschnitts im Text verwiesen wird, so ist er ebenfalls in Kapitälchen gesetzt. Manche Abschnitte enthalten Absätze mehr technischen Inhalts; diese sind in eckige Klammern eingeschlossen. Einige Abschnitte stehen in engem Zusammenhang mit dem ersten Teil, zu dem sie nähere Erläuterungen und spezifische Kommentare geben. Andere Abschnitte gehen etwas hinaus über das Ziel des ersten Teiles, dessen tieferen Hintergrund sie enthüllen. Der Hauptabschnitt befaßt sich mit MODERNER HEURISTIK. In ihm wird der Zusammenhang zwischen den wichtigsten Abschnitten und dem Plan erklärt, der dem Wörterbuch zugrunde liegt. Er enthält auch Anweisungen, wie man sich über besondere Einzelheiten der Tabelle unterrichten kann. Es muß nachdrücklich betont werden, daß ein gemeinsamer Plan und eine gewisse einheitliche Linie vorliegen, weil an sich die Abschnitte des Wörterbuches die größte äußere Mannigfaltigkeit zeigen. Ein paar längere Abschnitte sind der systematischen, wenn auch zusammengedrängten Erörterung einiger allgemeiner Themen gewidmet; andere enthalten mehr spezifische Kommentare, noch andere Verweisungen auf andere Abschnitte oder historische Angaben oder Zitate oder Aphorismen oder auch Scherze.

Das Wörterbuch darf nicht zu schnell gelesen werden; sein Text ist häufig zusammengedrängt und erfordert hie und da feineres Verständnis. Der Leser möge nach dem Wörterbuch greifen, um sich über besondere Dinge Auskunft zu holen. Wenn diese Fragen aus der Erfahrung mit seinen eigenen Problemen oder mit seinen eigenen Schülern stammen, so hat die Lektüre des Wörterbuches eine weit größere Aussicht, von Nutzen zu sein.

Wir haben wiederholt den «Schüler» und den «Lehrer» erwähnt und werden noch öfter auf beide Bezug nehmen.

Es mag zweckmäßig sein, zu beachten, daß der «Schüler» sowohl Student einer Hochschule wie Gymnasiast sein kann oder irgend jemand sonst, der Mathematik studiert. Auch der «Lehrer» mag Hochschullehrer oder Gymnasiallehrer sein oder irgend jemand, der sich für die Technik des mathematischen Unterrichts interessiert. Der Verfasser nimmt zuweilen den Standpunkt des Schülers und zuweilen den des Lehrers ein (den letzteren überwiegend im ersten Teil). Doch meistens (besonders im dritten Teil) ist sein Standpunkt weder der eines Schülers, noch der eines Lehrers, sondern einfach der eines Menschen, der ernsthaft danach strebt, eine vor ihm liegende Aufgabe zu lösen.

TEIL I

IM KLASSENZIMMER

Zweck der Tabelle

1. Hilfe für den Schüler. Eine der wichtigsten Aufgaben des Lehrers ist es, seinen Schülern zu helfen. Diese Aufgabe ist nicht ganz leicht; sie erfordert Zeit, Übung, Hingabe und klare Grundsätze.

Der Schüler muß sich ein möglichst großes Maß an Selbständigkeit erwerben. Aber wenn er mit seiner Aufgabe allein gelassen wird, ohne Hilfe oder ohne ausreichende Hilfe, wird er gar keinen Fortschritt machen. Wenn der Lehrer dagegen zu viel hilft, bleibt nichts dem Schüler selbst überlassen. Der Lehrer soll wohl helfen, aber nicht zu viel und nicht zu wenig, so daß der Schüler *einen vernünftigen Anteil an der Arbeit* hat.

Wenn der Schüler selbst nicht viel leisten kann, sollte ihm der Lehrer wenigstens die Illusion geben, daß er selbständig arbeitet. Um das zu erreichen, muß der Lehrer dem Schüler vorsichtig und *unaufdringlich* helfen.

Am besten ist es, dem Schüler auf eine natürliche Weise zu helfen. Der Lehrer muß sich an die Stelle des Schülers versetzen, er muß den Stand der Dinge von seiten des Schülers sehen, muß zu verstehen suchen, was in dem Geist des Schülers vor sich geht, und ihm Fragen stellen oder Schritte angeben, *die dem Schüler selbst hätten einfallen können.*

2. Fragen, Anregungen, Denkoperationen. Wenn der Lehrer versucht, dem Schüler wirksam, aber auf eine unaufdringliche und natürliche Weise zu helfen, wird er dazu geführt, immer wieder dieselben Fragen zu stellen und dieselben Schritte anzugeben. So muß man bei unzähligen Aufgaben fragen: *Was ist unbekannt?* Wir können die gleiche Frage auch mit anderen Worten stellen: Was wird gefordert? Was willst Du finden? Was willst Du eigentlich suchen? Das Ziel dieser Fragen ist, die Aufmerksamkeit des Schülers auf die Unbekannte zu konzentrieren. Manchmal erhalten wir dieselbe Wirkung einfacher durch eine Anregung: *Betrachte die Unbekannte!* Frage und Anregung bezwecken die gleiche Wirkung; sie zielen darauf ab, dieselbe Denkoperation hervorzurufen.

Es schien dem Verfasser der Mühe wert, Fragen und Anregungen, die bei der Behandlung von Aufgaben den Schülern in typischer Weise helfen, zu sammeln und zu ordnen. Unsere Tabelle enthält sorgfältig ausgewählte und angeordnete Fragen und Anregungen dieser Art; sie sind zugleich für die nützlich, die sich allein mit der Lösung irgendeiner Aufgabe beschäftigen. Wenn der Leser ausreichend mit der Tabelle bekannt ist und hinter der Anregung die angeregte Handlung sehen kann, wird er erkennen, daß die Tabelle indirekt *die Denkoperationen* aufzählt, *die typisch bei der Lösung von Aufgaben helfen*. Diese Denkoperationen sind in der Reihenfolge angeordnet, in der sie am wahrscheinlichsten vorkommen.

3. Allgemeingültigkeit ist ein wichtiges Charakteristikum der Fragen und Anregungen, die unsere Tabelle enthält. Nehmen wir die Fragen: *Was ist unbekannt? Was ist gegeben? Wie lautet die Bedingung?* Diese Fragen sind allgemein anwendbar, wir können sie bei der Behandlung aller Arten von Aufgaben mit gutem Erfolg stellen. Ihre Anwendung ist nicht auf ein bestimmtes Fach beschränkt. Unsere Aufgabe mag algebraisch oder geometrisch sein, theoretisch oder praktisch, ein ernsthaftes Problem oder ein einfaches Geduldspiel; das bildet keinen Unterschied, die Fragen sind sinnvoll und können uns helfen, die Aufgabe zu lösen.

De facto ist eine *Einschränkung* zu machen, aber sie hat nichts mit dem Fach zu tun. Gewisse Fragen und Anregungen der Tabelle sind nur anzuwenden bei «Bestimmungsaufgaben» und nicht bei «Beweisaufgaben». Wenn wir eine Aufgabe der letzteren Art haben, müssen wir andersgeartete

Fragen stellen; siehe BESTIMMUNGSAUFGABEN UND BEWEISAUFGABEN.

4. Gesunder Menschenverstand. Die Fragen und Anregungen unserer Tabelle sind allgemeingültig, aber, abgesehen von ihrer Allgemeingültigkeit, sind sie natürlich, einfach, handgreiflich und entspringen dem klaren, gesunden Menschenverstand. Nehmen wir die Anregung: *Betrachte die Unbekannte! Und versuche, Dich auf eine Dir bekannte Aufgabe zu besinnen, die dieselbe oder eine ähnliche Unbekannte hat.* Diese Anregung rät Dir, das zu tun, was Du auf jeden Fall und ohne irgendwelche Hilfe tun würdest, wenn Du Dich ernsthaft mit Deiner Aufgabe befassen willst. Bist Du hungrig? Du willst etwas zu essen haben und besinnst Dich auf einen Dir bekannten Weg, zu Nahrung zu gelangen. Hast Du eine geometrische Konstruktionsaufgabe? Du willst ein Dreieck konstruieren und besinnst Dich auf eine Dir bekannte Methode, ein Dreieck zu konstruieren. Hast Du ein Problem irgendwelcher Art? Du willst eine gewisse Unbekannte finden und besinnst Dich auf Dir bekannte Methoden, diese Unbekannte oder eine ähnliche Unbekannte zu finden. Wenn Du so handelst, folgst Du genau der Anregung, die in unserer Tabelle steht. Und Du bist damit auf dem richtigen Wege; die Anregung ist gut, sie regt Dich zu einem Verfahren an, das sehr oft zu Erfolg führt.

Alle Fragen und Anregungen unserer Tabelle sind natürlich, einfach und handgreiflich, sie sind allgemein formuliert und drücken klaren, gesunden Menschenverstand aus. Sie regen ein gewisses Verhalten an, zu dem jeder ganz natürlich geführt wird, der sich ernsthaft für seine Aufgabe interessiert und der gesunden Menschenverstand hat. Aber wenn jemand sich auch richtig verhält, so kümmert er sich gewöhnlich nicht darum, sein Verhalten in klaren Worten auszudrücken, und vielleicht bringt er das auch gar nicht fertig; unsere Tabelle dagegen versucht dieses Verhalten auszudrücken.

5. Lehrer und Schüler. Nachahmung und Übung. Ein doppeltes Ziel mag der Lehrer verfolgen, wenn er seinen Schülern eine Frage aus der Tabelle stellt oder eine Anregung gibt; erstens, dem Schüler zu helfen, daß er die Aufgabe geschickt lösen kann, und zweitens, die geistigen Fähigkeiten des Schülers zu entwickeln, so daß er künftige Aufgaben selbst lösen kann.

Die Erfahrung zeigt, daß die Fragen und Anregungen unserer Tabelle, wenn man sie passend anwendet, dem Schüler sehr häufig helfen können. Sie haben zwei Merkmale gemein: gesunden Menschenverstand und Allgemeingültigkeit. Da sie dem klaren, gesunden Menschenverstand entspringen, kommen sie sehr oft spontan; sie hätten dem Schüler selbst einfallen können. Da sie allgemein sind, helfen sie unaufdringlich; sie geben nur eine allgemeine Richtung an und lassen dem Schüler selbst genug zu tun übrig.

Aber die beiden Ziele, die wir oben erwähnten, sind eng miteinander verbunden; wenn dem Schüler die Lösung seiner Aufgabe gelingt, vermehrt er damit auch etwas seine Fähigkeit, Aufgaben zu lösen. Außerdem ist nicht zu vergessen, daß unsere Fragen allgemein sind und deshalb in vielen Fällen verwendet werden können. Wenn dieselbe Frage wiederholt hilft, wird der Schüler kaum verfehlen, es zu bemerken, und gelangt so dazu, diese Frage bei einer ähnlichen Situation von selbst zu stellen. Wenn er sich wiederholt die Frage stellt, wird es ihm auch einmal glücken, sich dadurch den richtigen Gedanken zu entlocken. Durch einen solchen Erfolg entdeckt er den rechten Weg, die Frage anzuwenden, und damit hat er sich sie wirklich angeeignet.

Der Schüler kann einige Fragen unserer Tabelle so in sich aufnehmen, daß er schließlich in der Lage ist, sich selbst die richtige Frage im richtigen Augenblick zu stellen und die entsprechende Denkoperation natürlich und nachdrücklich zu vollziehen. Ein solcher Schüler hat gewiß den größtmöglichen Nutzen aus unserer Tabelle gezogen. Was kann der Lehrer tun, um dieses bestmögliche Resultat zu erzielen?

Aufgaben zu lösen ist ein praktisches Geschick wie, sagen wir etwa, Schwimmen. Wir erwerben jede praktische Fertigkeit durch Nachahmung und Übung. Wenn man versuchen will zu schwimmen, so ahmt man das nach, was andere mit ihren Händen und Füßen tun, um sich über Wasser zu halten, und schließlich lernt man schwimmen, indem man das Schwimmen übt. Wenn man versuchen will, eine Aufgabe zu lösen, so muß man beobachten und nachahmen, was andere tun, wenn sie Aufgaben lösen, und schließlich lernt man Aufgaben auszuführen, indem man sie macht.

Will der Lehrer bei seinen Schülern die geistige Fähigkeit, Aufgaben zu lösen, fördern, so muß er ihnen das Interesse an Aufgaben einflößen und ihnen ausreichend Gelegenheit zu Nachahmung und Übung geben. Wenn der Lehrer in seinen Schülern die Denkoperationen entwickeln will, die den Fragen und Anregungen unserer Tabelle entsprechen, so legt er diese Fragen und Anregungen den Schülern so oft vor, wie er das ungezwungen tun kann. Überdies sollte der Lehrer, wenn er eine Aufgabe vor der Klasse löst, seine Ideen ein wenig dramatisch vorbringen und sich selbst die Fragen stellen, die er bei seinen Schülern benutzt. Dank solcher Führung wird der Schüler schließlich hinter den rechten Gebrauch dieser Fragen und Anregungen kommen, und damit hat er etwas erworben, was wichtiger ist als die Kenntnis irgendeines besonderen mathematischen Sachverhalts.

Hauptteile und Hauptfragen

6. Vier Phasen der Arbeit. Wenn wir versuchen, die Lösung einer Aufgabe zu finden, werden wir den Standpunkt, von dem aus wir unsere Aufgabe betrachten, wiederholt ändern müssen. Wir müssen immer wieder eine andere Position aufnehmen. Bei Beginn der Arbeit haben wir von der Aufgabe wahrscheinlich eine ziemlich unvollständige Vorstellung; unsere Auffassung ändert sich schon, wenn wir einige Fortschritte gemacht haben; und sie ist wieder anders, wenn wir die Lösung beinahe gefunden haben.

Um die Fragen und Anregungen unserer Tabelle passend zusammenzufassen, werden wir vier Phasen bei der Arbeit unterscheiden. Erstens müssen wir die Aufgabe *verstehen*; wir müssen klar sehen, was verlangt wird. Zweitens müssen wir feststellen, wie die verschiedenen Einzelheiten miteinander zusammenhängen, wie die Unbekannte und die Daten miteinander verbunden sind, um auf den Gedanken der Lösung zu kommen und *einen Plan zu machen*. Drittens müssen wir *den Plan durchführen*. Viertens *halten wir Rückschau*, wir überprüfen die fertige Lösung und diskutieren sie.

Jede dieser Phasen hat ihre Bedeutung. Es mag vorkommen, daß ein Schüler auf eine ausnehmend gescheite Idee verfällt und einfach mit der Lösung herausplatzt, indem er alle Vorbereitungen überspringt. Solche glücklichen Ideen sind natürlich sehr erwünscht, aber etwas sehr wenig Wünschenswertes und Unglückliches wird herauskommen, wenn der Schüler irgendeine der vier Phasen ausläßt, ohne eine gute Idee zu haben. Das größte Unglück geschieht, wenn der Schüler sich auf Ausrechnungen und Konstruktionen einläßt, ohne die Aufgabe überhaupt *verstanden* zu haben. Es ist im allgemeinen nutzlos, Einzelheiten durchzuführen, ohne daß man den Hauptzusammenhang erkannt oder eine Art *Plan* gemacht hat. Viele Fehler können vermieden werden, wenn der Schüler bei der Durchführung seines Planes *jeden Schritt kontrolliert*. Von der besten Wirkung geht etwas verloren, wenn der Schüler versäumt, die fertige Lösung *noch einmal* zu überprüfen und *zu durchdenken*.

7. Verstehen der Aufgabe. Es ist töricht, eine Frage zu beantworten, die man nicht versteht. Es ist kläglich, für ein Ziel zu arbeiten, das man nicht ersehnt. Solche törichten und kläglichen Dinge geschehen oft, in der Schule und anderswo, doch der Lehrer sollte alles tun, um zu verhindern, daß sie in seiner Klasse vorkommen. Der Schüler soll die Aufgabe verstehen. Aber er sollte sie nicht nur verstehen, er sollte auch ihre Lösung herbeisehnen. Wenn es dem Schüler an Verständnis oder an Interesse fehlt, ist es nicht immer seine Schuld; die Aufgabe muß auch gut gewählt sein, nicht zu schwer und nicht zu leicht, natürlich und fesselnd, und eine gewisse Zeit sollte einer natürlichen und anregenden Darstellung gewidmet sein.

Zu allererst muß der Wortlaut der Aufgabe verstanden sein. Der Lehrer kann das bis zu einem gewissen Grad nachprüfen; er fordert den Schüler auf, den Wortlaut zu wiederholen, und der Schüler muß die Aufgabe fließend formulieren können. Der Schüler sollte auch imstande sein, auf die Hauptteile der Aufgabe hinzuweisen, die Unbekannte, die Daten und die Bedingung. Deshalb darf der Lehrer selten die Fragen: *Was ist unbekannt? Was ist gegeben? Wie lautet die Bedingung?* auslassen.

Der Schüler sollte die Hauptteile der Aufgabe wiederholt aufmerksam und von verschiedenen Seiten betrachten. Wenn eine Zeichnung mit der Aufgabe verbunden ist, sollte er *eine Figur zeichnen* und an ihr die Unbekannte und die Daten kennzeichnen. Wenn es nötig ist, diese Größen zu benennen, so sollte er *eine passende Bezeichnung einführen;* dadurch, daß er der geeigneten Auswahl von Bezeichnungen seine Aufmerksamkeit widmen muß, ist er gezwungen, die Dinge, die er benennen will, zu betrachten. Noch eine andere Frage kann in diesem vorbereitenden Stadium nützlich sein, vorausgesetzt daß wir nicht eine endgültige, sondern eine provisorische Antwort, eine Vermutung, erwarten: *Ist es möglich, die Bedingung zu befriedigen?*

(In der Darstellung des Teiles II, Seite 48, ist der Abschnitt: «Verstehen der Aufgabe» in zwei Teile unterteilt: «Vertrautwerden mit der Aufgabe» und «Erarbeiten eines besseren Verständnisses».)

8. Beispiel. Wir wollen einige der Punkte, die wir im vorhergehenden Paragraphen erklärt haben, an einem Beispiel erläutern. Nehmen wir die einfache Aufgabe: *Suche die Diagonale in einem rechtwinkligen Parallelepiped (Quader), dessen Länge, Breite und Höhe bekannt sind!*

Um diese Aufgabe mit Erfolg diskutieren zu können, müssen die Schüler mit dem Pythagoräischen Lehrsatz und mit einigen seiner Anwendungen in der ebenen Geometrie vertraut sein, aber sie brauchen nur sehr geringe systematische Kenntnisse in der Stereometrie zu haben. Der Lehrer kann sich hier auf die mitgebrachte Vertrautheit des Schülers mit räumlichen Beziehungen verlassen.

Der Lehrer kann die Aufgabe dadurch interessant machen, daß er sie an einem konkreten Beispiel darstellt. Das Klassenzimmer ist ein rechtwinkliger Quader, dessen Ausmaße gemessen oder auch nur grob abgeschätzt werden können. Die Schüler sollen die Länge der Diagonale des Klassenzimmers finden, sie «indirekt messen». Der Lehrer zeigt die Länge, die Breite und die Höhe des Klassenzimmers, bezeichnet mit einer Handbewegung die Diagonale und belebt seine Figur, die er an die Tafel gemalt hat, indem er sich immer wieder auf das Klassenzimmer bezieht.

Das Gespräch zwischen Lehrer und Schüler mag etwa so vor sich gehen.

«*Was ist unbekannt?*»

«Die Länge der Diagonale eines Quaders.»

«*Was ist gegeben?*»

«Die Länge, die Breite und die Höhe des Quaders.»

«*Führe passende Bezeichnungen ein!* Wie wollen wir die Unbekannte nennen?»

«x.»

«Welche Buchstaben willst Du für die Länge, Breite und Höhe wählen?»

«a, b, c.»

«*Wie lautet die Bedingung*, die a, b, c und x verknüpft?»

«x ist die Diagonale des Quaders, in dem a, b und c die Länge, Breite und Höhe sind.»

«Ist es eine sinnvolle Aufgabe? Ich meine damit, *ist die Bedingung ausreichend, um die Unbekannte zu bestimmen?*»

«Ja. Wenn wir *a*, *b* und *c* kennen, so kennen wir den Quader. Wenn aber der Quader bestimmt ist, so ist die Diagonale bestimmt.»

9. Ausdenken eines Planes. Wir haben einen Plan, wenn wir wissen oder wenigstens in Umrissen wissen, welche Rechnungen, Umformungen oder Konstruktionen wir ausführen müssen, um die Unbekannte zu erhalten. Der Weg vom Verstehen der Aufgabe bis zum Aufstellen eines Planes kann lang und gewunden sein. Die eigentliche Leistung bei der Lösung einer Aufgabe ist es allerdings, die Idee des Planes auszudenken. Diese Idee mag langsam auftauchen. Sie kann aber auch nach anscheinend erfolglosen Versuchen und einer Periode des Zögerns plötzlich in einer Erleuchtung als ein «Geistesblitz» einfallen. Das Beste, was der Lehrer für seine Schüler tun kann, ist, ihnen durch unaufdringliche Hilfe zu einem solchen Geistesblitz zu verhelfen. Die Fragen und Anregungen, mit denen wir uns befassen, zielen darauf ab, eine solche erleuchtende Idee hervorzurufen.

Um die Lage des Schülers verstehen zu können, sollte der Lehrer an seine eigene Erfahrung denken, an die Schwierigkeiten und Erfolge, die er selber bei der Lösung von Aufgaben gehabt hat.

Wir wissen natürlich, daß es schwer ist, eine gute Idee zu bekommen, wenn wir nur geringe Kenntnis von dem Gegenstand besitzen, und unmöglich, wenn wir überhaupt keine Kenntnis davon haben. Gute Ideen beruhen auf Erfahrung und früher erworbenem Wissen. Die Erinnerung allein ist nicht genug für eine gute Idee, aber wir können eine gute Idee nicht haben, ohne daß wir uns einiger dazugehöriger Tatsachen erinnern; Material allein genügt nicht, um ein Haus zu bauen, aber wir können ein Haus nicht bauen, ohne das nötige Material beisammen zu haben. Das Material, das zur Lösung einer mathematischen Aufgabe nötig ist, sind gewisse, zur Sache gehörige Einzelheiten aus unseren früher erworbenen mathematischen Kenntnissen, wie früher gelöste Aufgaben oder früher bewiesene Sätze.

So ist es oft angebracht, die Arbeit mit der Frage in Gang zu bringen: «*Kennst Du eine verwandte Aufgabe?*»

Eine Schwierigkeit besteht darin, daß es gewöhnlich zu viele Aufgaben gibt, die irgendwie mit unserer vorliegenden Aufgabe verwandt sind, d. h. etwas mit ihr gemeinsam haben. Wie können wir die eine oder die wenigen auswählen, die wirklich von Nutzen sind? Da nehmen wir eine Anregung, die uns auf eine wesentliche gemeinsame Eigenschaft hinweist: *Betrachte die Unbekannte! Und versuche, Dich auf eine Dir bekannte Aufgabe zu besinnen, die dieselbe oder eine ähnliche Unbekannte hat!*

Wenn es uns gelingt, eine früher gelöste Aufgabe, die der vorliegenden eng verwandt ist, uns ins Gedächtnis zurückzurufen, so haben wir Glück. Wir sollten versuchen, solches Glück zu verdienen; wir können es dadurch verdienen, daß wir sie ausnützen. *Hier ist eine Aufgabe, die Deiner Aufgabe verwandt und schon gelöst ist. Kannst Du sie gebrauchen?*

Die vorangehenden Fragen helfen, wenn sie gut verstanden und ernsthaft erwogen sind, sehr oft, die richtige Kette von Gedanken in uns anzuregen; aber sie können nicht immer helfen, sie können nicht zaubern. Wenn sie nichts bewirken, müssen wir uns nach einigen anderen Angriffspunkten umsehen und die verschiedenen Aspekte unserer Aufgabe erforschen; wir müssen die Aufgabe abändern, umformen, einschränken. *Kannst Du die Aufgabe anders ausdrücken?* Einige Fragen unserer Tabelle deuten besondere Mittel an, die Aufgabe zu variieren, wie Verallgemeinerung, Spezialisierung, Anwendung von Analogie, Auslassen eines Teils der Bedingung usw.; die Einzelheiten sind wichtig, aber wir können hier nicht näher darauf eingehen. Die Variation der Aufgabe kann zu einer passenden Hilfsaufgabe führen: *Wenn Du die vorgegebene Aufgabe nicht lösen kannst, so versuche, zuerst eine verwandte Aufgabe zu lösen!*

Wenn wir versuchen, verschiedene bekannte Aufgaben oder Lehrsätze zu benutzen, wenn wir verschiedene Einschränkungen betrachten und mit verschiedenen Hilfsaufgaben umgehen, irren wir von unserer ursprünglichen Aufgabe womöglich so weit ab, daß wir Gefahr laufen, sie gänzlich zu verlieren. Doch es gibt eine gute Frage, die uns zu ihr zurückführt: *Hast Du alle Daten benutzt? Hast Du die ganze Bedingung benutzt?*

10. Beispiel. Wir kehren zu unserem Beispiel zurück, das wir in Abschnitt **8** betrachtet haben. Als wir es verließen, gelang es den Schülern gerade, die Aufgabe zu verstehen, und sie zeigten ein gewisses Interesse daran. Sie könnten nun eigene Ideen und Initiative haben. Wenn der Lehrer bei scharfer Beobachtung keinerlei Anzeichen einer solchen Initiative entdecken kann, muß er seinen Dialog mit den Schülern sorgfältig wieder aufnehmen. Er muß darauf vorbereitet sein, mit etwas Abänderung die Fragen zu wiederholen, die die Schüler nicht beantworten. Er muß darauf vorbereitet sein, dem perplexen Schweigen der Schüler (das im folgenden durch Pünktchen . . . angedeutet ist) zu begegnen.

«*Kennst Du eine verwandte Aufgabe?*»

. . . . .

«*Betrachte die Unbekannte! Kennst Du eine Aufgabe, die dieselbe Unbekannte hat?*»

. . . . .

«Nun, *was ist unbekannt?*»

«Die Diagonale des Quaders.»

«*Kennst Du eine Aufgabe mit derselben Unbekannten?*»

«Nein. Wir haben noch keine Aufgabe über die Diagonale des Quaders gehabt.»

«Kennt Ihr eine *Aufgabe mit einer ähnlichen Unbekannten*»?

. . . . .

«Ihr seht, die Diagonale ist ein Segment, das Segment von einer Geraden. Habt Ihr niemals eine Aufgabe gelöst, deren Unbekannte die Länge einer Geraden war?»

«Doch, natürlich haben wir solche Aufgaben gelöst. Z. B. die Seite eines rechtwinkligen Dreiecks zu finden.»

«Gut! *Das ist eine Aufgabe, die Eurer Aufgabe verwandt ist und die Ihr schon gelöst habt. Könnt Ihr sie gebrauchen?*»

. . . . .

«Ihr erinnert Euch glücklicherweise an eine Aufgabe, die der vorliegenden verwandt ist und die Ihr schon früher gelöst habt. Wollt Ihr sie nicht gern verwenden? *Könnt Ihr irgendeine Hilfsgröße einführen, damit Ihr sie verwenden könnt?*»

. . . . .

«Paßt auf! Die Aufgabe, an die Ihr Euch entsinnt, handelt von einem Dreieck. Habt Ihr in Eurer Figur irgendein Dreieck?»

Wir wollen hoffen, daß die letzte Anspielung deutlich genug war, um die Idee der Lösung hervorzurufen, die darin besteht, ein rechtwinkliges Dreieck einzuführen (in Figur 1

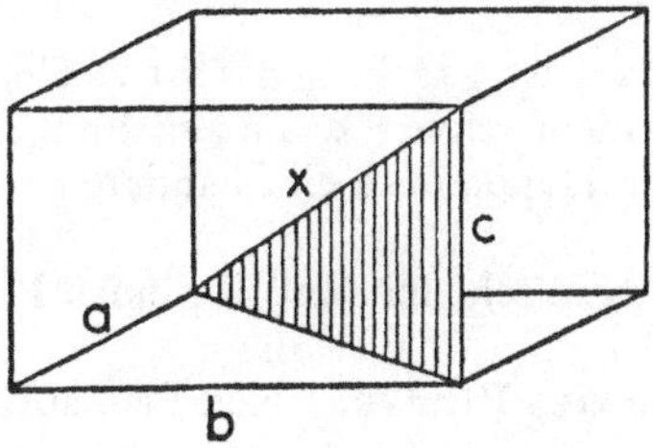

Fig. 1

schraffiert), von dem die gesuchte Diagonale die Hypotenuse ist. Doch der Lehrer sollte auch auf den Fall gefaßt sein, daß sogar dieser wirklich deutliche Wink nicht ausreicht, um die Schüler aus ihrer Erstarrung aufzuschütteln; und so sollte er vorbereitet sein, eine ganze Tonleiter von immer deutlicheren Hinweisen zu gebrauchen.

«Würdet Ihr gern ein Dreieck in der Figur haben?»

«Welche Art von Dreieck hättet Ihr am liebsten in der Figur?»

«Ihr könnt die Diagonale noch nicht finden; aber Ihr sagt, daß Ihr die Seite eines Dreiecks finden könnt. Nun, was wollt Ihr tun?»

«Könntet Ihr die Diagonale finden, wenn sie die Seite eines Dreiecks wäre?»

Wenn es schließlich mit mehr oder weniger Nachhilfe den Schülern gelingt, das entscheidende Hilfselement, das in Figur 1 schraffierte rechtwinklige Dreieck, einzuführen, so sollte der Lehrer sich davon überzeugen, daß die Schüler genügend weit vorausschauen, bevor er sie ermutigt, zu wirklichen Rechnungen überzugehen.

«Ich glaube, daß es eine gute Idee war, dieses Dreieck zu zeichnen. Ihr habt nun ein Dreieck; aber habt Ihr auch die Unbekannte?»

«Die Unbekannte ist die Hypotenuse des Dreiecks. Wir können sie nach dem Satz von Pythagoras berechnen.»

«Ihr könnt es, wenn beide Schenkel bekannt sind; aber sind sie das?»

«Ein Schenkel ist gegeben, das ist c. Und der andere, glaube ich, ist nicht schwer zu finden. Freilich, der andere Schenkel ist die Hypotenuse eines anderen rechtwinkligen Dreiecks.»

«Sehr gut! Nun sehe ich, daß Ihr einen Plan habt.»

11. Ausführen des Planes. Einen Plan auszudenken, auf den Gedanken der Lösung zu kommen, ist nicht leicht. Zum Gelingen ist so vieles erforderlich; früher erworbene Kenntnisse, geistige Disziplin, Konzentration auf den Zweck, und noch etwas: Glück. Den Plan durchzuführen, ist viel leichter; was wir dazu brauchen, ist hauptsächlich Geduld.

Der Plan gibt einen allgemeinen Umriß; wir haben uns davon zu überzeugen, daß die Einzelheiten in diesen Umriß passen, und so müssen wir die Details nacheinander prüfen, geduldig, bis alles vollkommen klar ist und keine dunkle Stelle übrig bleibt, in der noch ein Irrtum verborgen sein könnte.

Wenn der Schüler den Plan wirklich erfaßt hat, so bleibt dem Lehrer nun verhältnismäßig wenig zu tun übrig. Die Hauptgefahr ist, daß der Schüler seinen Plan vergißt. Dies mag leicht passieren, wenn der Schüler den Plan von außen empfangen und ihn auf Grund der Autorität des Lehrers angenommen hat; aber wenn er ihn selbst erarbeitet hat, wenn auch mit Hilfe, und den entscheidenden Gedanken mit innerer Befriedigung begriffen hat, wird er diesen Gedanken nicht leicht wieder verlieren. Doch muß der Lehrer darauf bestehen, daß der Schüler *jeden Schritt kontrolliert*.

Wir können uns von der Richtigkeit eines Schrittes in unserer Überlegung entweder «intuitiv» oder «formal» überzeugen. Wir können uns auf die betreffende Frage konzentrieren, bis wir sie so klar und deutlich sehen, daß wir keinen Zweifel mehr an der Richtigkeit des Schrittes hegen; oder wir können die betreffende Stelle nach formalen Regeln ableiten. (Der Unterschied zwischen «Einsicht» und «formalem Beweis» ist in vielen wichtigen Fällen klar genug; wir können seine weitere Diskussion Philosophen überlassen.)

Der Hauptpunkt ist, daß der Schüler ehrlich von der Richtigkeit eines jeden Schrittes überzeugt sein muß. In gewissen Fällen kann der Lehrer nachdrücklich den Unterschied zwischen «einsehen» und «beweisen» betonen: *Kannst Du deutlich sehen, daß der Schritt richtig ist?* Aber kannst Du auch *beweisen, daß der Schritt richtig ist?*

12. Beispiel. Wir wollen unsere Arbeit an der Stelle wieder aufnehmen, wo wir sie am Ende von Abschnitt **10** verlassen haben. Der Schüler hat schließlich die Idee der Lösung. Er sieht das rechtwinklige Dreieck, dessen Hypotenuse die Unbekannte x und dessen einer Schenkel die gegebene Höhe c ist; der andere Schenkel ist die Diagonale eines Rechtecks. Der Schüler muß möglichst dazu gebracht werden, eine passende Bezeichnung einzuführen. Er sollte y wählen, um den anderen Schenkel zu bezeichnen, die Diagonale des Rechtecks, dessen Seiten a und b sind. Auf diese Weise wird er deutlicher die Idee der Lösung sehen, die darin besteht, eine Hilfsaufgabe mit der Unbekannten y einzuführen. Wenn er die beiden rechtwinkligen Dreiecke nacheinander untersucht hat, wird er schließlich (siehe Figur 1)

$$x^2 = y^2 + c^2$$
$$y^2 = a^2 + b^2$$

erhalten und hieraus, indem er die unbekannte Hilfsgröße y eliminiert,

$$x^2 = a^2 + b^2 + c^2$$
$$x = \sqrt{a^2 + b^2 + c^2}.$$

Der Lehrer hat keinen Grund, den Schüler zu unterbrechen, wenn er diese Einzelheiten exakt durchführt, ausgenommen vielleicht, um ihn zu ermahnen, daß er *jeden Schritt kontrollieren* soll. So mag der Lehrer etwa fragen:

«Kannst Du deutlich sehen, daß das Dreieck mit den Seiten x, y, c rechtwinklig ist?»

Auf diese Frage wird der Schüler ehrlich «Ja» antworten, aber er könnte sehr in Verlegenheit geraten, wenn der Lehrer, nicht zufrieden mit der intuitiven Überzeugung des Schülers, weiter fragt:

«Aber kannst Du *beweisen*, daß dieses Dreieck rechtwinklig ist?»

So sollte der Lehrer diese Frage besser unterdrücken, wenn die Klasse nicht eine gute Einführung in die Stereometrie gehabt hat. Selbst dann wäre es eine gewisse Gefahr, daß die Antwort auf eine beiläufige Frage für die Mehrzahl der Schüler zur Hauptschwierigkeit werden könnte.

13. Rückschau. Selbst recht gute Schüler schließen ihre Hefte, wenn sie die Aufgabe gelöst und den Beweis sauber niedergeschrieben haben, und warten auf etwas Neues. Wenn sie so verfahren, lassen sie eine wichtige und lehrreiche Phase der Arbeit aus. Durch Rückschau auf die vollendete Lösung, durch nochmaliges Erwägen und Überprüfen des Resultats und des Weges, der dazu führte, könnten sie ihr Wissen festigen und ihre Fähigkeit, Aufgaben zu lösen, entwickeln. Ein guter Lehrer sollte die Ansicht vertreten und sie seinen Schülern einprägen, daß überhaupt niemals eine Aufgabe vollständig erschöpft ist. Es bleibt immer noch etwas zu tun; mit genügend Fleiß und Ein- dringen in die Aufgabe können wir jede Lösung verbessern, und auf jeden Fall können wir unsere Lösung besser verstehen.

Der Schüler hat nun seinen Plan durchgeführt. Er hat die Lösung niedergeschrieben und dabei jeden Schritt kontrolliert. So hätte er guten Grund zu glauben, daß seine Lösung richtig ist. Nichtsdestoweniger, ein Irrtum ist immer möglich, besonders wenn die Beweisführung lang und verwickelt ist. Insbesondere sollte das nicht übersehen werden, wenn es irgendein schnelles und intuitives Verfahren gibt, um das Resultat oder den Beweis zu prüfen. *Kannst Du das Resultat kontrollieren? Kannst Du den Beweis kontrollieren?*

Um uns von dem Vorhandensein oder den Eigenschaften eines Gegenstandes zu überzeugen, wollen wir ihn sowohl sehen als auch berühren. Und so wie wir die Wahrnehmung durch zwei verschiedene Sinne wünschen, möchten wir eine Überzeugung durch zwei verschiedene Beweise gewinnen. *Kannst Du das Resultat auf verschiedene Weise ableiten?* Wir ziehen natürlich einen kurzen und intuitiven Beweis einem langen und schweren vor: *Kannst Du es auf den ersten Blick sehen?*

Eine der ersten und vordringlichsten Pflichten des Lehrers ist es, in seinen Schülern nicht den Eindruck zu wekken, mathematische Probleme hätten wenig Zusammenhang miteinander und gar keinen Zusammenhang mit allem übrigen. Wir haben eine natürliche Gelegenheit, die Zusammenhänge einer Aufgabe zu erforschen, wenn wir nach ihrer Lösung rückwärts schauen. Die Schüler werden es wirklich interessant finden, nach der Lösung einer Aufgabe rückwärts zu schauen, wenn sie sich ehrlich dabei angestrengt haben, und sind sich bewußt, etwas vollbracht zu haben. Außerdem sind sie voller Eifer, zu sehen, was sie sonst noch mit dieser Anstrengung erreichen und wie sie ein anderes Mal gleich gut verfahren können. So kann der Lehrer hier die Schüler ermutigen, sich Fälle auszudenken, bei welchen sie das angewandte Verfahren wieder verwenden oder das erhaltene Resultat anwenden können. *Kannst Du das Resultat oder die Methode der Lösung für irgendeine andere Aufgabe gebrauchen?*

14. Beispiel. In Abschnitt **12** erhielten die Schüler schließlich die Lösung: Wenn die drei Seiten eines rechtwinkligen Quaders, die von derselben Ecke ausgehen, a, b, c sind, so ist die Diagonale

$$\sqrt{a^2 + b^2 + c^2}$$

Kannst Du das Resultat kontrollieren? Der Lehrer kann auf diese Frage von einem ungeübten Schüler keine gute Antwort verlangen. Jedoch sollten die Schüler möglichst früh die Erfahrung gewinnen, daß Aufgaben «in Buchstaben» einen großen Vorzug gegenüber rein numerischen Aufgaben haben; wenn die Aufgabe «in Buchstaben» gegeben ist, so ist ihr Resultat mehreren Nachprüfungen zugänglich, für die eine numerische Aufgabe durchaus nicht geeignet ist. Obgleich unser Beispiel sehr einfach ist, reicht es aus, um das zu zeigen. Der Lehrer kann mehrere Fragen über das Resultat stellen, die die Schüler leicht mit «Ja» beantworten können; aber die Antwort «nein» würde einen ernsthaften Fehler in dem Ergebnis anzeigen.

«*Hast Du alle Daten verwendet?* Erscheinen alle gegebenen Größen a, b, c in Deiner Formel für die Diagonale?»

«Länge, Breite und Höhe spielen in unserer Frage dieselbe Rolle; unsere Aufgabe ist symmetrisch bezüglich a, b, c. Ist der Ausdruck, den Du für die Digaonale erhalten hast, symmetrisch in a, b, c? Bleibt er unverändert, wenn a, b, c untereinander vertauscht werden?»

«Unsere Aufgabe ist eine Aufgabe der Stereometrie: die Diagonale eines Quaders mit den gegebenen Seitenlängen a, b, c zu finden. Unsere Aufgabe ist analog einer Aufgabe der ebenen Geometrie: die Diagonale eines Rechtecks mit gegebenen Seitenlängen a und b zu finden. Ist das Resultat unserer «räumlichen» Aufgabe dem der «ebenen» Aufgabe analog?»

«Wenn die Höhe c abnimmt und schließlich verschwindet, wird das Parallelepiped ein Parallelogramm. Wenn Du in Deiner Formel $c = 0$ setzest, erhältst Du dann auch die exakte Formel für die Diagonale des rechtwinkligen Parallelogramms?»

«Wenn die Höhe *c* wächst, wächst auch die Diagonale. Zeigt dies auch Deine Formel?»

«Wenn alle drei Maße *a*, *b*, *c* des Quaders im selben Verhältnis wachsen, wächst die Diagonale auch in demselben Verhältnis. Wenn Du in Deiner Formel *a*, *b*, *c* durch 3*a*, 3*b*, 3*c* ersetzest, müßte der Ausdruck für die Diagonale infolge dieser Substitution ebenfalls mit 3 multipliziert werden. Ist das der Fall?»

«Wenn *a*, *b*, *c* in Fuß gemessen sind, gibt Deine Formel auch die Diagonale in Fuß gemessen an; wenn Du aber alle Maße in *m* verwandelst, muß die Formel richtig bleiben. Stimmt das?»

(Die beiden letzten Fragen sind im wesentlichen äquivalent; siehe NACHPRÜFUNG DURCH DIMENSIONSBETRACHTUNG.)

Diese Fragen haben manche gute Wirkung. Zunächst kann ein intelligenter Schüler nicht umhin, durch die Tatsache beeindruckt zu sein, daß die Formel so vielen Proben standhält. Er war vorher überzeugt, daß die Formel richtig ist, weil er sie sorgfältig abgeleitet hat. Aber nun ist er noch mehr überzeugt, und sein erhöhtes Vertrauen kommt aus einer anderen Quelle; es ist einer Art von «experimenteller Evidenz» zuzuschreiben. Ferner gewinnen dank der vorstehenden Fragen die Einzelheiten der Formel neue Bedeutung und werden mit verschiedenen Tatsachen verkettet. Die Formel hat deshalb eine größere Chance, im Gedächtnis zu haften; das Wissen des Schülers ist gefestigt. Schließlich können diese Fragen leicht auf ähnliche Aufgaben übertragen werden. Nach etwas Erfahrung mit ähnlichen Aufgaben kann ein intelligenter Schüler die zugrundeliegenden allgemeinen Ideen wahrnehmen: Gebrauch aller Daten von Belang, Variation der Daten, Symmetrie, Analogie. Wenn es ein Stück seiner geistigen Haltung wird, seine Aufmerksamkeit auf solche Dinge zu richten, wird es seinem Geschick, Aufgaben zu lösen, ganz gewiß förderlich sein.

Kannst Du den Beweis kontrollieren? In schwierigen und wichtigen Fällen wird es nötig sein, den Beweis Schritt für

Schritt nachzuprüfen. Gewöhnlich genügt es, gewisse «heikle» Stellen zur Nachprüfung herauszupicken. In unserem Falle wird es ratsam sein, rückblickend die Frage zu diskutieren, – die zu stellen weniger ratsam war, als man die Lösung noch nicht gefunden hatte –: Kannst Du *beweisen*, daß das Dreieck mit den Seiten x, y, c rechtwinklig ist? (Siehe den Schluß von § **12**.)

Kannst Du das Resultat oder die Methode für irgendeine andere Aufgabe verwenden? Mit ein wenig Unterstützung und nach ein oder zwei Beispielen finden die Schüler leicht Anwendungen, die im wesentlichen darin bestehen, daß den abstrakten mathematischen Elementen der Aufgabe irgendeine *konkrete Interpretation* gegeben wird. Der Lehrer hat selbst eine solche konkrete Interpretation benutzt, als er in unserer Aufgabe als Parallelepiped den Unterrichtsraum nahm. Ein geistloser Schüler wird als Anwendung statt der Diagonale des Klassenzimmers etwa vorschlagen, die Diagonale des nächsten Restaurants zu berechnen. Wenn die Schüler nicht von sich aus mehr Phantasie aufbringen, kann der Lehrer selbst eine geringfügig geänderte Aufgabe stellen, z. B.: «Es seien Länge, Breite und Höhe eines rechtwinkligen Quaders gegeben. Suche den Abstand des Mittelpunktes von einer der Ecken.»

Die Schüler können hier das *Resultat* ihrer gerade gelösten Aufgabe anwenden, wenn sie beachten, daß der geforderte Abstand die halbe eben berechnete Diagonale ist. Oder sie können die *Methode* anwenden, indem sie passende rechtwinklige Dreiecke einführen (das letztere zu wählen, ist im vorliegenden Falle weniger klar und etwas ungeschickt.)

Nach dieser Anwendung kann der Lehrer die Anordnung der vier Diagonalen im Parallelepiped betrachten und die sechs Pyramiden, bei denen die sechs Seitenflächen die Basis, der Mittelpunkt die gemeinsame Spitze und die halbe Diagonale die Seitenkanten bilden. Wenn die geometrische Vorstellungskraft der Schüler hinreichend geweckt ist, sollte der Lehrer nun auf seine Frage zurückkommen: *Kannst Du das Resultat oder die Methode für irgendeine andere Aufgabe ver-*

wenden? Jetzt ist eine bessere Chance dafür gegeben, daß die Schüler eine anziehendere konkrete Interpretation finden, z. B. die folgende:

«In dem Mittelpunkt des ebenen rechtwinkligen Daches eines Gebäudes, das 21 m lang und 16 m breit ist, soll eine 8 m hohe Fahnenstange errichtet werden. Um die Stange zu halten, brauchen wir vier gleichlange Ketten. Die Ketten sollen von derselben Stelle ausgehen, 2 m unterhalb der Spitze der Fahnenstange, und in den vier Ecken des Daches endigen. Wie lang ist jede Kette?»

Die Schüler werden die *Methode* ihrer im einzelnen gelösten Aufgabe anwenden und ein rechtwinkliges Dreieck in einer senkrechten Ebene sowie eines in einer horizontalen Ebene einführen. Oder sie machen von dem *Resultat* Gebrauch, indem sie sich ein rechtwinkliges Parallelepiped denken, dessen Diagonale x eine der vier Ketten ist und dessen Seiten sind

$$a = 10{,}5 \qquad b = 8 \qquad c = 6.$$

Bei einfacher Anwendung der Formel finden sie $x = 14{,}5$.

Weitere Beispiele siehe in KANNST DU DAS RESULTAT VERWENDEN?

15. Verschiedenartige Wege. Wir wollen für einen Augenblick noch einmal die Aufgabe aufnehmen, die wir in den vorhergehenden §§ **8, 10, 12** und **14** betrachtet haben. Die Hauptarbeit, die Entdeckung des Planes, wurde in § **10** beschrieben. Wir wollen jetzt beachten, daß der Lehrer auch anders hätte vorgehen können. Von demselben Punkt wie in § **10** ausgehend, hätte er eine etwas andere Linie verfolgen können, indem er etwa die folgenden Fragen gestellt hätte:

«*Kennst Du eine verwandte Aufgabe?*»

«*Kennst Du eine analoge Aufgabe?*»

«Du siehst, die vorgelegte Aufgabe ist eine Aufgabe aus der Stereometrie. Könntest Du eine einfachere analoge Aufgabe der ebenen Geometrie nennen?»

«Du siehst, die vorgelegte Aufgabe behandelt eine Figur im Raum, sie betrifft die Diagonale eines rechtwinkligen Parallelepipeds. Wie könnte eine analoge Aufgabe in der Ebene lauten? Sie würde betreffen ... die Diagonale ... eines ... rechtwinkligen ...»

«Parallelogramms.»

Selbst wenn die Schüler sehr langsam und gleichgültig und nicht imstande sind, etwas vorher zu erraten, sind sie schließlich gezwungen, wenigstens einen ganz kleinen Teil zu dem Gedanken beizutragen. Außerdem sollte der Lehrer, wenn die Schüler so begriffsstutzig sind, die vorhergehende Aufgabe über das Parallelepiped nicht behandeln, ohne vorher zur Vorbereitung die analoge Aufgabe über das Parallelogramm besprochen zu haben. Dann kann er etwa folgendermaßen vorgehen:

«*Hier ist eine Aufgabe, die der Deinen verwandt und schon gelöst ist. Kannst Du sie gebrauchen?*»

«*Würdest Du irgendein Hilfselement einführen, damit Du sie verwenden kannst?*»

Schließlich wird der Lehrer Erfolg damit haben, die Schüler auf die gewünschte Idee zu bringen. Sie besteht darin, die Diagonale des gegebenen Parallelepipeds als die Diagonale eines geeigneten Parallelogramms aufzufassen, welches (als Schnitt des Parallelepipeds mit einer Ebene durch zwei entgegengesetzte Kanten) in die Figur eingeführt werden muß. Der Gedanke ist im wesentlichen derselbe wie vorher (§ **10**), aber der Weg ist ein anderer. In § **10** wurde der Kontakt mit dem verfügbaren Wissen des Schülers durch die Unbekannte hergestellt; eine früher gelöste Aufgabe wurde ins Gedächtnis zurückgerufen, weil sie dieselbe Unbekannte enthielt wie die vorliegende Aufgabe. Hier dagegen stellt die Analogie die Verbindung zu der Idee der Lösung her.

16. Die Methode des Lehrers zu fragen, wie sie in den vorhergehenden §§ **8, 10, 12, 14** und **15** gezeigt wurde, ist im wesentlichen folgende: Beginne mit einer allgemeinen

Frage oder einer Anregung unserer Tabelle und steige, wenn nötig, stufenweise zu spezifischeren und konkreteren Fragen oder Anregungen herab, bis schließlich eine aus dem Schüler eine Antwort hervorlockt. Wenn Du dem Schüler helfen mußt, seine Idee zu verwerten, beginne, wenn möglich, von neuem mit einer allgemeinen Frage oder einer Anregung der Tabelle und kehre wieder, wenn nötig, zu einer spezifischeren zurück, und so fort.

Natürlich ist unsere Tabelle eben eine erste Tabelle dieser Art; sie scheint für die Mehrzahl der einfachen Fälle ausreichend zu sein, aber es unterliegt keinem Zweifel, daß sie vervollkommnet werden könnte. Es ist jedoch wichtig, daß die Anregungen, von denen wir ausgehen, einfach, natürlich und allgemein sind, und daß ihre Aufstellung nicht zu umfangreich ist.

Die Anregungen müssen einfach und natürlich sein, weil sie sonst nicht *unaufdringlich* sein können.

Die Anregungen müssen allgemein sein, nicht nur auf die gerade vorliegende Aufgabe anwendbar, sondern auf Aufgaben aller Art, wenn sie helfen sollen, die *Fähigkeit* des Schülers und nicht nur eine besondere Technik zu entwickeln.

Die Tabelle muß kurz sein, damit die Fragen oft, ungekünstelt und unter verschiedenartigen Umständen wiederholt werden können; so ist die Gelegenheit gegeben, daß der Schüler sie sich wirklich aneignet und sie zur Entwicklung einer *geistigen Haltung* beitragen werden.

Es ist nötig, stufenweise zu spezifischen Anregungen herunterzugehen, damit der Schüler selbst einen möglichst großen *Anteil an der Arbeit* hat.

Diese Methode, zu fragen, ist nicht starr; sie darf es auch nicht sein, denn in diesen Dingen ist irgendein starres, mechanisches, pedantisches Verfahren notwendig von Nachteil. Unsere Methode läßt eine gewisse Elastizität und Variation zu, sie gestattet verschiedene Wege (§ **15**), sie kann und sollte stets so angewendet werden, daß die von dem Lehrer gestellten Fragen *dem Schüler selbst hätten einfallen können.*

Wenn der Leser die hier vorgeschlagene Methode in seiner Klasse versuchen möchte, so ist dabei etwas Vorsicht geraten. Er sollte sorgfältig das in § **8** angeführte Beispiel und die in den §§ **18**, **19** und **20** folgenden studieren. Die Beispiele, die er zu besprechen beabsichtigt, sollte er sorgfältig vorbereiten und dabei auch verschiedene Wege betrachten. Er sollte mit einigen Versuchen beginnen und allmählich herausfinden, wie er seine Methode handhaben kann, wie die Schüler sie aufnehmen und wieviel Zeit sie erfordert.

17. Gute und schlechte Fragen. Wenn man die Methode zu fragen, wie sie in dem vorhergehenden Abschnitt formuliert wurde, gut verstanden hat, so kann man zum Vergleich den Wert von gewissen Anregungen beurteilen, die mit der besten Absicht, den Schülern zu helfen, vorgebracht werden mögen.

Kehren wir zu der Situation zurück, wie sie sich zu Beginn von § **10** darstellte, als die Frage gestellt wurde: *Kennst Du eine verwandte Aufgabe?* Statt dessen mag mit der besten Absicht, den Schülern zu helfen, die Frage vorgebracht werden: *Kannst Du den Satz von Pythagoras anwenden?*

Die Absicht mag die beste sein, aber die Frage ist denkbar schlecht. Wir müssen uns vergegenwärtigen, in welcher Lage sie gestellt wurde; dann werden wir sehen, daß es eine lange Folge von Einwänden gegen diese Art von «Hilfe» gibt.

(1) Wenn der Schüler der Lösung nahe ist, mag er die Anregung verstehen, die in dieser Frage steckt; ist er es dagegen nicht, so wird er wahrscheinlich überhaupt nicht den Punkt sehen, auf den diese Frage hinzielt. So verfehlt die Frage dort zu helfen, wo es besonders nötig ist.

(2) Wenn die Anregung verstanden wird, gibt sie das ganze Geheimnis preis, und dem Schüler bleibt nur noch sehr wenig zu tun übrig.

(3) Die Anregung ist zu spezieller Natur. Selbst wenn der Schüler bei der Lösung der vorliegenden Aufgabe da-

von Gebrauch machen kann, hat er doch für zukünftige Aufgaben nichts dadurch gelernt. Die Frage ist nicht instruktiv.

(4) Selbst wenn der Schüler die Anregung versteht, so kann er doch kaum verstehen, wie der Lehrer auf den Gedanken kam, eine solche Frage zu stellen. Und wie könnte er, der Schüler, eine solche Frage aus sich selbst finden? Sie erscheint als eine unnatürliche Überraschung; sie ist keinesfalls instruktiv.

Keiner dieser Einwände kann jedoch gegen das in § **10** oder in § **15** beschriebene Verfahren erhoben werden.

Weitere Beispiele

18. Eine Konstruktionsaufgabe. *Ein Quadrat in ein gegebenes Dreieck einzubeschreiben. Zwei Ecken des Quadrates sollen auf der Grundlinie des Dreiecks, die beiden andern je auf einer der beiden anderen Seiten des Dreiecks liegen.*

«*Was ist unbekannt?*»

«Ein Quadrat.»

«*Was ist gegeben?*»

«Gegeben ist ein Dreieck, sonst nichts.»

«*Wie lautet die Bedingung?*»

«Die vier Ecken des Quadrates sollen auf dem Umfang des Dreiecks liegen, und zwar zwei Ecken auf der Grundlinie und je eine Ecke auf jeder der beiden anderen Seiten.»

«*Ist es möglich, die Bedingung zu befriedigen?*»

«Ich denke schon, aber ich bin nicht sicher.»

«Du scheinst die Aufgabe nicht leicht zu finden. *Wenn Du die vorgelegte Aufgabe nicht lösen kannst, so versuche zuerst irgendeine verwandte Aufgabe zu lösen.* Könntest Du *einen Teil der Bedingung* erfüllen?»

«Was meinen Sie mit einem Teil der Bedingung?»

«Du siehst, die Bedingung betrifft alle Ecken des Quadrates. Wie viele Ecken gibt es?»

«Vier.»

«Ein Teil der Bedingung würde weniger als vier Ecken angehen. *Behalte nur einen Teil der Bedingung bei und laß den andern Teil fort!* Welcher Teil der Bedingung ist leicht zu befriedigen?»

«Es ist leicht, ein Quadrat zu zeichnen mit zwei Ecken auf dem Umfang des Dreiecks – oder sogar eines mit drei Ecken auf dem Umfang!»

«*Zeichne eine Figur!*»

Der Schüler zeichnet Figur 2.

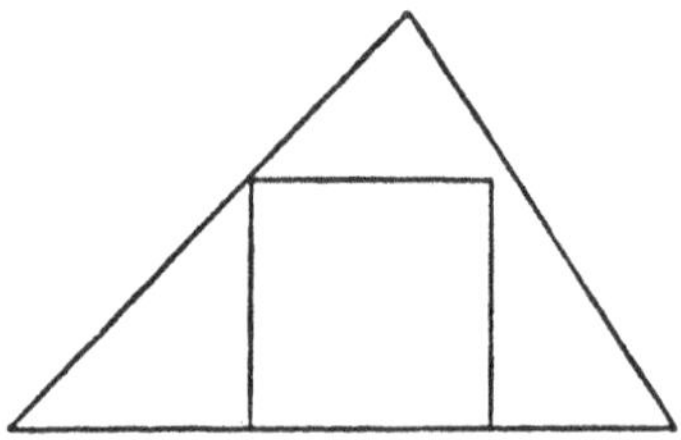

Fig. 2

«*Du hast nur einen Teil der Bedingung beibehalten und den anderen Teil fortgelassen. Wie weit ist die Unbekannte nun bestimmt?*»

«Das Quadrat ist nicht bestimmt, wenn es nur drei Ecken auf dem Umfang des Dreiecks hat.»

«Gut! *Zeichne eine Figur!*»

Der Schüler zeichnet Figur 3.

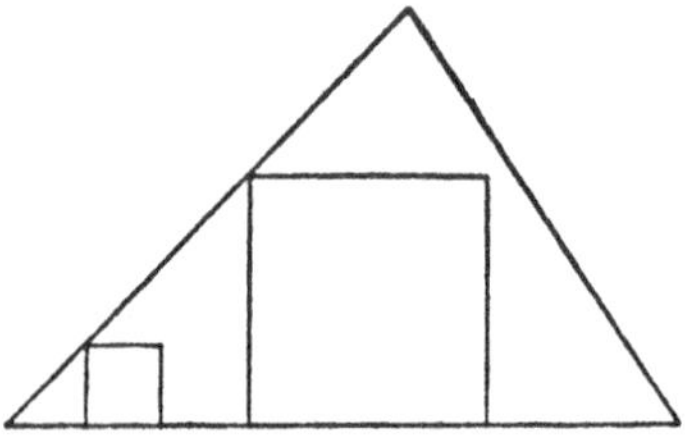

Fig. 3

«Das Quadrat ist, wie Du eben gesagt hast, nicht bestimmt durch *den Teil der Bedingung, den Du beibehalten hast. Wie kann es sich ändern?*»

. . . . .

«Drei Ecken sind auf dem Umfang des Dreiecks, aber die vierte Ecke ist noch nicht dort, wo sie sein sollte. Dein Quadrat ist, wie Du sagtest, unbestimmt, es kann sich ändern; dasselbe gilt von der vierten Ecke. *Wie kann sie sich ändern?*»

. . . . .

«Versuche es experimentell, wenn Du willst. Zeichne immer weitere Quadrate mit drei Ecken auf dem Umfange des Dreiecks ein, in derselben Weise, wie die beiden schon gezeichneten Quadrate! Zeichne kleine und große Quadrate! Was scheint der geometrische Ort der vierten Ecke zu sein? *Wie kann er sich ändern?*»

Der Lehrer hat den Schüler der Idee der Lösung sehr nahe gebracht. Wenn der Schüler imstande ist zu vermuten, daß der geometrische Ort der vierten Ecke eine Gerade ist, hat er die Idee erfaßt.

19. Eine Beweisaufgabe. *Zwei Winkel mögen in verschiedenen Ebenen liegen, jeder Schenkel des einen möge parallel sein zu dem entsprechenden Schenkel des anderen und dieselbe Richtung haben. Beweise, daß die beiden Winkel einander gleich sind!*

Was wir zu beweisen haben, ist ein grundlegendes Theorem der räumlichen Geometrie. Die Aufgabe kann Schülern gestellt werden, die mit der ebenen Geometrie vertraut und in der Stereometrie mit den wenigen Tatsachen bekannt sind, die den vorliegenden Lehrsatz in Euklids Buch der Elemente vorbereiten. (Das Theorem, das wir aufgestellt haben und jetzt beweisen wollen, ist Satz 10 in Euklids Buch XI.) Nicht nur die Fragen und Anregungen, die wir aus unserer Tabelle zitieren, sind in Kursivschrift gedruckt, sondern auch solche, die ihnen entsprechen, so wie «Beweisaufgaben» «Bestimmungsaufgaben» entsprechen. (Der Zusammenhang zwischen beiden ist in BESTIM-

MUNGSAUFGABEN UND BEWEISAUFGABEN, 5, 6, systematisch ausgeführt.)

«*Was ist die Hypothese?*»

«Zwei Winkel liegen in verschiedenen Ebenen. Jeder Schenkel des einen ist zu dem entsprechenden Schenkel des anderen parallel und gleichgerichtet.»

«*Wie ist die Folgerung?*»

«Die Winkel sind gleich.»

«*Zeichne eine Figur! Führe eine passende Bezeichnung ein!*»

Der Schüler zieht die Geraden von Figur 4 und wählt, mit mehr oder weniger Nachhilfe von seiten des Lehrers, die Buchstaben wie in Figur 4.

«*Was ist die Hypothese?* Sage sie jetzt, indem Du dabei Deine Bezeichnung verwendest.»

«A, B, C liegen nicht in derselben Ebene wie A', B', C'. $AB \parallel A'B'$, $AC \parallel A'C'$. AB habe ferner dieselbe Richtung wie $A'B'$, und AC dieselbe Richtung wie $A'C'$.»

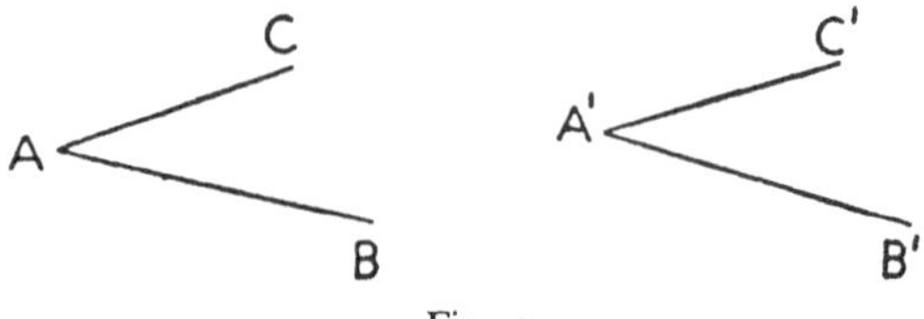

Fig. 4

«*Wie ist die Folgerung?*»

«$\sphericalangle BAC = \sphericalangle B'A'C'$.»

«*Betrachte die Folgerung! Und versuche, Dich auf einen Dir bekannten Satz zu besinnen, der dieselbe oder eine ähnliche Folgerung hat!*»

«Wenn zwei Dreiecke kongruent sind, so sind die einander entsprechenden Winkel gleich.»

«Sehr gut! Das ist jetzt *ein Satz, der dem Deinen verwandt ist und schon bewiesen wurde. Kannst Du ihn gebrauchen?*»

«Ich denke schon, aber ich sehe noch nicht ganz, wie.»

«*Würdest Du irgendeine Hilfsgröße einführen, damit Du ihn verwenden kannst?*»

. . . . .

«Nun, der Satz, den Du eben so richtig genannt hast, gilt für Dreiecke, für ein Paar kongruenter Dreiecke. Hast Du irgendwelche Dreiecke in Deiner Figur?»

«Nein. Aber ich könnte welche einführen. Ich verbinde B mit C und B' mit C'. Dann haben wir zwei Dreiecke, $\triangle ABC$ und $\triangle A'B'C'$.

«Richtig. Aber wofür sind diese Dreiecke gut?»

«Um die Folgerung zu beweisen,

$$\sphericalangle BAC = \sphericalangle B'A'C'.»$$

«Ja. Wenn Du dies beweisen willst, was für eine Art von Dreiecken brauchst Du dann?»

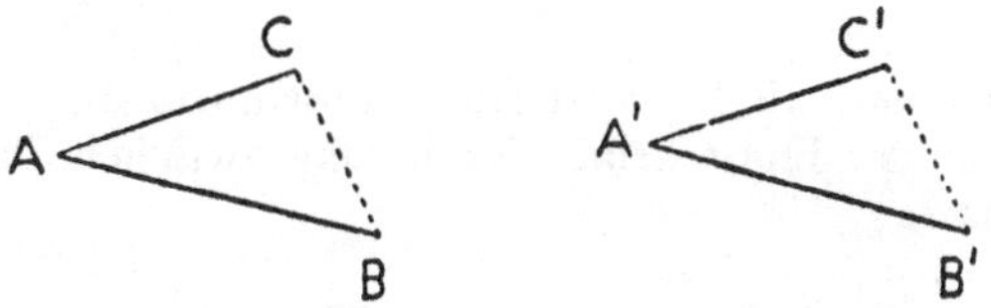

Fig. 5

«Kongruente Dreiecke. Ja, natürlich, ich kann B, C und B', C' so wählen, daß

$$AB = A'B', \; AC = A'C'.»$$

«Sehr gut! Nun, was willst Du beweisen?»

«Ich will beweisen, daß die Dreiecke kongruent sind:

$$\triangle ABC \cong \triangle A'B'C'.$$

Wenn ich das beweisen könnte, würde die Folgerung $\sphericalangle BAC = \sphericalangle B'A'C'$ sich sofort ergeben.»

«Schön. Du hast ein neues Ziel, Du zielst auf eine neue Folgerung hin. *Betrachte die Folgerung! Und versuche, Dich auf einen Dir bekannten Satz zu besinnen, der dieselbe oder eine ähnliche Folgerung hat!*»

«Zwei Dreiecke sind kongruent, wenn – wenn die drei Seiten einander gleich sind.»

«Gut, Du hättest einen schlechteren wählen können. Das ist jetzt *ein Satz, der dem Deinen verwandt und schon bewiesen ist. Kannst Du ihn gebrauchen?*»

«Ich könnte ihn gebrauchen, wenn ich wüßte, daß $BC = B'C'$ ist.»

«Das ist richtig. Was ist also Dein Ziel?»

«Zu beweisen, daß $BC = B'C'$.»

«*Versuche, Dich auf einen Dir bekannten Satz zu besinnen, der dieselbe oder eine ähnliche Unbekannte hat!*»

«Ja, ich weiß einen Satz, der endigt: ‚... dann sind die zwei Geraden einander gleich'. Aber er paßt nicht ganz herein.»

«*Würdest Du irgendeine Hilfsgröße einführen, damit Du ihn verwenden kannst?*»

. . . . .

«Sieh her, wie könntest Du beweisen, daß $BC = B'C'$, wenn in der Figur keine Verbindung zwischen BC und $B'C'$ ist?»

. . . . .

«*Hast Du die Hypothese benutzt? Wie ist die Hypothese?*»

«Wir nehmen an, daß $AB \parallel A'B'$, $AC \parallel A'C'$. Ja, natürlich, ich muß das gebrauchen.»

«*Hast Du die ganze Hypothese benutzt?* Du sagst, daß $AB \parallel A'B'$. Ist das alles, was Du über diese Geraden weißt?»

«Nein; AB ist nach Konstruktion auch gleich $A'B'$. Sie sind parallel und einander gleich. Und dasselbe gilt für AC und $A'C'$.»

«Zwei parallele Geraden von gleicher Länge – das ist eine interessante Zusammenstellung. *Hast Du sie schon früher gesehen?*»

«Natürlich, ja! Beim Parallelogramm! Ich verbinde A mit A', B mit B' und C mit C'.»

«Die Idee ist gar nicht schlecht. Wieviele Parallelogramme hast Du nun in Deiner Figur?»

«Zwei. Nein, drei. Nein, zwei. Ich meine, es sind zwei, von denen ich sofort beweisen kann, daß es Parallelogramme sind. Und dann ist ein drittes, das ein Parallelogramm zu sein scheint; ich hoffe, ich kann beweisen, daß es eines ist. Und dann ist der Beweis fertig.»

Wir konnten aus den vorhergehenden Antworten des Schülers bereits entnommen haben, daß er intelligent ist. Aber nach dieser seiner letzten Bemerkung besteht kein Zweifel mehr darüber.

Der Schüler ist fähig, ein mathematisches Resultat zu vermuten und sauber zwischen Beweis und Vermutung zu unterscheiden. Er weiß auch, daß Vermutungen mehr oder weniger plausibel sein können. Er hat aus seinem mathematischen Unterricht Nutzen gezogen; er hat wirkliche Erfahrung im Lösen von Aufgaben, er kann auf eine gute Idee kommen und sie auswerten.

20. Eine Geschwindigkeitsaufgabe. *In ein kegelförmiges Gefäß möge Wasser mit der Geschwindigkeit r fließen. Das Gefäß habe die Gestalt eines geraden Kreiskegels mit horizontaler Basis, die Spitze zeige nach unten; der Radius der Grundfläche sei a, die Höhe des Kegels sei b. Suche die Geschwindigkeit, mit der die Oberfläche steigt, wenn die Tiefe des Wassers y beträgt. Gib schließlich die numerischen Werte der Unbekannten an, wenn a = 4 dm, b = 3 dm, r = 2 cdm in der Minute, und y = 1 dm ist.*

Es wird vorausgesetzt, daß die Schüler die einfachsten Regeln der Differentiation und den Begriff der «Geschwindigkeit der Änderung» kennen.

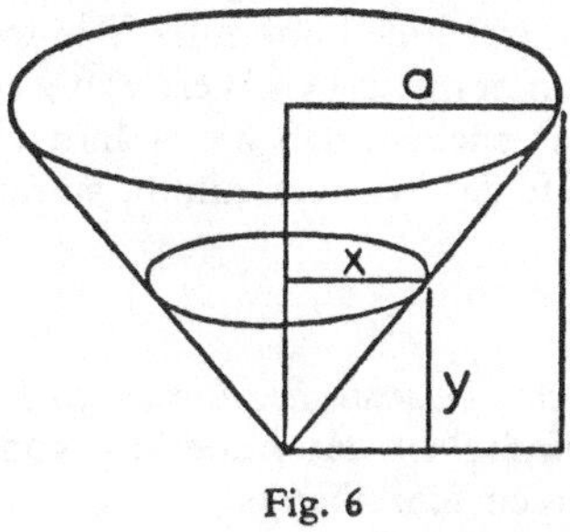

Fig. 6

«*Was ist gegeben?*»

«Der Radius *a* der Grundfläche des Kegels = 4 dm, die Höhe *b* des Kegels = 3 dm, die Geschwindigkeit *r*, mit der das Wasser in das Gefäß fließt, = 2 cdm in der Minute, und die Tiefe *y* des Wassers in einem bestimmten Augenblick = 1 dm.»

«Stimmt. Die Formulierung der Aufgabe legt uns nahe, daß wir zunächst die numerischen Werte unberücksichtigt lassen und mit Buchstaben rechnen. Wir sollen also die Unbekannte in *a*, *b*, *r* und *y* ausdrücken und erst zum Schluß, wenn wir den Ausdruck für die Unbekannte in Buchstaben erhalten haben, die numerischen Werte einführen. Ich würde diesem Ratschlag folgen. *Was ist nun die Unbekannte?*»

«Die Geschwindigkeit, mit der die Oberfläche steigt, wenn die Tiefe des Wassers *y* ist.»

«Was heißt das? Kannst Du es anders ausdrücken?»

«Die Geschwindigkeit, mit der die Tiefe des Wassers zunimmt.»

«Was heißt das? *Kannst Du das noch auf andere Weise ausdrücken?*»

«Die Geschwindigkeit der Änderung der Tiefe des Wassers.»

«Richtig, die Geschwindigkeit der Änderung von *y*. Aber was heißt Geschwindigkeit der Änderung? *Geh auf die Definition zurück!*»

«Die Ableitung ist die Geschwindigkeit der Änderung einer Funktion.»

«Richtig. Ist *y* nun eine Funktion? Wie wir vorhin sagten, haben wir den numerischen Wert von *y* vernachlässigt. Kannst Du Dir vorstellen, daß *y* sich ändert?»

«Ja, *y*, die Tiefe des Wassers, nimmt zu mit wachsender Zeit.»

«Wessen Funktion ist *y* also?»

«Der Zeit *t*.»

«Gut. *Führe eine passende Bezeichnung ein!* Wie würdest Du die ‚Geschwindigkeit der Änderung von *y*' in mathematischen Symbolen schreiben?»

«$\frac{dy}{dt}$.»

«Das ist also Deine Unbekannte. Du mußt sie ausdrükken in a, b, r und y. Nebenbei bemerkt, eine der gegebenen Größen ist eine ‚Geschwindigkeit'. Welche?»

«r ist die Geschwindigkeit, mit der das Wasser in das Gefäß fließt.»

«Was heißt das? Kannst Du das mit anderen Worten sagen?»

«r ist die Geschwindigkeit der Änderung des Volumens des Wassers in dem Gefäß.»

«Was heißt das? *Kannst Du das noch auf andere Weise ausdrücken?* Wie würdest Du das *in einer passenden Bezeichnung* schreiben?»

«$r = \frac{dV}{dt}$.»

«Was ist V?»

«Das Volumen des Wassers im Gefäß zur Zeit t.»

«Gut. Du mußt also $\frac{dy}{dt}$ in a, b, $\frac{dV}{dt}$ und y ausdrücken. Wie willst Du das machen?»

. . . . .

«*Wenn Du die vorliegende Aufgabe nicht lösen kannst, so versuche zuerst eine verwandte Aufgabe zu lösen.* Wenn Du den Zusammenhang zwischen $\frac{dy}{dt}$ und den Daten noch nicht siehst, so versuche einen einfacheren Zusammenhang hereinzubringen, der zum Ziele führen kann.»

. . . . .

«Siehst Du nicht, daß noch andere Zusammenhänge da sind? Sind z. B. y und V voneinander unabhängig?»

«Nein. Wenn y wächst, wächst V auch.»

«Da ist also schon ein Zusammenhang. Wie lautet er?»

«Nun, V ist das Volumen eines Kegels, dessen Höhe y ist. Aber ich kenne noch nicht den Radius der Grundfläche?»

«Du kannst ihn trotzdem hinzuziehen. Bezeichne ihn irgendwie, sagen wir etwa mit x.»

«$V = \dfrac{\pi x^2 y}{3}$».

«Stimmt. Und was weißt Du von x? Ist es unabhängig von y?»

«Nein. Wenn die Tiefe des Wassers, y, zunimmt, so nimmt der Radius der freien Oberfläche, x, auch zu.»

«Da haben wir einen Zusammenhang. Welchen?»

«Natürlich, ähnliche Dreiecke;

$$x : y = a : b.\text{»}$$

«Ein weiterer Zusammenhang! Ich würde nicht verfehlen, ihn zu verwerten. Vergiß nicht, Du willst den Zusammenhang zwischen V und y.»

«Ich habe $x = \dfrac{ay}{b}$

$$V = \frac{\pi a^2 y^3}{3b^2}.\text{»}$$

«Sehr gut. Das sieht aus, als ob es uns weiterbringen könnte, nicht wahr? Aber Du mußt Dein Ziel nicht vergessen. *Was ist die Unbekannte?*»

«Nun, $\dfrac{dy}{dt}$.»

«Du sollst einen Zusammenhang finden zwischen $\dfrac{dy}{dt}$, $\dfrac{dV}{dt}$ und anderen Größen. Und hier hast Du einen zwischen y, V und anderen Größen. Was ist da zu tun?»

«Differentiieren! Natürlich!

$$\frac{dV}{dt} = \frac{\pi a^2 y^2}{b^2} \frac{dy}{dt}.$$

Nun haben wir ihn.»

«Schön. Und wie steht es mit den numerischen Werten?»

«Wenn $a = 4$, $b = 3$, $\frac{dV}{dt} = r = 2$, $y = 1$ sind, dann ist

$$2 = \frac{\pi \times 16 \times 1}{9} \frac{dy}{dt}.»$$

TEIL II

WIE LÖST MAN PROBLEME?

EIN ZWIEGESPRÄCH

Vertrautwerden mit der Aufgabe

Wo soll ich beginnen? Geh aus von der Formulierung der Aufgabe.

Was kann ich tun? Stelle Dir die Aufgabe als Ganzes so deutlich und so lebendig vor Augen, wie Du nur kannst. Kümmere Dich im ersten Augenblick nicht um Einzelheiten.

Was kann ich dadurch erreichen? Du sollst die Aufgabe verstehen, Dich mit ihr vertraut machen und ihre Absicht Dir tief einprägen. Die Aufmerksamkeit, die Du der Aufgabe widmest, mag auch Dein Gedächtnis anstacheln und für die Erinnerung an wesentliche Dinge vorbereiten.

Erarbeiten eines besseren Verständnisses

Wo soll ich beginnen? Geh wieder von der Formulierung der Aufgabe aus. Fange an, wenn diese Formulierung Dir so klar ist und Du sie Dir so tief eingeprägt hast, daß Du sie für eine Weile aus dem Auge verlieren kannst, ohne Furcht, sie ganz zu verlieren.

Was kann ich tun? Trenne die Hauptteile Deiner Aufgabe. Hypothese (Annahme, Voraussetzung) und Folgerung sind die Hauptteile einer «Beweisaufgabe», die Unbekannte, die Daten und die Bedingung sind die Hauptteile einer «Bestimmungsaufgabe». Gehe die Hauptteile Deiner Aufgabe durch, betrachte sie nacheinander, betrachte sie abwechselnd, betrachte sie in verschiedenen Kombinationen, indem Du jede Einzelheit auf andere Einzelheiten und auf die Gesamtheit der Aufgabe beziehst.

Was kann ich dadurch erreichen? Du sollst Einzelheiten vorbereiten und klären, die geeignet sind, später eine Rolle zu spielen.

Verfolgen einer nützlichen Idee

Wo soll ich beginnen? Geh aus von der Betrachtung der wichtigsten Teile Deiner Aufgabe. Fange an, wenn diese wichtigsten Teile dank Deiner vorhergehenden Arbeit deutlich geordnet und klar verstanden sind und Dein Gedächtnis bereitwillig mitwirken will.

Was kann ich tun? Betrachte Deine Aufgabe von verschiedenen Seiten und suche eine Berührung mit Deinem früher erworbenen Wissen herzustellen.

Betrachte Deine Aufgabe von verschiedenen Seiten. Hebe nachdrücklich verschiedene Teile hervor, prüfe verschiedene Einzelheiten, prüfe dieselben Einzelheiten wiederholt, aber auf verschiedene Weise, setze Einzelheiten verschieden zusammen, gehe von verschiedenen Seiten an sie heran. Suche in jeder Einzelheit eine Bedeutung zu sehen, eine neue Auslegung des Ganzen.

Suche Berührungspunkte mit Deinem früher erworbenen Wissen. Versuche darüber nachzudenken, was Dir in ähnlichen Situationen früher geholfen hat. Versuche in dem, was Du untersuchst, etwas Bekanntes wiederzuerkennen, versuche in dem, was Du wiedererkennst, etwas Nützliches gewahr zu werden.

Was könnte ich denn gewahr werden? Eine nützliche Idee, vielleicht eine entscheidende Idee, die Dir auf den ersten Blick den Weg zum Ziele zeigt.

Wie kann eine Idee nützlich sein? Sie zeigt Dir den ganzen Weg oder einen Teil davon; sie schlägt Dir mehr oder weniger deutlich vor, wie Du verfahren kannst. Ideen sind mehr oder weniger vollständig. Du bist glücklich dran, wenn Du überhaupt eine Idee hast.

Was kann ich mit einer unvollständigen Idee machen? Du solltest sie betrachten. Wenn sie vorteilhaft aussieht, solltest

Du sie länger betrachten. Wenn sie zuverlässig aussieht, solltest Du erproben, wie weit sie Dich führt, und die Situation von neuem erwägen. Die Lage hat sich dank Deiner nützlichen Idee verändert. Betrachte die neue Lage von verschiedenen Seiten und suche Berührungspunkte mit Deinem früher erworbenen Wissen.

Was kann ich durch solche Wiederholung erreichen? Du kannst das Glück haben, daß Dir eine neue Idee einfällt. Vielleicht wird Deine neue Idee Dich sogleich zur Lösung führen. Vielleicht brauchst Du nach dieser neuen noch weitere förderliche Ideen. Vielleicht wirst Du von einigen Deiner Ideen irregeführt. Nichtsdestoweniger solltest Du für alle neuen Ideen dankbar sein, auch für die geringwertigen, auch für die unklaren, auch für die ergänzenden, die einer unklaren Idee etwas Genauigkeit geben oder eine weniger glückliche Idee zu verbessern suchen. Selbst wenn Du für eine Weile auf keine wertvolle neue Idee kommst, solltest Du dankbar sein, wenn Dein Verständnis vollständiger oder zusammenhängender, gleichartiger oder besser ausgeglichen wird.

Ausführen des Planes

Wo soll ich beginnen? Geh aus von der glücklichen Idee, die Dich zur Lösung führte. Beginne, wenn Du Dich sicher fühlst, den Hauptzusammenhang zu beherrschen, und wenn Du zuversichtlich glaubst, wünschenswerte unbedeutendere Einzelheiten ergänzen zu können.

Was kann ich tun? Versuche die Aufgabe völlig sicher zu beherrschen. Führe alle die algebraischen und geometrischen Operationen, die Du vorher als praktisch erkannt hast, im einzelnen durch. Überzeuge Dich von der Richtigkeit eines jeden Schrittes durch formale Beweisführung oder durch intuitive Einsicht oder, wenn möglich, durch beides. Wenn Deine Aufgabe sehr kompliziert ist, so kannst Du «große» und «kleine» Schritte unterscheiden, wobei jeder große Schritt sich aus mehreren kleinen zusammensetzt. Kontrolliere zuerst die großen Schritte, und gehe danach zu den kleinen über.

Was kann ich dadurch erreichen? Eine Darstellung der Lösung, bei der jeder Schritt ohne allen Zweifel richtig ist.

Rückschau

Wo soll ich beginnen? Mit der in jeder Einzelheit vollständigen und genauen Lösung.

Was kann ich tun? Betrachte die Lösung von verschiedenen Seiten, und suche Berührungspunkte mit Deinen früher erworbenen Kenntnissen.

Betrachte die Einzelheiten der Lösung und versuche sie so einfach zu machen, wie Du kannst; überblicke ausgedehntere Teile der Lösung und versuche sie kürzer zu fassen; versuche die ganze Lösung auf den ersten Blick zu übersehen. Versuche kürzere oder längere Teile der Lösung zu ihrem Vorteil zu verändern; versuche die ganze Lösung zu verbessern, sie anschaulich zu machen, sie möglichst natürlich in Dein früher erworbenes Wissen einzufügen. Prüfe genau die Methode, die Dich zur Lösung führte, versuche den entscheidenden Punkt darin zu sehen und ihn für andere Aufgaben zu verwenden. Prüfe genau das Resultat und versuche es für andere Aufgaben zu verwenden.

Was kann ich dadurch erreichen? Du kannst eine neue und bessere Lösung finden, Du kannst neue und interessante Tatsachen entdecken. Auf jeden Fall wirst Du, wenn Du es Dir zur Gewohnheit machst, Deine Lösungen auf diese Weise zu überblicken und zu prüfen, ein gutgeordnetes Wissen erwerben und Deine Fähigkeit im Aufgabenlösen entwickeln.

TEIL III

KLEINES WÖRTERBUCH DER HEURISTIK

Analogie hat etwas mit «Ähnlichkeit» zu tun. Der Begriff der Ähnlichkeit im Sinne der Umgangssprache ist vag und im Sinne der Geometrie enger als der Begriff der Analogie. Ähnliche Dinge stimmen in irgendeiner Hinsicht miteinander überein, analoge Dinge *stimmen in gewissen Beziehungen* zwischen ihren entsprechenden Teilen miteinander *überein.*

1. Ein rechtwinkliges Parallelogramm ist analog einem rechtwinkligen Parallelepiped (Quader). In der Tat sind die Beziehungen zwischen den Seiten eines Parallelogramms denen zwischen den Flächen eines Quaders ähnlich:

Jede Seite des Rechtecks ist parallel zu genau einer anderen Seite und ist senkrecht zu den übrigen Seiten.

Jede Fläche eines Quaders ist parallel zu genau einer anderen Fläche und senkrecht zu den übrigen Flächen.

Wir wollen übereinkommen, eine Seite ein «begrenzendes Element» des Parallelogramms und eine Fläche ein «begrenzendes Element» des Quaders zu nennen. Dann können wir die zwei vorhergehenden Aussagen in eine zusammenziehen, die sich auf beide Figuren in gleicher Weise anwenden läßt:

Jedes begrenzende Element ist genau einem anderen begrenzenden Element parallel und zu den übrigen begrenzenden Elementen senkrecht.

So haben wir gewisse Beziehungen ausgedrückt, die den beiden Mengen von Dingen, die wir miteinander vergleichen, Seiten des Rechtecks und Flächen des rechtwinkligen Quaders, gemeinsam sind. Die Analogie dieser Mengen besteht in der Gemeinsamkeit ihrer Beziehungen.

2. Analogie durchzieht unser ganzes Denken, unsere Alltagssprache und unsere trivialen Schlüsse ebenso wie künstlerische Ausdrucksweisen und höchste wissenschaftliche Leistungen. Analogie wird auf sehr verschiedenem

Niveau gebraucht. Man verwendet oft vage, mehrdeutige, unvollständige oder unvollständig geklärte Analogien, aber Analogie kann auch die hohe Stufe mathematischer Genauigkeit erreichen. Alle Arten von Analogie können bei der Entdeckung einer Lösung eine Rolle spielen, und so sollten wir keine davon vernachlässigen.

3. Wir können uns glücklich schätzen, wenn es uns bei dem Versuch, eine Aufgabe zu lösen, gelingt, *eine einfachere analoge Aufgabe* zu entdecken. Unsere ursprüngliche Aufgabe in § **15** betraf die Diagonale eines rechtwinkligen Quaders; die Betrachtung einer einfacheren analogen Aufgabe über die Diagonale eines Rechtecks führte uns zur Lösung der ursprünglichen Aufgabe. Wir wollen hier einen weiteren Fall dieser Art erörtern. Wir haben die folgende Aufgabe:

Suche den Schwerpunkt eines homogenen Tetraeders.

Ohne Kenntnis der Integralrechnung und mit geringer Kenntnis der Physik ist diese Aufgabe durchaus nicht leicht; sie war zur Zeit des Archimedes und des Galilei ein ernstes wissenschaftliches Problem. So müssen wir, wenn wir die Aufgabe mit möglichst wenig Vorkenntnissen lösen wollen, uns nach einer einfacheren analogen Aufgabe umsehen. Da fällt einem natürlich die entsprechende Aufgabe in der Ebene ein:

Suche den Schwerpunkt eines homogenen Dreiecks.

Nun haben wir statt einer gleich zwei Fragen. Aber zwei Fragen können leichter zu beantworten sein als eine – vorausgesetzt, daß die beiden Fragen vernünftig zusammenhängen.

4. Wir legen für einen Augenblick unsere eigentliche Aufgabe, die über das Tetraeder, beiseite und konzentrieren uns auf die einfachere analoge Aufgabe über das Dreieck. Um diese Aufgabe lösen zu können, müssen wir etwas über den Schwerpunkt wissen. Der folgende Satz ist plausibel und bietet sich ganz von selbst dar.

Wenn ein System von Massen S aus Teilen besteht, deren jeder seinen Schwerpunkt in derselben Ebene hat, dann enthält diese Ebene auch den Schwerpunkt des ganzen Systems S.

Dieser Satz gewährt alles, was wir im Falle des Dreiecks brauchen. Zunächst enthält er die Tatsache, daß der Schwerpunkt des Dreiecks in der Ebene des Dreiecks liegt. Dann wollen wir das Dreieck ansehen als aus ganz dünnen Streifen («unendlich schmalen» Parallelogrammen) bestehend, die zu einer bestimmten Seite des Dreiecks (in Figur 7 Seite AB) parallel sind. Der Schwerpunkt jedes solchen Streifens (eines jeden Parallelogramms) ist offensichtlich sein Mittelpunkt, und alle diese Mittelpunkte liegen auf der Geraden, die die der Seite AB gegenüberliegende Spitze C mit dem Mittelpunkt M von AB verbindet (siehe Figur 7).

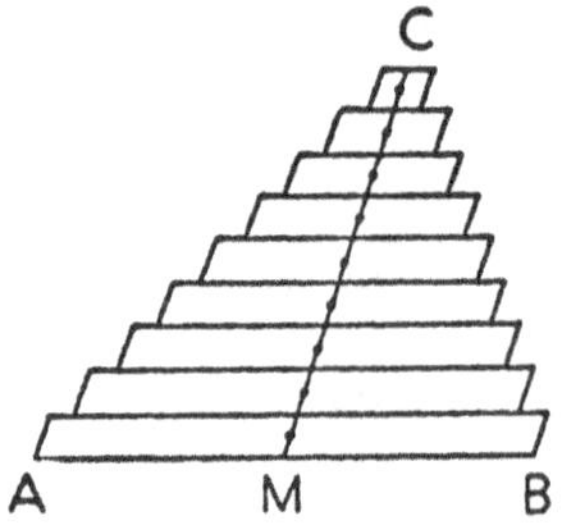

Fig. 7

Jedwede Ebene, die durch die Mittellinie CM des Dreiecks geht, enthält die Schwerpunkte aller parallelen Streifen, die das Dreieck bilden. So werden wir zu dem Schlusse gebracht, daß der Schwerpunkt des ganzen Dreiecks auf derselben Mittellinie liegt. Doch er muß genau so gut auf den beiden anderen Mittellinien liegen, er muß *der gemeinsame Schnittpunkt aller drei Mittellinien* sein.

Es ist wünschenswert, nachträglich rein geometrisch, unabhängig von jeder mechanischen Voraussetzung, zu beweisen, daß die drei Mittellinien sich in einem Punkte schneiden.

5. Nach dem Fall des Dreiecks ist der des Tetraeders ziemlich leicht. Wir haben jetzt eine unserer gegebenen

analoge Aufgabe gelöst und haben mit dieser Lösung *ein Vorbild, dem wir folgen* können.

Bei der Lösung der analogen Aufgabe, die wir nun als Vorbild benutzen, haben wir das Dreieck *ABC* als aus schmalen Streifen bestehend aufgefaßt, die einer seiner Seiten, *AB*, parallel sind. Jetzt fassen wir das Tetraeder *ABCD* als aus schmalen Streifen bestehend auf, die parallel zu einer seiner Kanten, *AB*, sind.

Die Mittelpunkte der schmalen Streifen, die das Dreieck bilden, liegen alle auf derselben Geraden, einer Mittellinie des Dreiecks, die den Mittelpunkt *M* der Seite *AB* mit der gegenüberliegenden Spitze *C* verbindet. Die Mittelpunkte der Streifen, die das Tetraeder bilden, liegen alle in derselben Ebene, die den Mittelpunkt *M* der Kante *AB* und die entgegengesetzte Kante *CD* enthält (siehe Figur 8); wir wollen diese Ebene *MCD* eine *Mittelebene* des Tetraeders nennen.

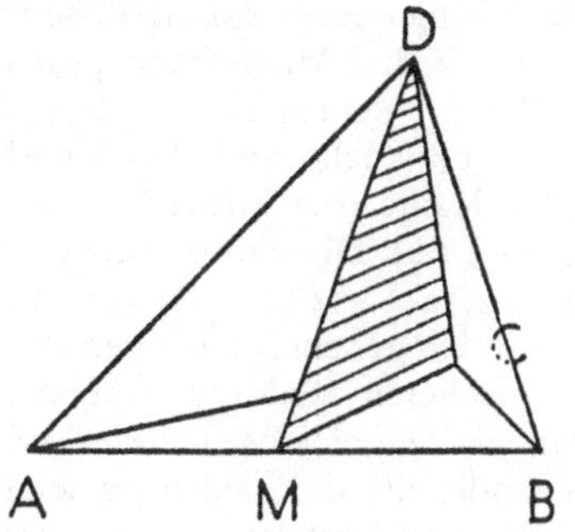

Fig. 8

Im Falle des Dreiecks hatten wir drei Mittellinien (von denen eine *MC* war), deren jede den Schwerpunkt des Dreiecks enthalten soll. Deshalb müssen sich diese drei Mittellinien in einem Punkte schneiden, der genau der Schwerpunkt ist. Im Falle des Tetraeders haben wir 6 Mittelebenen (von denen eine *MCD* ist), die durch den Mittelpunkt einer

Kante und die ihm gegenüberliegende Kante gehen, und jede von ihnen soll den Schwerpunkt des Tetraeders enthalten. Deshalb müssen sich diese 6 Mittelebenen in einem Punkte schneiden, der genau der Schwerpunkt ist.

6. So haben wir die Aufgabe über den Schwerpunkt eines homogenen Tetraeders gelöst. Um unsere Lösung zu vervollständigen, ist es wünschenswert, nachträglich rein geometrisch zu beweisen, unabhängig von mechanischen Betrachtungen, daß die genannten 6 Mittelebenen durch denselben Punkt gehen.

Als wir die Schwerpunktsaufgabe des homogenen Dreiecks lösten, fanden wir es wünschenswert, um unsere Lösung zu vervollständigen, nachträglich zu beweisen, daß die drei Mittellinien des Dreiecks durch denselben Punkt gehen. Diese Aufgabe ist der vorhergehenden analog, aber sichtlich einfacher.

Wieder können wir, um die Aufgabe über das Tetraeder zu lösen, die einfachere analoge Aufgabe über das Dreieck gebrauchen (die wir hier als gelöst voraussetzen wollen). In der Tat, betrachte die drei Mittelebenen, die durch die drei von der Ecke D ausgehenden Kanten DA, DB, DC hindurchgehen; jede geht auch durch den Mittelpunkt der gegenüberliegenden Kante (die Mittelebene durch DC geht durch M, siehe Figur 8). Diese drei Mittelebenen schneiden die Ebene des Dreiecks ABC in dessen drei Mittellinien. Diese drei Mittellinien gehen durch einen Punkt (das ist das Resultat der einfacheren analogen Aufgabe), und dieser Punkt ist, genau wie D, gemeinsamer Punkt der drei Mittelebenen. Die Gerade, die die beiden gemeinsamen Punkte verbindet, ist allen drei Mittelebenen gemeinsam.

Wir haben bewiesen, daß drei unter den 6 Mittelebenen, die durch die Ecke D gehen, eine Gerade gemeinsam haben. Dasselbe muß gelten für die 3 Mittelebenen, die durch A gehen, und ebenfalls für die 3 Mittelebenen durch B und durch C. Wenn wir diese Tatsachen passend zusammenfassen, können wir beweisen, daß die 6 Mittelebenen einen gemeinsamen Punkt haben. (Die 3 Mittelebenen, die durch die

Seiten des Dreiecks *ABC* gehen, bestimmen einen gemeinsamen Punkt und drei Schnittlinien, die sich in dem gemeinsamen Punkte schneiden. Nach dem soeben Bewiesenen muß durch jede Schnittlinie eine weitere Mittelebene gehen.)

7. In 5. und 6. haben wir beide Male eine einfachere analoge Aufgabe über das Dreieck benutzt, um eine Aufgabe über das Tetraeder zu lösen. Doch die beiden Fälle sind in einem wichtigen Punkte verschieden. In 5. haben wir die *Methode* der einfacheren analogen Aufgabe angewandt, deren Lösung wir Schritt für Schritt nachahmten. In 6. haben wir das *Resultat* der einfacheren analogen Aufgabe verwandt und uns nicht darum gekümmert, wie das Resultat erhalten worden war. Manchmal können wir *sowohl die Methode als das Resultat* der einfacheren analogen Aufgabe benutzen. Selbst unser vorhergehendes Beispiel zeigt das, wenn wir die Betrachtungen unter 5. und 6. als verschiedene Teile der Lösung derselben Aufgabe ansehen.

Unser Beispiel ist typisch. Beim Lösen einer vorgegebenen Aufgabe können wir oft die Lösung einer einfacheren analogen Aufgabe benutzen; wir können ihre Methode oder ihr Resultat oder beides anwenden. Natürlich können in schwierigeren Fällen Komplikationen auftreten, die in unserm Beispiel noch nicht gezeigt sind. Besonders kann der Fall eintreten, daß die Lösung der analogen Aufgabe nicht sofort für unsere ursprüngliche Aufgabe benutzt werden kann. Dann mag es der Mühe wert sein, die Lösung immer wieder zu betrachten, sie zu ändern und zu modifizieren, bis wir schließlich, nachdem wir verschiedene Formen der Lösung versucht haben, eine finden, die auf unsere ursprüngliche Aufgabe ausgedehnt werden kann.

8. Es ist wünschenswert, das Resultat oder wenigstens einige Züge des Resultates mit einigen Graden von Glaubwürdigkeit vorauszusehen. Solche glaubwürdigen Vorhersagen sind oft auf Analogie gegründet.

So können wir wissen, daß der Schwerpunkt eines homogenen Dreiecks mit dem Schwerpunkt seiner drei Ecken (d. h. dreier materieller Punkte mit gleicher Masse, die in den Eckpunkten des Dreiecks angeordnet sind) zusammenfällt. Wenn wir dies wissen, können wir mutmaßen, daß der Schwerpunkt eines homogenen Tetraeders mit dem Schwerpunkt seiner vier Eckpunkte zusammenfällt.

Diese Vermutung ist ein «Schluß durch Analogie». Da wir wissen, daß das Dreieck und das Tetraeder in mancher Beziehung ähnlich sind, mutmaßen wir, daß sie in einer weiteren Beziehung ähnlich sind. Es würde töricht sein, die Glaubwürdigkeit solcher Vermutungen als Gewißheit anzusehen, aber es würde genau so töricht oder sogar noch törichter sein, solche glaubwürdigen Mutmaßungen außer Betracht zu lassen.

Schluß durch Analogie scheint die gewöhnlichste Art des Schlusses zu sein, und es ist vielleicht die wesentlichste. Er gibt mehr oder weniger glaubwürdige Vermutungen, die durch Erfahrung und genauere Beweisführung bestätigt oder nicht bestätigt werden können. Der Chemiker, der an Tieren experimentiert, um den Einfluß seiner Medizinen an Menschen vorherzusehen, zieht Schlüsse durch Analogie. Einen solchen Schluß zog auch ein kleiner Junge, dessen Schoßhund zum Veterinär gebracht werden mußte, als er fragte:

«Wer ist der Veterinär?»

«Der Tierdoktor.»

«Was für ein Tier ist der Tierdoktor?»

9. Ein Analogieschluß aus vielen parallelen Fällen ist stärker als einer aus weniger Fällen. Doch hier ist Qualität wichtiger als Quantität. Genau bestimmte Analogien wiegen schwerer als vage Ähnlichkeiten, systematisch angeordnete Beispiele gelten mehr als wahllose Sammlungen von Fällen.

Im vorhergehenden (in 8.) brachten wir eine Vermutung über den Schwerpunkt des Tetraeders voran. Sie wurde durch Analogie gestützt; der Fall des Tetraeders ist analog dem des Dreiecks. Wir können diese Vermutung durch einen weiteren analogen Fall bekräftigen, durch den Fall der homogenen Rute (d. i. ein Geradenabschnitt von gleichförmiger Dichte).

Die Analogie zwischen

Geradenabschnitt Dreieck Tetraeder

läßt viele Betrachtungsweisen zu. Ein Geradenabschnitt ist enthalten in einer Geraden, ein Dreieck in einer Ebene, ein Tetraeder im Raum. Geradenabschnitte sind die einfachsten eindimensionalen begrenzten Figuren, Dreiecke die einfachsten Polygone, Tetraeder die einfachsten Polyeder.

Der Geradenabschnitt hat 2 null-dimensionale begrenzende Elemente (2 Endpunkte), und sein Inneres ist eindimensional.

Das Dreieck hat 3 null-dimensionale und 3 eindimensionale begrenzende Elemente (3 Ecken, 3 Seiten), und sein Inneres ist zweidimensional.

Das Tetraeder hat 4 null-dimensionale, 6 eindimensionale und 4 zweidimensionale begrenzende Elemente (4 Ecken, 6 Kanten, 4 Flächen), und sein Inneres ist dreidimensional.

Diese Zahlen können in einer Tafel zusammengestellt werden. Die aufeinanderfolgenden Kolonnen enthalten die Zahlen für die null-, ein-, zwei- und dreidimensionalen Elemente, die aufeinanderfolgenden Reihen die Zahlen für Segment, Dreieck und Tetraeder:

2	1		
3	3	1	
4	6	4	1

Es ist nur ganz wenig Vertrautheit mit dem binomischen Lehrsatz nötig, um in diesen Zahlen einen Abschnitt des Pascalschen Dreiecks wiederzuerkennen. Wir haben so eine bemerkenswerte Regelmäßigkeit in Geradenabschnitt, Dreieck und Tetraeder gefunden.

10. Wenn wir in Erfahrung gebracht haben, daß die Dinge, die wir vergleichen, eng zusammenhängen, so können die «Schlüsse durch Analogie» wie im folgenden ein gewisses Gewicht bei uns haben.

Der Schwerpunkt einer homogenen Rute fällt mit dem Schwerpunkt seiner beiden Endpunkte zusammen. Der

Schwerpunkt eines homogenen Dreiecks fällt mit dem Schwerpunkt seiner 3 Ecken zusammen. Sollten wir nicht vermuten, daß der Schwerpunkt eines homogenen Tetraeders mit dem Schwerpunkt seiner 4 Ecken zusammenfällt?

Weiter, der Schwerpunkt einer homogenen Rute teilt die Entfernung zwischen ihren Endpunkten im Verhältnis 1 : 1. Der Schwerpunkt eines Dreiecks teilt die Entfernung zwischen jeder Ecke und dem Mittelpunkt der gegenüberliegenden Seite im Verhältnis 2 : 1. Sollten wir nicht vermuten, daß der Schwerpunkt eines homogenen Tetraeders die Entfernung zwischen jeder Ecke und dem Schwerpunkt der gegenüberliegenden Fläche im Verhältnis 3 : 1 teilt?

Es ist außerordentlich unwahrscheinlich, daß die Mutmaßungen, die durch diese Fragen angeregt sind, falsch wären, daß eine so schöne Regelmäßigkeit vergeudet wäre. Das Gefühl, daß einfache harmonische Ordnung nicht trügerisch sein kann, führt den Forscher sowohl in der Mathematik wie in den andern Wissenschaften und wird durch das lateinische Sprichwort ausgedrückt: *simplex sigillum veri* (Einfachheit ist das Siegel der Wahrheit).

[Das Gesagte regt eine Ausdehnung auf n Dimensionen an. Es ist unwahrscheinlich, daß das, was für die ersten drei Dimensionen gilt, für höhere Werte von n aufhören sollte zu gelten. Diese Mutmaßung ist ein «Schluß durch Induktion»; er zeigt, daß Induktion in natürlicher Weise auf Analogie beruht. Siehe INDUKTION UND VOLLSTÄNDIGE INDUKTION.]

[11. Wir beendigen den gegenwärtigen Abschnitt, indem wir kurz die wichtigsten Fälle betrachten, in denen Analogie die Genauigkeit mathematischer Gedanken erreicht.

(I) Zwei Systeme von mathematischen Dingen, sagen wir S und S', hängen so miteinander zusammen, daß gewisse Beziehungen zwischen den Dingen von S denselben Gesetzen unterliegen wie die zwischen den Dingen von S'.

Diese Art von Analogie zwischen S und S' ist durch das, was wir unter 1. erörtert haben, aufgezeigt worden; nehmen wir z. B. als S die Seiten eines Rechtecks, als S' die Flächen eines rechtwinkligen Parallelepipeds.

(II) Es ist eine ein-eindeutige Zuordnung zwischen den Dingen der beiden Systeme S und S', bei der gewisse Beziehungen erhalten bleiben. Das heißt, wenn eine solche Beziehung zwischen den Dingen des einen Systems besteht, so besteht dieselbe Beziehung zwischen den entsprechenden Dingen des anderen Systems. Ein solcher Zusammenhang zwischen zwei Systemen ist eine sehr bestimmte Art von Analogie; man nennt ihn Isomorphismus (oder einstufigen Isomorphismus).

(III) Es ist eine ein-mehrdeutige Zuordnung zwischen den Dingen der beiden Systeme S und S', bei der gewisse Beziehungen erhalten bleiben. Ein solcher Zusammenhang (der in verschiedenen Zweigen des fortgeschrittenen mathematischen Studiums, besonders in der Gruppentheorie, wichtig ist und hier nicht im einzelnen erörtert werden soll) heißt mehrstufiger Isomorphismus (oder Homomorphismus; Homöomorphismus würde vielleicht ein besserer Ausdruck sein). Mehrstufiger Isomorphismus mag als eine andere sehr bestimmte Art von Analogie betrachtet werden.]

Aufstellen von Gleichungen ist ähnlich der Übersetzung von einer Sprache in eine andere (BEZEICHNUNG, 1.). Dieser von Newton in seiner *Arithmetica Universalis* angeführte Vergleich kann vielleicht dazu beitragen, die Natur gewisser Schwierigkeiten zu klären, die sowohl von Schülern wie von Lehrern oft empfunden werden.

1. Gleichungen aufzustellen bedeutet, eine Bedingung, die in Worten formuliert ist, in mathematischen Symbolen auszudrücken; es ist eine Übersetzung von einer üblichen Sprache in die Sprache mathematischer Formeln. Die Schwierigkeiten, die wir beim Aufstellen von Gleichungen haben, sind die Schwierigkeiten einer Übersetzung.

Um einen Satz vom Deutschen ins Französische zu übersetzen, sind zwei Dinge notwendig. Erstens, wir müssen den deutschen Satz durch und durch verstehen. Zweitens, wir müssen mit den Ausdrucksformen, die der französischen Sprache eigen sind, vertraut sein. Die Situation ist ganz ähnlich, wenn wir versuchen, eine in Worten vorgegebene Bedingung in mathematischen Symbolen auszudrücken. Zuerst müssen wir die Bedingung durch und durch verstehen. Zweitens müssen wir mit den Formen mathematischen Ausdrucks vertraut sein.

Ein deutscher Satz ist relativ leicht in das Französische zu übersetzen, wenn er Wort für Wort übersetzt werden kann. Aber es gibt deutsche Idiome, die nicht Wort für Wort in das Französische übersetzt werden können. Wenn unser Satz solche Idiome enthält, wird die Übersetzung schwierig; wir müssen weniger Aufmerksamkeit den einzelnen Worten und mehr Aufmerksamkeit dem ganzen Sinn widmen; bevor wir den Satz übersetzen, müssen wir ihn umordnen.

Sehr vieles ist ähnlich beim Aufstellen von Gleichungen. In leichten Fällen spaltet sich der Wortlaut beinahe automatisch in aufeinanderfolgende Teile, von denen jeder sofort in mathematischen Symbolen niedergeschrieben werden kann. In schwierigeren Fällen hat die Bedingung Teile, die nicht unmittelbar in mathematische Symbole übersetzt werden können. Wenn das so ist, müssen wir weniger Aufmerksamkeit dem Wortlaut widmen und uns mehr auf den Sinn konzentrieren. Bevor wir mit dem Niederschreiben der Formel beginnen, müssen wir vielleicht die Bedingung umordnen, und dabei müssen wir die Hilfsmittel mathematischer Bezeichnung im Auge behalten.

In allen Fällen, den leichten wie den schwierigen, müssen wir die Bedingung verstehen, die *verschiedenen Teile der Bedingung trennen* und fragen: *Kannst Du sie niederschreiben?* In leichten Fällen gelingt es uns ohne Zögern, die Bedingung in Teile aufzuspalten, die in mathematischen Symbolen niedergeschrieben werden können; in schwierigen Fällen ist die geeignete Aufteilung der Bedingung weniger augenfällig.

Es ist ratsam, die vorstehende Erklärung nach dem Studium der folgenden Beispiele noch einmal zu lesen.

2. *Suche zwei Größen, deren Summe 78 und deren Produkt 1296 beträgt.*

Wir unterteilen unser Blatt Papier durch eine senkrechte Linie. Auf die eine Seite schreiben wir den Wortlaut, den wir in geeignete Teile aufspalten. Auf die andere Seite schreiben wir algebraische Zeichen, genau gegenüber dem entsprechenden Teil des Textes. Das Original ist zur Linken, die Übersetzung in Symbole zur Rechten.

Formulierung der Aufgabe

in Deutsch	in algebraischer Sprache
Suche zwei Größen.	x, y
deren Summe 78 ist und	$x + y = 78$
deren Produkt 1296 ist.	$xy = 1296.$

In diesem Fall spaltet sich der in Worten formulierte Text beinahe automatisch in aufeinanderfolgende Teile, deren jeder unmittelbar in mathematischen Symbolen niedergeschrieben werden kann.

3. *Bestimme die Breite und Höhe eines geraden Prismas mit quadratischer Grundfläche, wenn das Volumen = 63 ccm und der Inhalt der Oberfläche = 102 qcm gegeben sind.*

Was ist unbekannt? Die Seite der Grundfläche, x, und die Höhe des Prismas, y.

Was ist gegeben? Das Volumen = 63 und die Oberfläche = 102.

Wie lautet die Bedingung? Das Prisma, dessen Grundfläche ein Quadrat mit der Seite x und dessen Höhe y ist, muß das Volumen 63 und die Oberfläche 102 haben.

Trenne die verschiedenen Teile der Bedingung. Die Bedingung umfaßt zwei Teile, der eine befaßt sich mit dem Volumen, der andere mit der Oberfläche.

Wir können kaum zögern, die ganze Bedingung genau in diese beiden Teile aufzuteilen; aber wir können diese Teile nicht «unmittelbar» niederschreiben. Wir müssen wissen, wie das Volumen und die verschiedenen Teile der Oberfläche zu berechnen sind. Wenn wir jedoch ausreichende geometrische Kenntnisse haben, können wir leicht die beiden Teile der Bedingung so formulieren, daß die Übersetzung in Gleichungen ausführbar ist. Wir schreiben auf die linke Hälfte der Seite eine wesentlich umgeformte und erweiterte Formulierung unserer Aufgabe, die für die Übersetzung in die algebraische Sprache paßt.

Von einem geraden Prisma mit quadratischer Grundfläche	
suche die Seite der Grundfläche	x
und die Höhe.	y
I. Das Volumen ist gegeben.	63
Der Inhalt der Grundfläche, die aus einem Quadrat mit der Seite x besteht,	x^2
und die Höhe	y
bestimmen das Volumen, das ihr Produkt darstellt.	$x^2y = 63$
II. Der Inhalt der Oberfläche ist gegeben.	102
Die Oberfläche besteht aus zwei Quadraten mit der Seite x	$2x^2$
und aus 4 Rechtecken, deren Seiten die Grundlinie x und die Höhe y sind.	$4xy$
Die Summe davon ist der Inhalt der Oberfläche.	$2x^2 + 4xy = 102.$

4. *Es seien die Gleichung einer Geraden und die Koordinaten eines Punktes gegeben; suche den Punkt, der zu dem gegebenen Punkt in bezug auf die Gerade symmetrisch ist.*

Das ist eine Aufgabe der ebenen analytischen Geometrie.

Was ist unbekannt? Ein Punkt mit den Koordinaten p, q.

Was ist gegeben? Die Gleichung einer Geraden, $y = mx + n$, und ein Punkt mit den Koordinaten a, b.

Wie lautet die Bedingung? Die Punkte (a, b) und (p, q) sind symmetrisch zueinander in bezug auf die Gerade $y = mx + n$.

Wir langen jetzt an der wesentlichen Schwierigkeit an, nämlich, die Bedingung in Teile zu zerlegen, die in der Sprache der analytischen Geometrie ausgedrückt werden können. Die Art dieser Schwierigkeit muß wohl verstanden werden. Eine Zerlegung der Bedingung in Teile mag logisch einwandfrei und dennoch nutzlos sein. Was wir hier brauchen, ist eine Zerlegung in Teile, die sich für einen analytischen Ausdruck eignen. Um eine solche Zerlegung zu finden, müssen wir *auf die Definition* der Symmetrie *zurückgreifen,* aber dabei die Hilfsmittel der analytischen Geometrie im Auge behalten. Was ist gemeint mit Symmetrie in bezug auf eine Gerade? Welche geometrischen Beziehungen können wir in der analytischen Geometrie einfach ausdrücken? Wir konzentrieren uns auf die erste Frage und dürfen die zweite dabei nicht vergessen. So werden wir schließlich die Zerlegung finden, die wir im folgenden aufstellen.

Der gegebene Punkt	(a, b)
und der gesuchte Punkt	(p, q)
sind so aufeinander bezogen, daß	
I. ihre Verbindungslinie senkrecht auf der gegebenen Geraden steht, und	$\frac{q-b}{p-a} = -\frac{1}{m}$
II. der Mittelpunkt ihrer Verbindungslinie auf der gegebenen Geraden liegt.	$\frac{b+q}{2} = m\frac{a+p}{2} + n.$

Bedingung ist ein Hauptteil einer «Bestimmungsaufgabe». Siehe BESTIMMUNGSAUFGABEN UND BEWEISAUFGABEN, 3. Siehe ferner FACHAUSDRÜCKE, ALTE UND NEUE.

Man nennt eine Bedingung *überbestimmt*, wenn sie überflüssige Teile enthält. Man nennt sie *kontradiktorisch*, wenn ihre Teile einander entgegengesetzt und widerspruchsvoll sind, so daß kein Ding existiert, das die Bedingung erfüllt.

Wenn eine Bedingung durch mehr lineare Gleichungen

als Unbekannte darin enthalten sind, ausgedrückt ist, ist sie entweder überbestimmt oder kontradiktorisch; wenn die Bedingung durch weniger Gleichungen, als Unbekannte darin enthalten sind, ausgedrückt ist, reicht sie nicht aus, die Unbekannten zu bestimmen; wenn die Bedingung durch ebensoviele Gleichungen, wie Unbekannte darin vorkommen, ausgedrückt ist, ist sie im allgemeinen gerade ausreichend, um die Unbekannten zu bestimmen, aber in Ausnahmefällen kann sie doch kontradiktorisch oder nicht ausreichend sein.

Bestimmungsaufgaben und Beweisaufgaben. Wir ziehen eine Parallele zwischen diesen beiden Arten von Aufgaben.

1. Das Ziel einer «Bestimmungsaufgabe» ist, ein gewisses Ding zu bestimmen, die Unbekannte der Aufgabe.

Die Unbekannte wird auch die gesuchte oder die verlangte Größe genannt. «Bestimmungsaufgaben» können theoretisch oder praktisch, abstrakt oder konkret sein, ernste Aufgaben oder bloße Rätsel. Wir können alle Arten von Unbekannten suchen; wir können alle erdenklichen Arten von Dingen zu finden, zu erhalten, zu erwerben, hervorzubringen oder zu konstruieren suchen. In der Aufgabenstellung eines Detektivromans ist die Unbekannte ein Mörder. In einer Schachaufgabe ist die Unbekannte ein Zug mit einer Schachfigur. In gewissen Rätseln ist die Unbekannte ein Wort. In gewissen elementaren Aufgaben aus der Algebra ist die Unbekannte eine Zahl. In einer geometrischen Konstruktionsaufgabe ist die Unbekannte eine geometrische Figur.

2. Das Ziel einer «Beweisaufgabe» ist, durch logische Schlüsse zu zeigen, daß eine gewisse klar formulierte Behauptung wahr ist, oder andernfalls zu zeigen, daß sie falsch ist. Wir haben die Frage zu beantworten: Ist diese Behauptung wahr oder falsch? Und wir müssen durch Schlüsse antworten, indem wir entweder beweisen, daß die Behauptung wahr, oder daß sie falsch ist.

Eine Zeugenaussage behauptet, daß der Angeklagte in einer gewissen Nacht zu Hause war. Der Richter muß herausfinden, ob die Behauptung wahr oder nicht wahr ist, und überdies muß er für das Ergebnis seiner Untersuchung eine möglichst gute Begründung geben. So hat der Richter eine «Beweisaufgabe» zu lösen. Eine andere «Beweisaufgabe» ist, «den Satz des Pythagoras zu beweisen». Wir sagen nicht: «den Satz des Pythagoras zu beweisen oder zu widerlegen». In mancher Hinsicht würde es besser sein, in die Formulierung der Aufgabe die Möglichkeit der Widerlegung einzuschließen, aber wir können sie vernachlässigen, da wir wissen, daß die Wahrscheinlichkeit, den Lehrsatz des Pythagoras zu widerlegen, recht gering ist.

3. Die Hauptteile einer «Bestimmungsaufgabe» sind die *Unbekannte*, die *Daten* und die *Bedingung*.

Wenn wir ein Dreieck mit den Seiten a, b, c konstruieren sollen, so ist die Unbekannte ein Dreieck, die Daten sind die 3 Längen a, b, c, und die geforderte Bedingung, der das Dreieck genügen muß, ist, daß seine 3 Seiten die gegebenen Längen a, b, c haben. Wenn wir ein Dreieck mit den Höhen a, b, c zu konstruieren hätten, so ist die Unbekannte ein Ding derselben Kategorie wie vorher, die Daten sind die gleichen, aber die Bedingung, durch die die Unbekannte mit den Daten verbunden ist, ist verschieden.

4. Wenn eine «Beweisaufgabe» eine mathematische Aufgabe der üblichen Art ist, so sind ihre Hauptteile die *Annahme* und der logische *Schluß* des Satzes, der bewiesen oder widerlegt werden soll.

«Wenn die vier Seiten eines Vierecks einander gleich sind, dann sind die beiden Diagonalen zueinander senkrecht.» Der zweite Teil, der mit «dann» beginnt, ist der Schluß, der erste Teil, der mit «wenn» beginnt, ist die Annahme.

(Nicht alle mathematischen Sätze können auf natürliche Weise in Annahme und Schluß aufgespalten werden. So ist es kaum möglich, den Satz aufzuspalten: «Es gibt unendlich viele Primzahlen.»)

5. Wenn man eine «Bestimmungsaufgabe» lösen will, muß man ihre Hauptteile, die Unbekannte, die Daten und die Bedingung, kennen, und zwar genau kennen. Unsere Tabelle enthält viele Fragen und Anregungen, die sich mit diesen Teilen befassen.

Was ist unbekannt? Was ist gegeben? Wie lautet die Bedingung?

Trenne die verschiedenen Teile der Bedingung.

Suche den Zusammenhang zwischen den Daten und der Unbekannten.

Betrachte die Unbekannte. Und versuche Dich auf eine Dir bekannte Aufgabe zu besinnen, die dieselbe oder eine ähnliche Unbekannte hat.

Behalte nur einen Teil der Bedingung bei, und lasse den andern Teil fort; wie weit ist die Unbekannte dann bestimmt, wie kann ich sie verändern? Kannst Du etwas Förderliches aus den Daten ableiten? Kannst Du Dir andere Daten denken, die geeignet sind, die Unbekannte zu bestimmen? Kannst Du die Unbekannte ändern oder die Daten oder, wenn nötig, beide, so daß die neue Unbekannte und die neuen Daten einander näher sind?

Hast Du alle Daten benutzt? Hast Du die ganze Bedingung benutzt?

6. Wenn man eine «Beweisaufgabe» lösen will, muß man ihre Hauptteile, die Annahme und den Schluß, kennen, und zwar genau kennen. Es gibt nützliche Fragen und Anregungen, die sich mit diesen Teilen befassen und die den Fragen und Anregungen unserer Tabelle entsprechen, welche besonders auf «Bestimmungsaufgaben» zugeschnitten sind.

Was ist die Annahme? Was ist der Schluß?

Trenne die verschiedenen Teile der Annahme.

Suche den Zusammenhang zwischen Annahme und Schluß.

Betrachte den Schluß. Und versuche Dich auf einen Dir bekannten Satz zu besinnen, der denselben oder einen ähnlichen Schluß hat.

Behalte nur einen Teil der Annahme bei und lasse den andern Teil fort; ist der Schluß dann noch gültig? Kannst Du etwas Förderliches aus der Annahme ableiten? Kannst Du Dir eine andere Annahme denken, aus der Du leicht den Schluß ableiten könntest?

Kannst Du die Annahme ändern oder den Schluß oder, wenn nötig, beides, so daß die neue Annahme und der neue Schluß einander näher sind?

Hast Du die ganze Annahme benutzt?

7. «Bestimmungsaufgaben» sind wichtiger in der Elementarmathematik, «Beweisaufgaben» in der höheren Mathematik. In dem vorliegenden Buch sind die «Bestimmungsaufgaben» mehr betont als die anderen, aber der Verfasser hat die Absicht, in einer ausführlicheren Behandlung des Themas das Gleichgewicht wiederherzustellen.

Betrachte die Unbekannte. Das ist ein alter Rat; die entsprechende lateinische Redensart ist: «respice finem». Das heißt: sieh auf das Ende. Denke an Dein Ziel. Vergiß nicht den Zweck Deiner Bemühung. Denke an das, was Du zu erlangen wünschest. Verliere nicht aus dem Auge, was gefordert wird. Behalte im Sinn, wofür Du arbeitest. *Betrachte die Unbekannte. Betrachte den Schluß.* Die beiden letzten Versionen von «respice finem» sind spezifisch auf mathematische Aufgaben zugeschnitten, jeweils auf «Bestimmungs-» und auf «Beweisaufgaben».

Wenn wir unsere Aufmerksamkeit und unsern Willen auf unser Ziel konzentrieren, besinnen wir uns auf Mittel und Wege, das Ziel zu erreichen. Was sind die Mittel zu diesem Zweck? Wie kannst Du Dein Ziel erreichen? Wie kannst Du ein Resultat dieser Art erlangen? Was für Ursachen können ein solches Resultat hervorrufen? Wo hast Du ein solches Resultat schon gesehen? Was tut man gewöhnlich, um so ein Resultat zu erhalten? *Und versuche Dich auf eine Dir bekannte Aufgabe zu besinnen, die dieselbe oder eine ähnliche Unbekannte hat. Und versuche Dich auf einen Dir bekannten Lehrsatz zu besinnen, der denselben oder einen ähnlichen Schluß hat.* Wieder sind die beiden letzten Versionen jeweils spezifisch auf «Bestimmungs-» und «Beweisaufgaben» zugeschnitten.

1. Wir werden jetzt mathematische Aufgaben betrachten, «Bestimmungsaufgaben», und dazu die Anregung neh-

men: *Versuche Dich auf eine Dir bekannte Aufgabe zu besinnen, die dieselbe Unbekannte hat.* Wir wollen diese Anregung vergleichen mit der, die in der Frage liegt: *Kennst Du eine verwandte Aufgabe?*

Die letzte Anregung ist allgemeiner als die erste. Wenn eine Aufgabe einer anderen verwandt ist, haben die beiden etwas gemeinsam; sie können einige gemeinsame Dinge oder Begriffe in sich schließen oder einige Daten gemeinsam haben oder irgendeinen Teil der Bedingung usw. Unsere erste Anregung dagegen besteht auf einem besonderen gemeinsamen Punkt: die zwei Aufgaben sollen dieselbe Unbekannte haben. Das heißt, die Unbekannte soll in beiden Fällen ein Ding derselben Kategorie sein, z. B. in beiden Fällen die Länge einer Geraden.

Im Vergleich mit der allgemeinen Anregung liegt eine gewisse Sparsamkeit in der speziellen Anregung.

Zuerst können wir etwas Mühe dabei sparen, die Aufgabe darzustellen; wir müssen nicht auf einmal die ganze Aufgabe betrachten, sondern nur die Unbekannte. Die Aufgabe erscheint uns schematisch:

«Gegeben ..., suche die Länge der Geraden.»

Zweitens liegt eine gewisse Sparsamkeit in der Auswahl. Sehr viele Aufgaben können der vorgelegten verwandt sein, indem sie den einen oder anderen Punkt mit ihr gemeinsam haben. Aber wenn wir die Unbekannte erwägen, beschränken wir unsere Wahl; wir ziehen nur solche Aufgaben in Betracht, die dieselbe Unbekannte haben. Und unter den Aufgaben, die dieselbe Unbekannte haben, betrachten wir natürlich zuerst diejenigen, die am elementarsten und uns vertrautesten sind.

2. Die vorliegende Aufgabe hat die Gestalt:

«Gegeben ..., suche die Länge der Geraden.»

Die einfachsten und uns vertrautesten Aufgaben dieser Art befassen sich mit Dreiecken: Gegeben drei bestimmende Teile eines Dreiecks, suche die Länge einer Seite. Damit haben wir etwas gefunden, das von Wichtigkeit sein kann: *Hier ist eine Aufgabe, die der Deinen verwandt und schon ge-*

löst ist. Kannst Du sie gebrauchen? Kannst Du ihr Resultat gebrauchen? Um die bekannten Resultate über Dreiecke zu verwenden, müssen wir ein Dreieck in unserer Figur haben. Gibt es da ein Dreieck? Oder sollen wir eines einführen, um aus diesen bekannten Resultaten Nutzen ziehen zu können? *Würdest Du irgendeine Hilfsgröße einführen, damit Du sie verwenden kannst?*

Es gibt mehrere einfache Aufgaben, in denen die Unbekannte die Seite eines Dreiecks ist. (Sie unterscheiden sich voneinander in den Daten; zwei Winkel und eine Seite können gegeben sein, oder zwei Seiten und ein Winkel, und die Lage des Winkels bezüglich der gegebenen Seiten kann verschieden sein. Alle diese Aufgaben sind besonders einfach bei rechtwinkligen Dreiecken.) Mit ungeteilter Aufmerksamkeit bei unserer Aufgabe, versuchen wir nun herauszufinden, welche Art von Dreieck wir einführen sollen, welche früher gelöste Aufgabe (mit derselben Unbekannten wie die vorliegende) am bequemsten für unsern gegenwärtigen Zweck paßt.

Wenn wir ein passendes Hilfsdreieck eingeführt haben, kann es geschehen, daß wir noch nicht drei bestimmende Teile davon kennen. Das ist jedoch nicht absolut notwendig; wenn wir voraussehen, daß die fehlenden Teile irgendwie erhalten werden können, haben wir einen wesentlichen Fortschritt gemacht, wir haben einen Plan der Lösung.

3. Das im Vorhergehenden (unter 1. und 2.) skizzierte Verfahren ist in Abschnitt **10** im wesentlichen erläutert worden (die Erläuterung ist etwas getrübt durch die Langsamkeit der Schüler). Es ist durchaus nicht schwierig, viele ähnliche Beispiele hinzuzufügen. In der Tat kann die Lösung beinahe aller «Bestimmungsaufgaben», wie sie gewöhnlich in weniger fortgeschrittenen Klassen gestellt werden, durch den geeigneten Gebrauch der Anregung begonnen werden: *Und versuche Dich auf eine Dir bekannte Aufgabe zu besinnen, die dieselbe oder eine ähnliche Unbekannte hat.*

Wir müssen solche Aufgaben schematisch nehmen und vor allem die Unbekannte betrachten:

(1) Gegeben ..., suche die Länge der Strecke.
(2) Gegeben ..., suche den Winkel.
(3) Gegeben ..., suche das Volumen des Tetraeders.
(4) Gegeben ..., konstruiere den Punkt.

Wenn wir etwas Erfahrung in der Behandlung elementarer mathematischer Aufgaben haben, werden wir gleich einige einfache, uns wohlvertraute Aufgaben mit derselben Unbekannten uns ins Gedächtnis rufen können. Wenn die vorgelegte Aufgabe nicht eine dieser einfachen, bekannten Aufgaben ist, versuchen wir natürlich, von dem, was uns bekannt ist, Gebrauch zu machen und aus dem Resultat dieser einfachen Aufgaben Nutzen zu ziehen. Wir versuchen etwas Nützliches, Wohlbekanntes in die Aufgabe einzuführen und werden so einen guten Anfang haben.

In jedem der vier erwähnten Fälle ist ein deutlicher Plan, eine plausible Vermutung über den künftigen Lauf der Lösung.

(1) Die Unbekannte soll erhalten werden als Seite eines Dreiecks. Es verbleibt, ein passendes Dreieck einzuführen mit drei bekannten oder leicht zu erhaltenden Stücken, durch die das Dreieck bestimmt ist.

(2) Die Unbekannte soll als Winkel in einem Dreieck erhalten werden. Es verbleibt, ein passendes Dreieck einzuführen.

(3) Die Unbekannte kann erhalten werden, wenn der Flächeninhalt der Grundfläche und die Länge der Höhe gegeben sind. Es verbleibt, den Inhalt einer Seitenfläche und die entsprechende Höhe zu suchen.

(4) Die Unbekannte soll erhalten werden als der Schnitt zweier geometrischer Örter, von denen jeder entweder ein Kreis oder eine Gerade ist. Es verbleibt, solche geometrischen Örter aus der vorgegebenen Bedingung zu entwickeln.

In allen diesen Fällen wird der Plan angeregt durch eine einfache Aufgabe mit derselben Unbekannten und durch den Wunsch, ihr Resultat oder ihre Methode zu benutzen.

Bei der Verfolgung eines solchen Planes können wir natürlich in Schwierigkeiten geraten, aber wir haben irgendeine Idee, um zu beginnen, und das ist ein großer Vorteil.

4. Wir haben keinen solchen Vorteil, wenn es keine früher gelöste Aufgabe mit derselben Unbekannten wie die vorgelegte gibt. In solchen Fällen ist es sehr viel schwerer, die vorgelegte Aufgabe anzupacken.

«Bestimme den Inhalt der Oberfläche einer Kugel mit gegebenem Radius.» Diese Aufgabe ist von Archimedes gelöst worden. Es gab wohl kaum ein einfacheres Problem mit derselben Unbekannten und gewiß kein solches einfacheres Problem, von dem Archimedes hätte Gebrauch machen können. So kann die Lösung von Archimedes als eine der bemerkenswertesten mathematischen Taten angesehen werden.

«Bestimme den Inhalt der Oberfläche einer Kugel, die in ein Tetraeder eingeschrieben ist, von dem die 6 Kanten gegeben sind.» Wenn wir Archimedes' Resultat kennen, brauchen wir nicht den Geist eines Archimedes zu haben, um die Aufgabe zu lösen; es verbleibt, den Radius der eingeschriebenen Kugel in Beziehungen zu den sechs Kanten des Tetraeders auszudrücken. Das ist nicht ganz leicht, aber die Schwierigkeit kann nicht mit der Aufgabe von Archimedes verglichen werden.

Eine früher gelöste Aufgabe mit derselben Unbekannten zu wissen oder nicht zu wissen, kann den ganzen Unterschied zwischen einer leichten und einer schweren Aufgabe ausmachen.

5. Als Archimedes den Inhalt der Kugeloberfläche fand, kannte er nicht, wie wir soeben erwähnten, irgendeine früher gelöste Aufgabe mit derselben Unbekannten. Aber er kannte verschiedene früher gelöste Aufgaben mit einer ähnlichen Unbekannten. Es gibt gekrümmte Flächen, deren Inhalt leichter zu erhalten ist als der der Kugel und die zu Archimedes' Zeit wohl bekannt waren, wie die Seitenflächen von geraden Kreiszylindern, von geraden Kreiskegeln und von den Stümpfen solcher Kegel. Wir können gewiß sein, daß Archimedes diese einfacheren ähnlichen Fälle sorgfältig

betrachtet hat. In der Tat benutzt er in seiner Lösung als Approximation an die Kugel einen zusammengesetzten Körper, der aus zwei Kegeln und mehreren Kegelstümpfen besteht (siehe DEFINITION, 6.).

Wenn wir nicht in der Lage sind, eine früher gelöste Aufgabe mit derselben Unbekannten wie in der vorliegenden zu finden, versuchen wir eine Aufgabe mit einer ähnlichen Unbekannten zu finden. Aufgaben der letzten Art sind unserer Aufgabe weniger eng verwandt als Aufgaben der früheren Art und deshalb für unseren Zweck im allgemeinen weniger leicht zu gebrauchen, aber sie können nichtsdestoweniger wertvolle Führer sein.

6. Wir fügen einige Bemerkungen für «Beweisaufgaben» hinzu; sie sind analog zu den vorhergehenden ausführlicheren Erläuterungen für «Bestimmungsaufgaben».

Wir haben einen klar formulierten Lehrsatz zu beweisen (oder zu widerlegen). Jeder schon bewiesene Satz, der in irgendeiner Weise mit dem vorliegenden verwandt ist, kann uns vielleicht von Nutzen sein. Doch können wir den unmittelbarsten Nutzen von Lehrsätzen erwarten, die denselben Schluß wie der vorliegende haben. Da wir dies wissen, *betrachten wir den Schluß*, d. h. wir betrachten unseren Lehrsatz, indem wir auf die Schlußfolgerung besonderen Nachdruck legen. Unsre Art, den Lehrsatz zu betrachten, kann durch ein Schema ausgedrückt werden:

«Wenn . . ., dann sind die Winkel gleich.»

Wir konzentrieren unsere Aufmerksamkeit auf den vorliegenden Schluß und *versuchen uns auf einen bekannten Lehrsatz zu besinnen, der dieselbe oder eine ähnliche Schlußfolgerung hat.* Insbesondere versuchen wir, uns auf einen sehr einfachen bekannten Lehrsatz dieser Art zu besinnen.

In unserem Falle gibt es verschiedene Sätze dieser Art, und wir können uns des folgenden erinnern: «Wenn zwei Dreiecke kongruent sind, sind die entsprechenden Winkel gleich.» *Hier ist ein Satz, der dem Deinen verwandt und schon bewiesen ist. Kannst Du ihn gebrauchen? Würdest Du irgendeine Hilfsgröße einführen, damit Du ihn verwenden kannst?*

Wenn wir diese Anregungen befolgen und versuchen, die Hilfe zu beurteilen, die der in unserer Erinnerung wachgerufene Satz leistet, stellen wir einen Plan auf: versuche, die Gleichheit der fraglichen Winkel aus kongruenten Dreiecken heraus zu beweisen. Wir sehen, daß wir zwei Dreiecke, die diese Winkel enthalten, einführen und dann beweisen müssen, daß sie kongruent sind. Ein solcher Plan ist sicherlich gut, um die Arbeit in Gang zu bringen, und er kann schließlich, wie in § **19**, zu dem ersehnten Ziel führen.

7. Wir wollen zusammenfassen. Wenn wir uns früher gelöster Aufgaben mit derselben oder einer ähnlichen Unbekannten (früher bewiesener Lehrsätze mit derselben oder einer ähnlichen Schlußfolgerung) erinnern, haben wir gute Aussicht, in der rechten Richtung zu beginnen, und wir können einen Plan der Lösung aufstellen. In einfachen Fällen, wie sie in weniger fortgeschrittenen Klassen am häufigsten vorkommen, sind die elementarsten Aufgaben mit derselben Unbekannten (Lehrsätze mit derselben Schlußfolgerung) gewöhnlich ausreichend. Sich an Aufgaben mit derselben Unbekannten zu erinnern suchen, ist ein augenfälliger und leichtverständlicher Kunstgriff (vergleiche, was in dieser Hinsicht in § **4** gesagt ist). Es ist recht überraschend, daß ein so einfacher und nützlicher Kunstgriff nicht allgemeiner bekannt ist; der Verfasser neigt zu der Auffassung, daß er bisher noch nicht in voller Allgemeinheit aufgestellt worden ist. Auf jeden Fall können weder Schüler noch Lehrer der Mathematik es sich leisten, die geeignete Verwendung der Anregung zu übersehen: *Betrachte die Unbekannte! Und versuche Dich auf eine Dir bekannte Aufgabe zu besinnen, die dieselbe oder eine ähnliche Unbekannte hat.*

Bezeichnung. Wenn man sich die Vorteile einer wohlgewählten und wohlbekannten Bezeichnung vergegenwärtigen will, so versuche man, ein paar nicht zu niedrige Zahlen unter der Nebenbedingung zu addieren, daß es nicht gestattet ist, die bekannten arabischen Zahlen zu gebrauchen, sondern daß man römische Zahlen benutzen muß. Addiere zum

Beispiel die Zahlen MMMXC, MDXCVI, MDCXLVI, MDCCLXXXI, MDCCCLXXXVII.

Wir können die Wichtigkeit mathematischer Bezeichnung kaum überschätzen. Moderne Rechner, die die Dezimalzahlen gebrauchen, haben gegenüber den antiken Rechnern, die nicht eine so bequeme Methode, die Zahlen zu schreiben, hatten, einen großen Vorteil. Der durchschnittliche Schüler von heute, der mit der üblichen Bezeichnung in Algebra, analytischer Geometrie und Differential- und Integralrechnung vertraut ist, hat einem griechischen Mathematiker gegenüber einen ungeheuren Vorteil beim Lösen der Aufgaben über den Inhalt von Flächen und Körpern, Aufgaben, die unter den damaligen Voraussetzungen dem Geist eines Archimedes angemessen waren.

1. Sprechen und Denken hängen eng miteinander zusammen, der Gebrauch von Worten unterstützt den Verstand. Gewisse Philosophen und Philologen gingen noch weiter und behaupteten, daß der Gebrauch von Worten für den Gebrauch der Vernunft unerläßlich sei.

Doch die letzte Behauptung scheint etwas übertrieben. Wenn wir ein wenig Erfahrung in ernsthafter mathematischer Arbeit haben, wissen wir, daß wir eine erhebliche Denkarbeit ohne den Gebrauch irgendeines Wortes leisten können, indem wir lediglich geometrische Figuren betrachten oder mit algebraischen Symbolen umgehen. Figuren und Symbole sind mit mathematischem Denken eng verknüpft, ihr Gebrauch unterstützt den Verstand. Wir könnten jene etwas enge Behauptung von Philologen und Philosophen verbessern, indem wir statt «Worte» irgendwelche «Zeichen» setzen und sagen, daß *der Gebrauch von Zeichen unerläßlich erscheint für den Gebrauch der Vernunft.*

Auf jeden Fall ist der Gebrauch von mathematischen Symbolen ähnlich dem Gebrauch von Worten. Die mathematische Bezeichnung erscheint als eine Art Sprache, *une langue bien faite*, eine ihrem Zweck wohlangepaßte Sprache, kurz und präzise, mit Regeln, die im Unterschied zu den Regeln der gewöhnlichen Grammatik keine Ausnahme zulassen.

Wenn wir diesen Standpunkt einnehmen, erscheint das AUFSTELLEN VON GLEICHUNGEN als eine Art Übersetzung, eine Übersetzung aus der üblichen Sprache in die Sprache mathematischer Symbole.

2. Einige mathematische Symbole, wie +, —, = und mehrere andere, haben eine feste traditionelle Bedeutung, aber andere Symbole, wie kleine und große Buchstaben des lateinischen und griechischen Alphabets, werden in verschiedenen Aufgaben in verschiedener Bedeutung gebraucht. Wenn wir eine neue Aufgabe in Angriff nehmen, müssen wir gewisse Symbole wählen, wir müssen *eine passende Bezeichnung einführen*. Das ist etwas Analoges zu dem Gebrauch der gewöhnlichen Sprache. Viele Worte werden in verschiedenem Zusammenhang in verschiedener Bedeutung gebraucht; wenn es auf Genauigkeit ankommt, müssen wir unsere Worte sorgfältig wählen.

Ein wichtiger Schritt bei der Lösung einer Aufgabe ist die Festlegung der Bezeichnung. Er sollte sorgfältig erwogen werden. Die Zeit, die wir mit der Wahl der Bezeichnung verbringen, wird reichlich wettgemacht durch die Zeit, die wir später durch Vermeidung von Verzögerung und Verwirrung einsparen. Überdies müssen wir, wenn wir die Bezeichnung sorgfältig wählen, über die Elemente der Aufgabe, die bezeichnet werden sollen, scharf nachdenken. So wird das Wählen einer passenden Bezeichnung wesentlich zu dem Verständnis der Aufgabe beitragen.

3. Eine gute Bezeichnung soll unzweideutig, prägnant und leicht zu behalten sein; sie muß eine nachteilige zweite Bedeutung vermeiden und aus einer nützlichen zweiten Bedeutung Vorteil ziehen; die Ordnung und der Zusammenhang der Zeichen soll die Ordnung und den Zusammenhang der Dinge nahelegen.

4. Zeichen müssen vor allen Dingen *unzweideutig* sein. Es ist unzulässig, daß dasselbe Symbol in der gleichen Untersuchung zwei verschiedene Dinge bezeichnet. Wenn man bei der Lösung einer Aufgabe eine gewisse Größe a nennt, so muß man unbedingt vermeiden, irgend etwas anderes,

was mit demselben Problem zusammenhängt, a zu nennen. Natürlich kann man in verschiedenen Aufgaben den Buchstaben a in verschiedener Bedeutung gebrauchen.

Obgleich es verboten ist, dasselbe Symbol für verschiedene Dinge zu verwenden, ist es nicht verboten, verschiedene Symbole für dasselbe Ding zu gebrauchen. So kann das Produkt aus a und b geschrieben werden als

$$a \times b \qquad a \cdot b \qquad ab$$

In manchen Fällen ist es vorteilhaft, zwei oder mehr verschiedene Zeichen für dasselbe Ding zu verwenden, aber solche Fälle erfordern eine besondere Sorgfalt. Gewöhnlich ist es besser, genau ein Zeichen für ein Ding zu gebrauchen, und keinesfalls sollten mutwillig mehrere Zeichen verwandt werden.

5. Ein gutes Zeichen soll *leicht zu behalten* und leicht wiederzuerkennen sein; das Zeichen muß uns unmittelbar an das Ding erinnern und das Ding an das Zeichen.

Ein einfacher Kunstgriff, Zeichen leicht erkennbar zu machen, ist, Anfangsbuchstaben als Symbole zu verwenden. Zum Beispiel haben wir in § **20** wie üblich t für die Zeit und V für das Volumen benutzt, nach den Anfangsbuchstaben der lateinischen Namen. Wir können jedoch nicht in allen Fällen Anfangsbuchstaben verwenden, z. B. nicht, wenn der Buchstabe in der Aufgabe bereits vergriffen ist. Es gibt noch andere Motive, die die Wahl der Symbole beschränken, und andere Mittel, sie leicht erkennbar zu machen. Wir wollen das im folgenden untersuchen.

6. Die Bezeichnung ist nicht nur leicht zu erkennen, sondern auch besonders nützlich für die Bildung unseres Verständnisses, wenn *die Ordnung und der Zusammenhang der Zeichen die Ordnung und den Zusammenhang der Dinge nahelegen.* Wir nehmen mehrere Beispiele, um diesen Punkt zu erläutern.

(I) Um Dinge zu bezeichnen, die dem Begriff nach in der Aufgabe zusammengehören, gebrauchen wir Buchstaben, die nahe im Alphabet beieinander stehen.

So nehmen wir gewöhnlich Buchstaben vom Anfang des Alphabets, wie a, b, c, für gegebene Größen oder Konstanten und Buchstaben vom Ende des Alphabets, wie x, y, z, für unbekannte Größen oder Variable.

In § **8** gebrauchten wir a, b, c für die gegebene Länge, Breite und Höhe eines Quaders. In diesem Falle war die Bezeichnung a, b, c der Bezeichnung durch Anfangsbuchstaben l, b, h vorzuziehen. Die drei Dimensionen spielen in der Aufgabe die gleiche Rolle, was durch den Gebrauch der aufeinander folgenden Buchstaben betont wird. Überdies sind a, b, c, wie eben erwähnt, als Anfangsbuchstaben des Alphabets die gebräuchlichsten Buchstaben, um gegebene Größen zu bezeichnen. In irgendeinem anderen Falle, wenn die drei Dimensionen eine verschiedene Rolle spielen und es von Bedeutung ist, zu wissen, welche Längen horizontal sind und welche vertikal, könnte die Bezeichnung l, b, h vorzuziehen sein.

(II) Um Dinge zu bezeichnen, die zu derselben Kategorie gehören, wählen wir häufig Buchstaben, die zu demselben Alphabet gehören, und verwenden für verschiedene Kategorien verschiedene Alphabete. So werden in der ebenen Geometrie oft gebraucht:

große lateinische Buchstaben A, B, C ... für Punkte,
kleine lateinische Buchstaben a, b, c ... für Geraden,
kleine griechische Buchstaben α, β, γ ... für Winkel.

Wenn zwei Dinge vorkommen, die zu verschiedenen Kategorien gehören, aber irgendeine besondere, für unsere Aufgabe wichtige Beziehung zueinander haben, so können wir, um diese beiden Dinge zu bezeichnen, die einander entsprechenden Buchstaben der betreffenden Alphabete wählen, so A und a, B und b usw. Ein bekanntes Beispiel ist die gebräuchliche Bezeichnung im Dreieck:

A, B, C für die Eckpunkte,
a, b, c für die Seiten,
α, β, γ für die Winkel.

Dabei ist selbstverständlich a die der Ecke A gegenüberliegende Seite und α der Winkel bei A.

(III) In § **20** sind die Buchstaben a, b, x, y besonders gewählt, um die Natur und den Zusammenhang der bezeichneten Elemente anzuzeigen. Die Buchstaben a, b deuten an, daß die bezeichneten Größen Konstanten sind; x, y zeigen Variable an; a geht b voran, so wie x vor y steht, und das legt uns nahe, daß a in derselben Beziehung zu b steht wie x zu y. In der Tat sind a und x horizontal, b und y vertikal und es ist $a:b = x:y$.

7. Die Bezeichnung

$$\triangle ABC \sim \triangle EFG$$

gibt an, daß die beiden Dreiecke einander ähnlich sind. In modernen Büchern ist die Formel so zu verstehen, daß die beiden Dreiecke einander ähnlich sind und die Eckpunkte in der Reihenfolge, in der sie geschrieben sind, einander entsprechen, A der Ecke E, B der Ecke F, C der Ecke G. In älteren Büchern war der Vorbehalt über die Reihenfolge noch nicht eingeführt; der Leser mußte die Figur betrachten oder sich der Herleitung erinnern, um zu ermitteln, welcher Eckpunkt welchem entsprach.

Die moderne Bezeichnung ist der alten weit vorzuziehen. Wenn wir die moderne Bezeichnung benutzen, können wir aus der Formel gewisse Folgen ziehen, ohne die Figur zu betrachten. So können wir ableiten, daß

$$\sphericalangle A = \sphericalangle E$$
$$AB : BC = EF : FG$$

und weitere Beziehungen derselben Art. Die ältere Bezeichnung drückt weniger aus und gestattet nicht solche bestimmten Folgerungen.

Eine Bezeichnung, die mehr als eine andere ausdrückt, sei *prägnanter* genannt. Die moderne Bezeichnung für Ähnlichkeit von Dreiecken ist prägnanter als die alte, sie gibt die Ordnung und den Zusammenhang der Dinge vollständiger wieder als die alte und kann deshalb als Grundlage für mehr Konsequenzen als die alte dienen.

8. Worte haben *zweite Bedeutungen.* Gewisse Zusammenhänge, in welchen ein Wort oft gebraucht wird, beeinflussen es und fügen der ursprünglichen Bedeutung irgendeinen Schatten zu, eine zweite Bedeutung oder «Nebenbedeutung». Wenn man mit Sorgfalt formuliert, versucht man, unter den Worten, die ungefähr die gleiche Bedeutung haben, das auszuwählen, dessen Nebenbedeutung am besten angepaßt ist.

Etwas Ähnliches tritt auf bei mathematischer Bezeichnung. Sogar mathematische Symbole können aus dem Zusammenhang heraus, in dem sie oft gebraucht werden, eine Art von Nebenbedeutung erwerben. Wenn man die Bezeichnung mit Sorgfalt auswählt, muß man diesem Umstand Rechnung tragen. Wir wollen diesen Punkt näher erklären.

Es gibt gewisse Buchstaben, die eine festverwurzelte, traditionelle Bedeutung erlangt haben. So steht e gewöhnlich für die Basis der natürlichen Logarithmen, i für $\sqrt{-1}$, die imaginäre Einheit, und π für das Verhältnis des Kreisumfangs zu dem Durchmesser. Es ist alles in allem besser, solche Symbole nur in ihrer herkömmlichen Bedeutung zu gebrauchen. Wenn wir ein solches Symbol in irgendeiner anderen Bedeutung verwenden, könnte seine herkömmliche Bedeutung sich gelegentlich dazwischenmengen und verwirrend oder sogar irreführend sein. Allerdings stören solche schädlichen Nebenbedeutungen den Anfänger, der noch nicht viele Gebiete studiert hat, weniger als den Mathematiker, der genug Erfahrung haben sollte, um mit solchen Schäden fertigzuwerden.

Die Nebenbedeutung von Symbolen kann auch nützlich sein, und sogar sehr nützlich, wenn man bei ihrer Anwendung mit einem gewissen Geschick vorgeht. Eine bei früheren Gelegenheiten verwendete Bezeichnung kann uns helfen, die Erinnerung an irgendein nützliches Verfahren in uns wachzurufen; natürlich müssen wir dabei hinreichend sorgfältig sein, um die augenblickliche (ursprüngliche) Bedeutung des Symbols von seiner früheren (zweiten) Bedeutung scharf zu trennen. Eine *feststehende Bezeichnung* [wie die herkömmliche Bezeichnung für die Teile des Dreiecks, die wir vorhin unter 6. (II) erwähnten] hat große Vorteile; wenn sie bei früheren Gelegenheiten schon gebraucht wurde, steht sie uns bei, verschiedene früher angewandte Verfahren uns ins Gedächtnis zurückzurufen. Auch aller Formeln erinnern wir uns in irgendeiner feststehenden Bezeichnung. Natürlich müssen wir hinreichend sorgfältig sein, wenn wir infolge besonderer Umstände gezwungen sind, eine feststehende Bezeichnung in einer etwas verschiedenen Bedeutung als gewöhnlich zu benutzen.

9. Wenn wir zwischen zwei Bezeichnungen zu wählen haben, kann ein Grund für die eine und irgendein anderer Grund für die andere sprechen. Wir brauchen Erfahrung und Geschmack, um die passendere Bezeichnung zu wählen, wie wir Erfahrung und Geschmack brauchen, um passendere Worte zu wählen. Doch ist es gut, die verschiedenen Vorteile und Nachteile, die im Vorhergehenden erörtert sind, zu kennen. Auf jeden Fall sollten wir unsere Bezeichnung sorgfältig wählen und *einen guten Grund* für unsere Wahl haben.

10. Nicht nur die hoffnungslosesten Jungen in der Klasse, sondern auch ganz intelligente Schüler können eine Abneigung gegen die Algebra haben. Es liegt immer etwas Willkürliches und Künstliches in Bezeichnungen; eine neue Bezeichnung zu lernen, ist eine Last für das Gedächtnis. Der intelligente Schüler weigert sich, eine Last zu übernehmen, wenn er nicht irgendeinen Ausgleich dafür sieht. So ist der intelligente Schüler in seiner Abneigung gegen die Algebra gerechtfertigt, wenn ihm nicht genügend Gelegenheit gegeben wird, sich durch eigene Erfahrung zu überzeugen, daß *die Sprache der mathematischen Symbole dem Verstand beisteht*. Ihm zu einer solchen Erfahrung zu verhelfen, ist eine wichtige Aufgabe des Lehrers, eine seiner wichtigsten Aufgaben überhaupt.

Ich sage, daß es eine wichtige Aufgabe ist, aber ich sage nicht, daß sie leicht ist. Die vorangehenden Bemerkungen mögen dabei etwas von Nutzen sein. Siehe auch AUFSTELLEN VON GLEICHUNGEN. Als eine besonders lehrreiche Übung sei empfohlen, eine Formel durch umfassende Diskussion ihrer Eigenschaften zu kontrollieren; siehe § **14** und KANNST DU DAS RESULTAT KONTROLLIEREN?, 2.

Bolzano, Bernhard (1781–1848), ein Logiker und Mathematiker, widmete einen ausgedehnten Teil seiner umfangreichen Darstellung der Logik, der «Wissenschaftslehre», dem Gegenstand der «Erfindungskunst» (Bd. 3, S. 293 bis 575). Er schreibt über diesen Teil seiner Arbeit: «Ich glaube keineswegs, hier irgendein Verfahren bei dem Geschäfte des Nachdenkens angeben zu können, das nicht von jedem guten Kopfe schon längst wäre beobachtet worden; und ich verspreche niemandem, daß er hier etwas in dieser Art ganz Neues antreffen werde, sondern ich werde mich nur bemühen, die verschiedenen Regeln und Verfahrungsarten, die der Talentvolle, meistenteils ohne sich ihrer nur selbst bewußt zu sein, befolgt, in deutliche Worte zu fassen. Und obwohl ich mir nicht mit der Hoffnung schmeichle, daß mir auch nur dieses völlig gelingen werde, so meine ich doch, daß selbst das wenige, das man hier antreffen wird, manchem nicht unwillkommen sein und in dem Folgenden seine Anwendung finden werde.»

Definition eines Ausdrucks ist eine Formulierung seiner Bedeutung in anderen Ausdrücken, von denen man annimmt, daß sie wohl bekannt sind.

1. *Technische Ausdrücke* in der Mathematik sind von zweierlei Art. Manche werden als grundlegende Ausdrücke angenommen und nicht definiert. Andere werden als abgeleitete Ausdrücke betrachtet und werden vorschriftsmäßig definiert; d. h. ihr Sinn wird in grundlegenden Ausdrücken und in früher definierten abgeleiteten Ausdrücken formuliert. So geben wir nicht eine formale Definition der

Grundbegriffe, wie Punkt, Gerade und Ebene[1]. Wohl aber geben wir formale Definitionen von Begriffen, wie «Winkelhalbierende» oder «Kreis» oder «Parabel».

Die Definition des letztgenannten Ausdrucks kann wie folgt formuliert werden. Wir nennen *Parabel* den geometrischen Ort aller Punkte, die von einem festen Punkt und einer festen Geraden den gleichen Abstand haben. Der feste Punkt wird *Fokus* oder Brennpunkt der Parabel genannt, die feste Gerade ihre *Direktrix*. Es ist dabei selbstverständlich, daß alle betrachteten Elemente in einer festen Ebene liegen und daß der feste Punkt (Fokus) nicht auf der festen Geraden (Direktrix) liegt.

Es wird nicht vorausgesetzt, daß der Leser den Sinn der definierten Ausdrücke: Parabel, Fokus der Parabel, Direktrix der Parabel kennt. Aber es wird wohl vorausgesetzt, daß er die Bedeutung aller anderen Ausdrücke, wie Punkt, Gerade, Ebene, Abstand eines Punktes von einem anderen, fest, geometrischer Ort usw., kennt.

2. *Definitionen in Wörterbüchern* sind der äußeren Form nach nicht sehr verschieden von mathematischen Definitionen, aber sie sind in einem anderen Geist geschrieben.

Der Verfasser eines Wörterbuches befaßt sich mit der landläufigen Bedeutung der Wörter. Er *akzeptiert* die landläufige Bedeutung und formuliert sie so sauber wie möglich in Form einer Definition.

Der Mathematiker befaßt sich nicht mit der landläufigen Bedeutung seiner technischen Ausdrücke, zumindest nicht primär. Was «Kreis» oder «Parabel» oder andere technische Ausdrücke dieser Art in der Umgangssprache bedeuten, stört ihn wenig. Die mathematische Definition *schafft* den mathematischen Sinn.

---

[1] In dieser Hinsicht haben sich die Begriffe seit der Zeit Euklids und seiner griechischen Nachfolger geändert, bei denen Punkt, Gerade und Ebene definiert wird. Ihre «Definitionen» waren jedoch kaum formale Definitionen, sondern eine Art intuitiver Erläuterungen. Erläuterungen sind natürlich erlaubt und im Unterricht sogar sehr wünschenswert.

3. *Beispiel.* Konstruiere den Schnittpunkt einer gegebenen Geraden und einer Parabel, von der der Brennpunkt und die Direktrix gegeben sind.

Unser Zugang zu einer Aufgabe hängt notwendig von dem Stand unseres Wissens ab. Unser Zugang zu der vorliegenden Aufgabe hängt hauptsächlich von dem Grad unserer Vertrautheit mit den Eigenschaften der Parabel ab. Wenn wir viel über die Parabel wissen, versuchen wir, von unserem Wissen Gebrauch zu machen und etwas Nützliches daraus hervorzuholen. *Kennst Du einen Lehrsatz, der förderlich sein könnte? Kennst Du eine verwandte Aufgabe?* Wenn wir wenig über Parabel, Brennpunkt und Direktrix wissen, bringen uns diese Ausdrücke ziemlich in Verlegenheit, und wir wünschen natürlich, von ihnen freizukommen. Wie können wir davon loskommen? Wollen wir einmal einem Gespräch zwischen Lehrer und Schüler zuhören, die die vorliegende Aufgabe erörtern. Sie haben bereits *eine passende Bezeichnung* gewählt: P sei einer der unbekannten Schnittpunkte, F der Brennpunkt, d die Direktrix, c die Gerade, die die Parabel schneidet.

«Und *was ist unbekannt?*»

«Der Punkt P.»

«*Was ist gegeben?*»

«Die Geraden c und d und der Punkt F.»

«*Wie lautet die Bedingung?*»

«P ist ein Schnittpunkt zwischen der Geraden c und der Parabel, deren Direktrix d und deren Brennpunkt F ist.»

«Stimmt. Du hattest bisher, wie ich weiß, wenig Gelegenheit, die Parabel zu studieren, aber ich glaube, Du kannst sagen, was eine Parabel ist.»

«Die Parabel ist der geometrische Ort der Punkte, die von dem Brennpunkt und der Direktrix gleichen Abstand haben.»

«Richtig. Du erinnerst Dich der Definition genau. Das ist gut, aber wir müssen sie auch benutzen; *gehe auf die Definition zurück.* Was kannst Du auf Grund der Definition der Parabel über den Punkt P aussagen?»

«P liegt auf der Parabel. Also ist P gleich weit von d und F entfernt.»

«Gut. *Zeichne eine Figur.*»

Der Schüler führt in Figur 9 die Geraden PF und PQ ein, wobei PQ die Senkrechte von P auf d bedeutet.

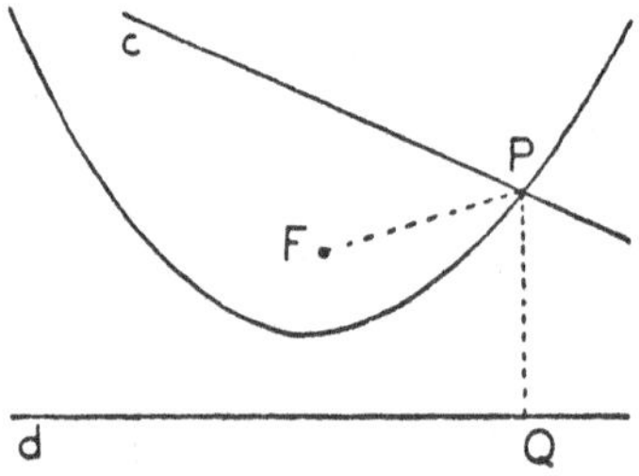

Fig. 9

«Nun, *kannst Du die Aufgabe anders ausdrücken?*»

. . . . .

«Kannst Du die Bedingung der Aufgabe anders ausdrücken, indem Du die soeben eingeführten Geraden gebrauchst?»

«P ist ein Punkt auf der Geraden c, so daß $PF = PQ$.»

«Gut. Nun sage noch einmal in Worten: was ist PQ?»

«Der senkrechte Abstand zwischen P und d.»

«Kannst Du die Aufgabe nun anders ausdrücken? Aber bitte, sauber formuliert, in einem vollen Satz!»

«Konstruiere einen Punkt P auf der gegebenen Geraden c, der gleichen Abstand von dem gegebenen Punkt F und der gegebenen Geraden d hat.»

«Beachte den Fortschritt von der ursprünglichen Formulierung zu der jetzigen. Die ursprüngliche Formulierung der Aufgabe war voll von unbekannten technischen Ausdrücken: Parabel, Brennpunkt, Direktrix; sie klang geradezu ein wenig pompös und aufgeblasen. Und jetzt bleibt nichts von diesen ungewohnten technischen Ausdrücken übrig; Du hast die Aufgabe ihrer Aufgeblasenheit entledigt, und das ist recht.»

4. *Elimination von technischen Ausdrücken* ist das Resultat der Arbeit in dem vorhergehenden Beispiel. Wir gingen von einer Formulierung der Aufgabe aus, die gewisse technische Ausdrücke (Parabel, Brennpunkt, Direktrix) enthielt, und kamen schließlich zu einer neuen Formulierung, die von diesen Ausdrücken frei ist.

Um einen technischen Ausdruck auszumerzen, müssen wir seine Definition kennen; aber es ist nicht genug, die Definition zu kennen, wir müssen sie auch gebrauchen. Im vorhergehenden Beispiel war es nicht genug, die Definition der Parabel in die Erinnerung zurückzurufen. Der entscheidende Schritt war, in die Figur die Linien PF und PQ einzuführen, deren gleiche Länge durch die Definition der Parabel gewährleistet war. Das ist das typische Verfahren. Wir führen passende Bestandteile in den Begriff der Aufgabe ein. Auf Grund der Definition stellen wir Beziehungen zwischen den eingeführten Bestandteilen her. Wenn diese Beziehungen vollständig die Bedeutung ausdrücken, haben wir die Definition benutzt. Wenn wir seine Definition benutzt haben, haben wir den technischen Ausdruck eliminiert.

Das gerade beschriebene Verfahren können wir nennen: *auf die Definition zurückgehen.*

Durch das Zurückgehen auf die Definition eines technischen Ausdruckes kommen wir von diesem Ausdruck frei und führen an seiner Stelle neue Bestandteile und neue Beziehungen ein. Der daraus hervorgehende Wandel im Verständnis der Aufgabe kann von Bedeutung sein. Auf jeden Fall geht eine neue Formulierung, eine VARIATION DER AUFGABE hervor.

5. *Definitionen und bekannte Lehrsätze.* Wenn wir den Namen «Parabel» kennen und irgendeine unbestimmte Vorstellung von der Gestalt der Kurve haben, aber sonst nichts darüber wissen, ist unser Wissen offensichtlich unzureichend, um die als Beispiel genannte Aufgabe oder irgend-

eine andere ernsthafte geometrische Aufgabe über die Parabel zu lösen. Was für eine Art von Wissen wird für einen solchen Zweck benötigt?

Das Lehrgebäude der Geometrie kann als aus Axiomen, Definitionen und Lehrsätzen bestehend angesehen werden. Die Parabel ist in den Axiomen, die sich nur mit solchen grundlegenden Ausdrücken, wie Punkt, Gerade usw., befassen, nicht erwähnt. Irgendein geometrischer Beweis über die Parabel, die Lösung irgendeiner Aufgabe, in der die Parabel vorkommt, muß entweder ihre Definition oder Lehrsätze über die Parabel gebrauchen. Um eine solche Aufgabe zu lösen, müssen wir mindestens die Definition kennen, aber es ist besser, auch einige Lehrsätze zu kennen.

Was wir für die Parabel sagten, gilt natürlich für jeden abgeleiteten Begriff. Zu Beginn der Lösung einer Aufgabe, die einen solchen Begriff enthält, können wir noch nicht wissen, was wir zu benutzen vorziehen, die Definition des Begriffes oder irgendeinen Lehrsatz über ihn; aber es ist sicher, daß wir entweder das eine oder das andere benutzen müssen.

Es gibt jedoch Fälle, bei denen wir keine Wahl haben. Wenn wir gerade die Definition des Begriffes kennen und sonst nichts weiter, sind wir gezwungen, die Definition zu gebrauchen. Wenn wir nicht viel mehr als die Definition kennen, wird es die beste Möglichkeit sein, auf die Definition zurückzugehen. Wenn wir aber viele Lehrsätze über den Begriff kennen und viel Erfahrung bei seiner Verwendung haben, haben wir eine gewisse Aussicht, einen passenden Satz herauszugreifen, der den Begriff enthält.

6. *Mehrere Definitionen.* Die Kugel wird im allgemeinen definiert als der geometrische Ort der Punkte, die von einem gegebenen Punkt eine gegebene Entfernung haben. (Die Punkte liegen nun im Raum und sind nicht mehr auf die Ebene beschränkt.) Doch die Kugel könnte auch definiert werden als die Fläche, die ein um seinen Durchmesser sich drehender Kreis beschreibt. Noch andere Definitionen der Kugel sind bekannt, und viele andere sind möglich.

Wenn wir eine vorgegebene Aufgabe lösen sollen, die irgendeinen abgeleiteten Begriff enthält, wie «Kugel» oder «Parabel», und wir wollen auf seine Definition zurückgehen, können wir zwischen verschiedenen Definitionen die Wahl haben. Viel wird in einem solchen Fall von der Wahl der Definition abhängen, ob sie für diesen Fall paßt.

Den Flächeninhalt der Kugeloberfläche zu bestimmen, war zu der Zeit, als Archimedes ihn fand, eine bedeutende und schwierige Aufgabe. Archimedes hatte die Wahl zwischen den eben angeführten Definitionen der Kugel. Er zog es vor, die Kugel als die Fläche aufzufassen, die durch einen um einen festen Durchmesser sich drehenden Kreis erzeugt wird. Er beschrieb in den Kreis ein reguläres Vieleck ein mit einer geraden Zahl von Seiten, derart, daß der gegebene Durchmesser einander entgegengesetzte Eckpunkte verbindet. Das reguläre Vieleck approximiert den Kreis und erzeugt, indem es sich mit dem Kreis dreht, eine konvexe Fläche, die sich aus zwei Kegeln, die ihre Spitze in den beiden Endpunkten des festen Durchmessers haben, und aus mehreren dazwischenliegenden Kegelstümpfen zusammensetzt. Diese zusammengesetzte Fläche approximiert die Kugel und wurde von Archimedes bei der Berechnung des Inhalts der Oberfläche der Kugel benutzt. Wenn wir die Kugel als den geometrischen Ort der Punkte gleichen Abstands vom Mittelpunkt auffassen, kommt man nicht auf den Gedanken einer so einfachen Approximation an ihre Oberfläche.

7. Das Zurückgehen auf Definitionen ist wichtig bei der Auffindung eines Beweises, aber es ist genau so wichtig, um den Beweis zu kontrollieren.

Jemand behauptet, eine neue Lösung der Archimedesschen Aufgabe, den Inhalt der Kugeloberfläche zu bestimmen, vorweisen zu können. Wenn er nur einen unbestimmten Begriff von der Kugel hat, wird seine Lösung keineswegs gut sein. Er kann einen klaren Begriff von der Kugel haben, aber wenn es ihm nicht gelingt, diesen Begriff in seinem Beweis zu verwenden, kann ich nicht wissen, daß er überhaupt einen Begriff davon hatte, und sein Beweis ist nicht gut. Deshalb warte ich, wenn ich den Beweis anhöre, auf den Augenblick, wo etwas Wesentliches über die Kugel ausgesagt wird, wo ihre Definition oder irgendein Lehrsatz darüber benutzt wird. Wenn ein solcher Augenblick gar nicht kommt, ist die Lösung nicht gut.

Wir sollten auf dieselbe Weise nicht nur die Beweise von anderen, sondern natürlich auch unsere eigenen kontrollieren. *Hast Du alle wesentlichen Begriffe, die in der Aufgabe vorkommen, in Rechnung gezogen?* Wie hast Du diesen Begriff benutzt? Hast Du seine Bedeutung, seine Definition verwandt? Hast Du wesentliche Tatsachen, bekannte Lehrsätze darüber benutzt?

Daß das Zurückgehen auf die Definition wichtig ist, um die Gültigkeit eines Beweises zu untersuchen, wurde nachdrücklich von Pascal ausgesprochen, der die Regel aufstellte: «Substituer mentalement les définitions à la place des définis.» Der Sinn ist: «Die Definitionen geistig an die Stelle der definierten Ausdrücke setzen.» Daß das Zurückgehen auf die Definition auch wichtig ist, wenn man einen Beweis aufstellen will, wurde von Hadamard nachdrücklich hervorgehoben.

8. Das Zurückgehen auf Definitionen ist ein wichtiger geistiger Vorgang. Wenn wir verstehen wollen, warum die Definitionen von Worten so wichtig sind, müssen wir uns zuerst vergegenwärtigen, daß Worte wichtig sind. Wir können kaum unseren Geist gebrauchen, ohne Worte oder Zeichen oder Symbole irgendwelcher Art zu gebrauchen. So haben Worte und Zeichen Macht. Primitive Völker glauben, daß Worte und Symbole Zauberkraft besitzen. Solcher Glaube ist wohl zu verstehen, aber wir können ihn nicht teilen. Wir sollten wissen, daß die Kraft eines Wortes nicht auf seinem Klang beruht, in der «vocis flatus», in dem Lufthauch, den der Sprecher erzeugt, sondern in den Gedanken, an die uns die Worte gemahnen, und letztlich in den Tatsachen, auf denen die Gedanken beruhen.

Deshalb ist es eine wohlbegründete Neigung, hinter den Worten Bedeutung und Tatsachen zu suchen. Indem der Mathematiker auf Definitionen zurückgeht, sucht er die wirklichen Beziehungen mathematischer Dinge hinter den technischen Ausdrücken zu erfassen, so wie der Physiker bestimmte Experimente hinter seinen technischen Ausdrükken sucht und der einfache Mann mit dem natürlichen gesunden Menschenverstand nach nackten Tatsachen strebt und nicht durch bloße Worte zum Narren gehalten werden will.

Der angehende Mathematiker sollte ein geschickter Aufgabenlöser sein; aber es ist nicht genug, geschickt Aufgaben lösen zu können. Zur rechten Zeit sollte er bedeutsame mathematische Aufgaben lösen; und zuerst sollte er herausfinden, welche Art von Aufgaben seiner natürlichen Begabung besonders angepaßt ist.

Der wichtigste Teil der Arbeit ist für ihn, auf die vollendete Lösung zurückzuschauen. Indem er den Verlauf seiner Arbeit und die schließlich gewonnene Gestalt der Lösung überblickt, kann er eine endlose Mannigfaltigkeit von Dingen beobachten. Er kann etwa über die Schwierigkeit der Aufgabe und über die entscheidende Idee nachdenken; er mag festzustellen suchen, was ihn gehindert und was ihm schließlich geholfen hat. Er mag sich nach einfachen intuitiven Ideen umsehen: *Kannst Du es auf den ersten Blick sehen?* Er wird verschiedene Methoden entwikkeln und vergleichen: *Kannst Du das Resultat auf verschiedene Weise ableiten?* Er wird versuchen, seine vorgelegte Aufgabe durch Vergleich mit früher gelösten Aufgaben klarer zu sehen; er kann versuchen, neue Aufgaben zu erfinden, welche er auf Grund der gerade vollbrachten Arbeit zu lösen vermag: *Kannst Du das Resultat oder die Methode für irgendeine andere Aufgabe verwenden?* Wenn er die gelösten Aufgaben so vollständig wie nur möglich überdenkt, kann er ein wohlgeordnetes und bereitstehendes Wissen erwerben.

Der angehende Mathematiker lernt, wie jedermann, durch Nachahmung und Übung. Er muß sich nach dem richtigen Vorbild umsehen, das er nachahmen kann. Er sollte einen anregenden Lehrer beobachten. Er sollte mit einem fähigen Freund konkurrieren. Und dann, was vielleicht das Wichtigste ist, er sollte nicht nur landläufige Lehrbücher lesen, sondern gute Autoren, bis er einen herausfindet, dessen Art nachzuahmen ihm liegt. Er sollte genießen und heraussuchen, was ihm einfach oder lehrreich oder schön erscheint. Er sollte Aufgaben lösen, die Aufgaben wählen, die in sein Fach schlagen, über ihre Lösung nachdenken und neue Aufgaben erfinden. Mit diesen und anderen Mitteln sollte er sich bemühen, seine erste wichtige Entdeckung zu machen; er sollte seine Neigungen und seine Abneigungen, seinen Geschmack, seine eigene Richtung entdecken.

Der intelligente Aufgabenlöser stellt sich oft Fragen, die den in unserer Tabelle enthaltenen ähnlich sind. Er entdeckt vielleicht Fragen dieser Art ganz von selbst; oder wenn er solche Fragen von jemandem gehört hat, entdeckt er ihren geeigneten Gebrauch von selbst. Er ist sich dabei vielleicht gar nicht bewußt, daß er immer wieder dieselbe stereotype Frage wiederholt. Oder aber die Frage ist sein besonderer Liebling; er weiß, daß die Frage ein Teil seiner geistigen Haltung ist, die einer bestimmten Phase der Arbeit eigen ist, und er bringt die richtige Haltung durch Stellen der richtigen Frage auf.

Der kluge Aufgabenlöser wird die Fragen und Anregungen unserer Tabelle nützlich finden. Er wird die Erklärungen und Beispiele, die eine bestimmte Frage erläutern, recht gut verstehen und den geeigneten Gebrauch der Frage vermuten. Aber er kann kein wirkliches Verstehen erreichen, wenn er nicht auf das Verfahren stößt, das die Frage in seiner eigenen Arbeit hervorzurufen sucht, und, nachdem er den Nutzen der Frage erfahren hat, ihren geeigneten Gebrauch nicht von selbst entdeckt.

Der kluge Aufgabenlöser sollte darauf vorbereitet sein, alle Fragen der Tabelle zu stellen, aber er sollte keine einzige stellen, wenn er sich nicht durch eine sorgfältige Erwägung der vorgelegten Aufgabe und durch sein eigenes unbefangenes Urteil dazu angetrieben fühlt, es zu tun. In der Tat muß er von selbst erkennen, ob die augenblickliche Lage irgendeiner anderen Lage, in der er die Frage mit Erfolg hat anwenden sehen, hinreichend ähnlich ist oder nicht.

Der intelligente Aufgabenlöser versucht zu allererst, die Aufgabe so vollständig und so klar zu verstehen wie nur möglich. Doch Verstehen allein genügt nicht; er muß sich auf die Aufgabe konzentrieren und muß ernsthaft danach streben, ihre Lösung zu erhalten. Wenn er nicht das wirkliche Verlangen nach dem Entdecken der Lösung aufbringen kann, würde er besser tun, die Arbeit aufzugeben. Das offene Geheimnis wirklichen Erfolges ist, die ganze Persönlichkeit in die gestellte Aufgabe zu werfen.

Der intelligente Leser eines mathematischen Buches wünscht zweierlei:

Erstens, zu sehen, daß der vorliegende Schritt des Beweises richtig ist.

Zweitens, den Zweck des vorliegenden Schrittes zu sehen.

Der intelligente Hörer einer mathematischen Vorlesung hat genau die gleichen Wünsche. Wenn er nicht sehen kann, daß der vorliegende Schritt des Beweises richtig ist, und sogar vermutet, daß er vielleicht ungenau ist, wird er Einspruch erheben und eine Frage stellen. Wenn er nicht irgendeinen Zweck in dem vorliegenden Schritt sehen, noch irgendeinen Grund dafür vermuten kann, kann er gewöhnlich nicht einmal einen klaren Einwand formulieren, er macht keinen Einspruch, sondern ist bestürzt und gelangweilt und verliert den Faden des Beweises.

Der intelligente Lehrer und der intelligente Verfasser von Lehrbüchern sollten dieser Punkte eingedenk sein.

Exakt zu schreiben und zu sprechen ist ganz gewiß notwendig, aber es ist nicht ausreichend. Eine im Buch oder an der Tafel exakt dargestellte Ableitung kann unzugänglich und unbelehrend sein, wenn der Zweck der aufeinanderfolgenden Schritte unverständlich ist, wenn der Leser oder der Hörer nicht verstehen kann, wie es menschlich möglich war, einen solchen Beweis zu finden, wenn er nicht aus der Darstellung eine Anregung gewinnen kann, wie er einen solchen Beweis von selbst finden könnte.

Die Fragen und Anregungen unserer Tabelle können Verfasser und Lehrer dabei nützlich sein, den Zweck und die Motive ihrer Beweise hervorzuheben. Besonders nützlich in dieser Hinsicht ist die Frage: HABEN WIR ALLE DATEN BENUTZT? Der Verfasser und der Lehrer können durch diese Frage einen guten Grund für die Betrachtung der gegebenen Größe aufzeigen, die bis dahin noch nicht benutzt worden war. Der Leser oder der Hörer kann dieselbe Frage benutzen, um den Grund des Verfassers oder des Lehrers für die Betrachtung gerade dieses Bestandteiles zu verstehen, und er kann beim Stellen dieser Frage empfinden, daß er diesen Schritt des Beweises von selbst hätte entdecken können.

Der traditionelle Mathematikprofessor des Volksmundes ist zerstreut. Er tritt in der Öffentlichkeit meist mit einem verlorenen Schirm in jeder Hand auf. In seinem Unterricht steht er da, mit dem Gesicht zur Tafel und mit dem Rücken gegen die Klasse. Er schreibt *a*, sagt *b*, meint *c*, nd richtig ist *d*. Einige von seinen Redensarten werden von Generation zu Generation weitergereicht.

«Um diese Differentialgleichung zu lösen, mußt Du sie so lange ansehen, bis Dir eine Lösung einfällt.»

«Dieses Prinzip ist so vollkommen allgemein, daß keine besondere Anwendung davon möglich ist.»

«Geometrie ist die Kunst, richtig zu schließen an falschen Figuren.»

«Meine Methode, eine Schwierigkeit zu überwinden, ist, um sie herumzugehen.»

«Was ist der Unterschied zwischen Methode und Kunstgriff? Eine Methode ist ein Kunstgriff, den man zweimal anwendet.»

Alles in allem, man kann von diesem traditionellen Mathematiklehrer etwas lernen. Wollen wir hoffen, daß der Mathematiklehrer, von dem man nichts lernen kann, nicht traditionell wird.

Descartes, René (1596–1650), ein großer Mathematiker und Philosoph, plante, eine Universalmethode zur Lösung von Aufgaben herauszugeben, aber er ließ seine *Regeln zur Leitung des Verstandes* unvollendet. Die Bruchstücke dieser Abhandlung, die in seinen Manuskripten gefunden und nach seinem Tode veröffentlicht wurden, enthalten mehr – und interessanteres – Material über die Lösung von Aufgaben als sein bekannteres Werk *Discours de la Méthode*, obwohl der «Discours» sehr wahrscheinlich nach den «Regeln» geschrieben worden ist. Die folgenden Zeilen von Descartes scheinen die Entstehung der «Regeln» zu beschreiben: «Wenn ich als junger Mann von geistreichen Entdeckungen hörte, versuchte ich, sie selbst zu entdecken, ohne den Autor gelesen zu haben. Indem ich so verfuhr, bemerkte ich allmählich, daß ich Gebrauch von gewissen Regeln machte.»

Diagnose werde hier gebraucht als ein technischer Ausdruck aus der Erziehung. Er soll die «nähere Charakterisierung der Arbeit des Schülers» bedeuten. Eine Zensur charakterisiert auch die Arbeit des Schülers, aber auf eine etwas grausame Weise. Der Lehrer, der die Arbeit eines Schülers vervollkommnen möchte, braucht eine nähere Charakterisierung von guten und schlechten Stellen, so wie der Arzt, der die Gesundheit seines Patienten verbessern will, eine Diagnose braucht.

Wir befassen uns hier vor allem mit der Fähigkeit des Schülers, Aufgaben zu lösen. Wie können wir das charakterisieren? Wir können hier die Unterscheidung bei den vier Stufen der Lösung ausnutzen. In der Tat ist das Verhalten der Schüler in den verschiedenen Stufen ganz charakteristisch.

Unvollständiges *Verstehen der Aufgabe* infolge Mangels an Konzentration ist vielleicht der meistverbreitete Mangel bei dem Lösen von Aufgaben. Hinsichtlich des *Aufstellens des Planes* und der Erlangung einer allgemeinen Idee der Lösung sind zwei einander entgegengesetzte Fehler häufig. Einige Schüler stürzen sich in Rechnungen und Konstruktionen, ohne einen Plan oder eine allgemeine Idee zu haben; andere warten ungeschickt, daß irgendeine Idee kommt, und bringen nichts zustande, was das Kommen der Idee beschleunigen würde. Bei der *Durchführung des Planes* ist der häufigste Fehler Nachlässigkeit und Mangel an Geduld, um jeden Schritt zu kontrollieren. Sehr häufig wird versäumt, *das Resultat zu kontrollieren;* der Schüler ist froh, eine Antwort zu haben, wirft seinen Bleistift hin und ist durch die unwahrscheinlichsten Resultate nicht erschüttert.

Wenn der Lehrer eine sorgfältige Diagnose von derartigen Fehlern aufgestellt hat, gelingt es ihm vielleicht, sie dadurch zu heilen, daß er auf gewissen Fragen der Tabelle beharrt.

Durchführen eines Planes. Einen Plan zu fassen und ihn durchzuführen, ist zweierlei. Dies gilt in gewissem Sinne auch für mathematische Aufgaben; die Art, einen Plan zu fassen, zeigt gewisse Unterschiede zu der Art, ihn durchzuführen.

1. Wir können vorläufige und rein plausible Beweisgründe gebrauchen, wenn wir den endgültigen und strengen Beweis ausdenken, so wie wir ein Gerüst verwenden, um eine Brücke während des Baues zu stützen. Wenn die Arbeit jedoch genügend fortgeschritten ist, nehmen wir das Gerüst weg, und die Brücke muß nun für sich stehen können. In derselben Weise streichen wir alle Arten von vorläufigen und rein plausiblen Beweisgründen, wenn die Lösung genügend vorgeschritten ist. Das Resultat muß nun durch den strengen Beweis allein getragen sein.

Wenn wir den Plan der Lösung ausdenken, sollten wir uns nicht zu sehr vor rein plausiblen, heuristischen Überlegungen fürchten. Alles ist richtig, was zu der richtigen Idee führt. Aber wir müssen diesen Standpunkt wechseln, wenn wir beginnen, den Plan durchzuführen, dann dürfen wir nur noch überzeugende, strenge Beweisgründe annehmen. *Wenn Du Deinen Plan der Lösung durchführst, so kontrolliere jeden Schritt. Kannst Du deutlich sehen, daß der Schritt richtig ist?*

Je sorgfältiger wir unsere Schritte bei der Durchführung des Planes kontrollieren, desto freier können wir heuristische Überlegungen verwenden, wenn wir den Plan ausdenken.

2. Es empfiehlt sich, einmal die Ordnung zu betrachten, in welcher wir die Einzelheiten unseres Planes ausarbeiten, besonders wenn unsere Aufgabe kompliziert ist. Wir dürfen keine Einzelheit auslassen, wir müssen die Beziehung der gerade betrachteten Einzelheit zu der ganzen Aufgabe verstehen, und wir dürfen nicht den Zusammenhang zwischen den Hauptschritten aus den Augen verlieren. Deshalb müssen wir in einer geeigneten Ordnung vorgehen.

Insbesondere ist es nicht vernünftig, unbedeutendere Einzelheiten zu kontrollieren, bevor wir nicht guten Grund haben, zu glauben, daß die Hauptschritte des Beweises einwandfrei sind. Wenn in dem Hauptgedanken des Beweises eine Lücke ist, würde jedenfalls auch die Kontrolle dieser oder jener zweitrangigen Einzelheit nutzlos sein.

Die Ordnung, in der wir die Einzelheiten des Beweises ausarbeiten, kann sehr verschieden sein von der Ordnung, in welcher wir sie ersonnen haben; und die Ordnung, in der wir die Einzelheiten in einer endgültigen Darstellung niederschreiben, kann noch wieder verschieden sein. Euklids Elemente stellen die Einzelheiten des Beweises in einer starren systematischen Ordnung dar, die oft nachgeahmt und oft kritisiert worden ist.

3. In Euklids Darstellung gehen alle Beweise in derselben Richtung vor: vom Gegebenen zu der Unbekannten

in den «Bestimmungsaufgaben» und von der Annahme zu dem Schluß in den «Beweisaufgaben». Jedes neue Element, Punkt, Gerade usw., muß aus dem Gegebenen oder aus in vorhergehenden Schritten korrekt abgeleiteten Elementen korrekt abgeleitet werden. Jede neue Behauptung muß aus der Annahme oder aus in vorhergehenden Schritten korrekt bewiesenen Behauptungen korrekt bewiesen werden. Jedes neue Element, jede neue Behauptung wird geprüft, wenn sie zum ersten Male auftreten, und so werden sie genau einmal geprüft; wir können unsere ganze Aufmerksamkeit auf den vorliegenden Schritt konzentrieren, wir brauchen nicht rückwärts und nicht vorwärts zu blicken. Das allerletzte neue Element, dessen Ableitung wir zu kontrollieren haben, ist die Unbekannte. Die allerletzte Aussage, deren Beweis wir zu prüfen haben, ist der Schluß. Wenn jeder Schritt richtig ist, auch der letzte, ist der ganze Beweis richtig.

Die euklidische Weise der Darstellung kann höchlichst und ohne Vorbehalt empfohlen werden, wenn die Absicht vorliegt, den Beweis im einzelnen zu prüfen. Besonders wenn unser Beweis lang und kompliziert ist und wir ihn nicht nur selbst gefunden, sondern auch in großen Zügen überblickt haben, so daß nichts weiter übrig bleibt, als jeden besonderen Punkt in sich zu prüfen, dann wird man am besten den ganzen Beweis auf euklidische Weise ausschreiben.

Die euklidische Weise der Darstellung kann jedoch nicht ohne Vorbehalte empfohlen werden, wenn die Absicht vorliegt, einem Leser oder Hörer einen Beweis zu übermitteln, von dem er niemals vorher etwas gehört hat. Die euklidische Darstellung ist ausgezeichnet, um jeden besonderen Punkt zu zeigen, aber nicht geeignet, um die Hauptgesichtspunkte des Beweises zu zeigen. DER INTELLIGENTE LESER kann leicht sehen, daß jeder Schritt richtig ist, aber er hat große Schwierigkeiten, den Ursprung, den Zweck und den Zusammenhang des ganzen Beweises wahrzunehmen. Der Grund für diese Schwierigkeit ist, daß die euklidische Darstellung recht oft in einer Ordnung vorangeht, die der natürlichen Ordnung der Erfindung genau entgegengesetzt ist. (Euklids Ordnung folgt starr der Ordnung der «Synthese»; siehe PAPPUS, besonders die Abschnitte 3, 4, 5.)

4. Wir wollen zusammenfassen. Euklids Art der Darstellung, unerbittlich von den Daten zu der Unbekannten und von der Annahme zu dem Schluß voranzuschreiten, ist vollkommen, um den Beweis im einzelnen zu kontrollieren, aber weit davon entfernt, vollkommen zu sein, um die Hauptgesichtspunkte eines Beweises verständlich zu machen.

Es ist höchst wünschenswert, daß die Schüler ihre eigenen Beweise nach der euklidischen Art prüfen, indem sie von den Daten zu der Unbekannten vorangehen und jeden Schritt kontrollieren, obschon nichts davon zu starr erzwungen werden sollte. Es ist nicht so wünschenswert, daß der Lehrer viele Beweise auf die reine euklidische Art darstellt, obwohl die euklidische Darstellung nach einer Diskussion sehr nützlich sein kann, in der die Schüler so, wie es in dem vorliegenden Buch empfohlen wird, durch den Lehrer dazu geführt werden, den Hauptgedanken der Lösung möglichst unabhängig zu entdecken. Ebenfalls wünschenswert scheint die Art zu sein, die manche Leitfäden angenommen haben, in denen zuerst ein intuitiver Entwurf des Hauptgedankens dargestellt wird und danach die Einzelheiten in der euklidischen Ordnung der Darstellung folgen.

5. Der gewissenhafte Mathematiker, der sich davon überzeugen möchte, daß sein Satz richtig ist, versucht ihn intuitiv zu sehen und dann einen formalen Beweis zu geben. *Kannst Du deutlich sehen, daß er richtig ist? Kannst Du beweisen, daß er richtig ist?* Der gewissenhafte Mathematiker handelt in dieser Hinsicht wie die Dame, die gewissenhaft ihre Einkäufe erledigt. Wenn sie sich von der Qualität eines Stoffes überzeugen will, so verlangt sie ihn zu sehen und zu berühren. Intuitive Einsicht und formaler Beweis sind zwei verschiedene Weisen, die Wahrheit gewahr zu werden, vergleichbar der Wahrnehmung eines materiellen Gegenstandes durch zwei verschiedene Sinne, Sehen und Berühren.

Intuitive Einsicht mag einem formalen Beweise weit vorauseilen. Jeder intelligente Schüler ohne irgendwelches systematisches Wissen von Stereometrie, kann, sobald er den Wortlaut deutlich verstanden hat, sehen, daß zwei Gerade, die derselben Geraden parallel sind, zueinander parallel sind (die drei Geraden mögen in derselben Ebene liegen oder nicht). Doch bedarf der Beweis dieses Satzes, so wie er in Satz 9 des 11. Buches von Euklids Elementen gegeben wird, einer langen, sorgfältigen und geistreichen Vorbereitung.

Formale Handhabung logischer Regeln und algebraischer Formeln mag der Intuition weit voraneilen. Wohl jeder kann sogleich sehen, daß 3 Gerade, aufs Geratewohl genommen, die Ebene in 7 Teile teilen (wobei als einziger endlicher Teil das Dreieck, das durch die 3 Geraden eingeschlossen ist, entsteht). Kaum jemand ist in der Lage, zu sehen, selbst wenn er seine Aufmerksamkeit auf das äußerste anspannt, daß 5 Ebenen, aufs Geratewohl genommen, den Raum in 26 Teile teilen. Doch es kann streng bewiesen werden, daß die richtige Zahl in der Tat 26 ist, und der Beweis ist nicht einmal lang oder schwierig.

Wenn wir unseren Plan ausführen, kontrollieren wir jeden Schritt. Dabei bauen wir auf intuitive Einsicht oder formale Regeln. Manchmal ist die Intuition voraus, manchmal die formale Überlegung. Es ist eine interessante und nützliche Übung, beide Wege anzuwenden. *Kannst Du deutlich sehen, daß der Schritt richtig ist?* Ja, ich kann es klar und deutlich sehen. Die Intuition ist voraus; aber kann die formale Überlegung sie einholen? *Kannst Du auch* BEWEISEN, *daß er richtig ist?*

Formal zu beweisen suchen, was man intuitiv sieht, und intuitiv sehen, was man formal beweist, ist eine nützliche geistige Übung. Leider ist in der Schule nicht immer genug Zeit dafür. Das in den §§ **12** und **14** erläuterte Beispiel ist typisch in dieser Hinsicht.

Entschlossenheit, Hoffnung, Erfolg. Es würde falsch sein zu denken, daß das Lösen von Aufgaben eine rein «verstandesmäßige Angelegenheit» wäre; Entschlossenheit und Gefühlsregungen spielen dabei eine wichtige Rolle. Laue Entschlußkraft und schläfriges Einverständnis, ein bißchen zu tun, mögen ausreichen für eine schablonenmäßige Schulaufgabe. Aber um ein ernsthaftes wissenschaftliches Problem zu lösen, ist eine Willenskraft erforderlich, die Jahre mühsamer Arbeit und bitterer Enttäuschungen zu überstehen vermag.

1. Die Entschlußkraft schwankt zwischen Hoffnung und Hoffnungslosigkeit, zwischen Befriedigung und Enttäuschung. Es ist leicht weiterzugehen, wenn man glaubt, daß die Lösung um die Ecke herum zu finden ist; aber es ist schwer auszuharren, wenn man keinen Ausweg aus den Schwierigkeiten sieht. Wir sind freudig erregt, wenn unsere Voraussage wahr wird. Wir sind niedergeschlagen, wenn der Weg, den wir mit einigem Zutrauen verfolgt haben, plötzlich blockiert ist, und unsere Entschlossenheit wird schwankend.

«Il n'est point besoin espérer pour entreprendre ni réussir pour persévérer.» «Man kann ohne Hoffnung etwas unternehmen und ohne Erfolg ausharren.» So spricht ein unbiegsamer Wille, oder Ehre und Pflicht, oder ein Edelmann in einer edeln Sache. Diese Art von Entschlußkraft würde jedoch nicht genügen für den Gelehrten, der etwas Hoffnung haben muß, um seine Arbeit zu beginnen, und etwas Erfolg, um darin fortzufahren. In der wissenschaftlichen Arbeit ist es nötig, Entschlossenheit weise nach Aussicht auf Erfolg zu richten. Man nimmt eine Aufgabe nicht auf, wenn sie nicht von Interesse ist; man setzt sich ernsthaft an die Arbeit, wenn die Aufgabe lehrreich erscheint; man wirft seine ganze Persönlichkeit mit in die Waagschale, wenn die Aufgabe vielverheißend ist. Wenn das Ziel gesetzt ist, bleibt man dabei, aber man macht es sich nicht unnötig schwer. Man verachtet nicht kleine Erfolge, im Gegenteil, man sucht sie: *Wenn Du die vorgegebene Aufgabe nicht lösen kannst, versuche zuerst, eine verwandte Aufgabe zu lösen.*

2. Wenn ein Schüler wirklich törichte Schnitzer macht

oder aufreizend langsam ist, ist der Grund immer der gleiche; er hat überhaupt kein Verlangen, die Aufgabe zu lösen, ja nicht einmal das Verlangen, sie richtig zu verstehen, und so hat er sie nicht verstanden. Deshalb muß ein Lehrer, der seinem Schüler ernsthaft helfen will, zu allererst dessen Neugier anstacheln und in ihm das Verlangen wekken, die Aufgabe zu lösen. Der Lehrer sollte seinem Schüler auch etwas Zeit dafür einräumen, daß er den Entschluß fassen kann, sich an die Arbeit zu setzen.

Der Unterricht im Lösen von Aufgaben ist eine Erziehung des Willens. Durch das Lösen von Aufgaben, die nicht zu leicht sein dürfen, lernt der Schüler, auch bei Erfolglosigkeit auszuharren, kleine Fortschritte zu schätzen, auf das Einfallen der wesentlichen Idee zu warten und dann, wenn sie auftaucht, sich mit allen seinen Kräften darauf zu konzentrieren. Wenn der Schüler keine Gelegenheit in der Schule gehabt hat, sich mit den verschiedenen Gefühlsregungen im Kampf um die Lösung vertraut zu machen, so ist seine mathematische Erziehung in dem lebenswichtigsten Punkte fehlgeschlagen.

Fachausdrücke, alte und neue, die die Tätigkeit des Aufgabenlösens beschreiben, sind oft mehrdeutig. Die Tätigkeit selbst ist jedermann vertraut und oft erörtert, aber sie ist, wie andere geistige Tätigkeiten, schwer zu beschreiben. Bei dem Mangel eines systematischen Studiums gibt es keine technischen Ausdrücke, um sie zu beschreiben, und gewisse übliche halbtechnische Ausdrücke vermehren oft die Verwirrung, weil sie von verschiedenen Autoren in verschiedener Bedeutung gebraucht werden.

Das folgende kurze Verzeichnis führt ein paar neue, in dem vorliegenden Buch verwandte, und ein paar alte, hier vermiedene Ausdrücke an, sowie einige alte, trotz ihrer Mehrdeutigkeit beibehaltene Ausdrücke.

Der Leser würde verwirrt werden durch die folgende Erörterung der Terminologie, wenn nicht die Begriffe alle in Beispielen wohl verankert wären.

1. *Analyse* ist durch PAPPUS sauber definiert worden, und es ist ein brauchbarer Ausdruck, der eine typische Art des Aufstellens eines Planes, des Ausgehens von der Unbekannten (oder dem Schluß) und des Rückwärtsarbeitens bis zu den Daten (oder der Hypothese) beschreibt. Unglücklicherweise hat das Wort sehr verschiedene Bedeutung angenommen (z. B. die Analysis in der Mathematik, chemische Analyse, logische Analyse), und deshalb wird es in dem vorliegenden Buch mit Bedauern vermieden.

2. Die *Bedingung* verknüpft die Unbekannte einer «Bestimmungsaufgabe» mit den Daten (siehe BESTIMMUNGSAUFGABEN UND BEWEISAUFGABEN, 3.). In dieser Bedeutung ist es ein klarer, brauchbarer und unvermeidbarer Fachausdruck. Es ist oft nötig, die Bedingung in mehrere Teile zu zerlegen [Teil (I) und (II) in den Beispielen in ZERLEGUNG UND ZUSAMMENSETZUNG, 7., 8.]. Jeder Teil *der* Bedingung wird dabei gewöhnlich *eine* Bedingung genannt. Diese Zweideutigkeit, die manchmal in Verlegenheit bringen kann, könnte leicht durch Einführung eines technischen Ausdrucks vermieden werden, mit dem man die Teile der ganzen Bedingung bezeichnet; zum Beispiel könnte ein solcher Teil eine «Klausel» genannt werden.

3. *Hypothese*, (Annahme Voraussetzung) bezeichnet einen wesentlichen Teil eines mathematischen Lehrsatzes der gebräuchlicheren Art (siehe BESTIMMUNGSAUFGABEN UND BEWEISAUFGABEN, 4.). Der Ausdruck ist in dieser Bedeutung vollkommen klar und zufriedenstellend. Die Schwierigkeit ist, daß jeder Teil *der* Hypothese auch *eine* Hypothese genannt wird, so daß die Hypothes*e* aus mehreren Hypothes*en* bestehen kann. Das Heilmittel würde sein, jeden Teil der ganzen Hypothese eine «Klausel» oder irgendwie ähnlich zu bezeichnen. (Vergleiche die vorhergehende Bemerkung über «Bedingung».)

4. *Hauptteile* einer Aufgabe werden erklärt in BESTIMMUNGSAUFGABEN UND BEWEISAUFGABEN, 3., 4.

5. *Bestimmungsaufgaben*, *Beweisaufgaben* sind ein paar neue Ausdrücke, die mit Bedauern an Stelle von historischen

Ausdrücken eingeführt worden sind, da deren Bedeutung unwiderruflich durch den landläufigen Gebrauch verwirrt worden ist. In den lateinischen Übersetzungen der griechischen mathematischen Texte ist der gemeinsame Name für beide Arten von Aufgaben «propositio»; eine «Bestimmungsaufgabe» wird genannt «problema», und eine «Beweisaufgabe» «theorema». In veralteter mathematischer Sprache haben die Worte Proposition, Problem, Theorem noch diese «euklidische» Bedeutung, aber in der modernen mathematischen Sprache hat sich das vollständig geändert; das rechtfertigt die Einführung neuer Ausdrücke.

6. *Progressive Methode* wurde von verschiedenen Autoren in verschiedener Bedeutung gebraucht und von manchen in der alten Bedeutung der «Synthese» (siehe unter 9.). Die letztere Verwendung ist verfechtbar, aber der Ausdruck ist hier vermieden worden.

7. *Regressive Methode* wurde bei manchen Autoren in der alten Bedeutung der «Analyse» gebraucht (vergleiche 1., 6.). Der Ausdruck ist verfechtbar, aber hier vermieden.

8. *Lösung* ist ein vollständig klarer Ausdruck, wenn er in seiner reinen mathematischen Bedeutung genommen wird; er bezeichnet irgendein Ding, das der Bedingung einer «Bestimmungsaufgabe» genügt. So sind die Lösungen der Gleichung $x^2 - 3x + 2 = 0$ ihre Wurzeln, die Zahlen 1 und 2. Unglücklicherweise hat das Wort auch andere Bedeutungen, die nicht rein mathematisch sind und die neben seiner mathematischen Bedeutung von Mathematikern gebraucht werden. Lösung kann auch bedeuten den «Vorgang des Aufgabenlösens» oder die «bei dem Lösen der Aufgabe getane Arbeit»; wir gebrauchen das Wort in dieser Bedeutung, wenn wir von einer «schwierigen Lösung» sprechen. Lösung kann auch das Resultat der bei dem Lösen der Aufgabe geleisteten Arbeit bedeuten; wir mögen das Wort in dieser Bedeutung gebrauchen, wenn wir von einer «schönen Lösung» sprechen. Es kann passieren, daß wir in ein und demselben Satz von dem Ding zu sprechen haben, das die Bedingung der Aufgabe befriedigt,

von der Arbeit, es zu erhalten, und von dem Resultat dieser Arbeit; wenn wir da der Versuchung erliegen, alle drei Male «Lösung» zu sagen, kann der Satz nicht allzu verständlich werden.

9. *Synthese* wird bei PAPPUS in einer wohldefinierten Bedeutung gebraucht, die es wert gewesen wäre, erhalten zu bleiben. Der Ausdruck ist jedoch aus denselben Gründen wie sein Gegenstück «Analyse» (siehe unter 1) hier mit Bedauern vermieden worden.

Figuren sind nicht nur Gegenstand geometrischer Aufgaben, sondern auch eine wichtige Hilfe für alle Arten von Aufgaben, in denen zu Beginn nichts Geometrisches vorkommt. So haben wir doppelten Grund, die Rolle der Figuren beim Lösen von Aufgaben zu erwägen.

1. Wenn unser Problem eine Aufgabe aus der Geometrie ist, müssen wir eine Figur betrachten. Diese Figur kann in unserer Vorstellung existieren, oder sie kann auf das Papier gezeichnet werden. Bei gewissen Gelegenheiten mag es wünschenswert sein, die Figur sich vorzustellen, ohne sie zu zeichnen; wenn wir jedoch verschiedene Einzelheiten nacheinander zu prüfen haben, ist es wünschenswert, *eine Figur zu zeichnen.* Wenn es sich um viele Einzelheiten handelt, können wir sie uns nicht alle gleichzeitig vorstellen, aber auf dem Papier sind alle beisammen. Eine Einzelheit, die wir uns nur gezeichnet denken, kann vergessen werden; aber was auf das Papier gezeichnet ist, bleibt, und wenn wir darauf zurückkommen, erinnert es uns an unsere früheren Bemerkungen; es wird uns etwas von der Mühe erspart, uns früher gemachter Betrachtungen zu erinnern.

2. Wir wollen nun die Verwendung von Figuren in geometrischen Konstruktionsaufgaben spezieller betrachten.

Wir beginnen die eingehende Betrachtung einer solchen Aufgabe damit, daß wir eine Figur zeichnen, die die Unbekannte und die Daten enthält, und zwar so angeordnet, wie es durch die Bedingung der Aufgabe vorgeschrieben ist. Um die Aufgabe klar zu verstehen, müssen wir jede gegebene Größe und jeden Teil der Bedingung getrennt betrachten; dann vereinigen wir wieder alle Teile und betrachten die Bedingung als Ganzes, wobei wir versuchen, gleichzeitig die verschiedenen in der Aufgabe gestellten Zusammenhänge zu sehen. Wir würden ohne eine aufgezeichnete Figur kaum in der Lage sein, alle diese Einzelheiten zu behandeln und zu trennen und wieder zusammenzustellen.

Auf der anderen Seite bleibt es zweifelhaft, bevor wir die Aufgabe nicht endgültig gelöst haben, ob eine solche Figur überhaupt gezeichnet werden kann. Ist es möglich, der ganzen Bedingung zu genügen, die die Aufgabe auferlegt? Wir sind nicht berechtigt, die Frage zu bejahen, bevor wir nicht die endgültige Lösung erhalten haben; nichtsdestotrotz beginnen wir damit, eine Figur vorauszusetzen, in der die Unbekannte in dem durch die Bedingung vorgeschriebenen Zusammenhang mit den Daten dargestellt ist. Es scheint, daß wir durch das Zeichnen der Figur eine unberechtigte Annahme gemacht haben.

Doch haben wir das nicht oder wenigstens nicht notwendig getan. Wir handeln nicht inkorrekt, wenn wir bei der Untersuchung unserer Aufgabe die *Möglichkeit* betrachten, daß eine Größe existiert, welche die der Unbekannten auferlegte Bedingung befriedigt und mit den gegebenen Größen den verlangten Zusammenhang hat, vorausgesetzt, daß wir nicht bloße Möglichkeit mit Gewißheit verwechseln. Ein Richter handelt nicht inkorrekt, wenn er bei Befragung des Angeklagten die Annahme erwägt, daß der Angeklagte das fragliche Verbrechen verübt hat, vorausgesetzt, daß er sich nicht dieser Annahme fest verschreibt. Sowohl der Mathematiker wie der Richter können eine Möglichkeit ohne Vorurteil prüfen und ihr Urteil aufschieben, bis die Untersuchung ein endgültiges Resultat ergibt.

Die Methode, die Untersuchung einer Konstruktionsaufgabe durch das Zeichnen einer Skizze zu beginnen, in der vorausgesetzt wird, daß die Bedingung befriedigt wird, geht zurück auf die griechischen Geometer. Das wird angedeutet durch den kurzen, etwas rätselhaften Satz von Pappus: *Setze das, was zu tun verlangt wird, als bereits getan voraus*. Die folgende Aufforderung ist etwas weniger bündig, aber klarer: *Zeichne eine Figur, in der angenommen wird, daß die Bedingung der Aufgabe in allen ihren Teilen befriedigt wird.*

Das ist eine Aufforderung für geometrische Konstruktionsaufgaben, aber de facto brauchen wir uns gar nicht auf irgendeine solche besondere Art von Aufgaben zu beschränken. Wir können diese Aufforderung auf alle «Bestimmungsaufgaben» ausdehnen, wenn wir sie in der folgenden allgemeinen Fassung formulieren: *Prüfe die Lage, indem Du annimmst, daß die Bedingung der Aufgabe voll befriedigt wird.*

Vergleiche PAPPUS, 6.

3. Es seien jetzt einige Punkte über das wirkliche Zeichnen von Figuren erörtert.

(I) Sollen wir die Figuren genau oder angenähert zeichnen, mit Zeichengeräten oder freihändig?

Beide Arten von Figuren haben ihren Vorteil. Exakte Figuren nehmen im Prinzip in der Geometrie dieselbe Rolle ein wie exakte Messungen in der Physik; aber in der Praxis sind exakte Figuren weniger wichtig als exakte Messungen, weil die Lehrsätze der Geometrie umfassender bewiesen werden als die Gesetze der Physik. Der Anfänger jedoch sollte viele Figuren so genau zeichnen wie er kann, um eine gute experimentelle Grundlage zu bekommen; und exakte Figuren können auch dem Fortgeschrittenen geometrische Theoreme nahelegen. Doch für die Überlegung sind sorgfältig gezeichnete freihändige Figuren gewöhnlich gut genug, und sie sind viel schneller hergestellt. Natürlich darf die Figur nicht absurd aussehen; Linien, die Gerade darstellen, dürfen nicht Wellenlinien sein und sogenannte Kreise nicht wie Kartoffeln aussehen.

Eine ungenaue Figur kann gelegentlich einen falschen Schluß nahelegen, aber die Gefahr ist nicht groß, und wir können uns durch verschiedene Mittel davor schützen, vor allem dadurch, daß wir die Figur verändern. Es ist keine

Gefahr, wenn wir uns auf die logischen Zusammenhänge konzentrieren und uns vergegenwärtigen, daß die Figur eine Hilfe ist, aber keinesfalls die Grundlage für unsere Schlüsse bilden kann; die logischen Zusammenhänge bilden die wirkliche Grundlage. (Dieser Punkt wird lehrreich durch gewisse wohlbekannte Paradoxa gezeigt, die geschickt die beabsichtigte Ungenauigkeit einer Figur ausnutzen.)

(II) Es ist wichtig, daß die Elemente einer Aufgabe in den verlangten Beziehungen zusammengefaßt werden, es ist unwichtig, in welcher Reihenfolge sie konstruiert werden. Wähle deshalb die bequemste Reihenfolge. Um z. B. die Dreiteilung des Winkels zu erläutern, will man 2 Winkel α und β zeichnen, so daß $\alpha = 3\beta$. Geht man von einem beliebigen Winkel α aus, so kann man β nicht mit Lineal und Zirkel konstruieren. Deshalb wählt man zuerst einen leidlich kleinen, aber sonst beliebigen Winkel β, und dann kann man α leicht konstruieren.

(III) Die Figur darf nicht eine unangebrachte Spezialisierung nahelegen. Die verschiedenen Teile der Figur dürfen nicht scheinbare Beziehungen aufzeigen, die in der Aufgabe nicht gefordert werden. Gerade dürfen nicht gleich oder zueinander senkrecht erscheinen, wenn sie es nicht notwendig sind. Dreiecke dürfen nicht gleichschenklig oder rechtwinklig erscheinen, wenn diese Eigenschaft nicht in der Aufgabe gefordert wird. Das Dreieck mit den Winkeln von 45^0, 60^0 und 75^0 ist dasjenige, das im strengen Sinne des Wortes am meisten «entfernt» ist sowohl von dem gleichschenkligen, wie von dem rechtwinkligen[2]. Man zeichne deshalb dieses oder ein nicht zu sehr davon verschiedenes, wenn man ein «allgemeines» Dreieck betrachten will.

(IV) Um die verschiedenen Rollen der verschiedenen Strecken nachdrücklich hervorzuheben, kann man dicke

[2] Wenn die Winkel eines Dreiecks α, β, γ sind und $90^0 > \alpha > \beta > \gamma$, dann ist wenigstens eine der Differenzen $90^0 - \alpha$, $\alpha - \beta$, $\beta - \gamma$ $< 15^0$, wenn nicht $\alpha = 75^0$, $\beta = 60^0$, $\gamma = 45^0$. In der Tat ist

$$\frac{3\,(90^0 - \alpha) + 2\,(\alpha - \beta) + (\beta - \gamma)}{6} = 15^0.$$

und dünne Linien zeichnen, zusammenhängende oder punktierte oder auch Linien in verschiedener Farbe. Man zeichnet Linien sehr dünn, wenn man noch nicht völlig entschlossen ist, sie als Hilfslinien zu verwenden. Man kann die gegebenen Elemente der Aufgabe mit Rotstift zeichnen und andere Farben verwenden, um wichtige Teile, wie zwei ähnliche Dreiecke, hervorzuheben usw.

(V) Sollen wir, um Fragen der Stereometrie zu klären, dreidimensionale Modelle benutzen oder Zeichnungen auf Papier und Tafel?

Dreidimensionale Modelle sind empfehlenswert, aber mühselig herzustellen und teuer zu kaufen. So müssen wir uns gewöhnlich mit Zeichnungen zufrieden geben, obwohl es nicht leicht ist, sie anschaulich zu machen. Etwas Erfahrung mit selbstgemachten Modellen aus Karton ist für den Anfänger sehr zu wünschen. Es ist nützlich, Dinge aus unserer alltäglichen Umgebung zur Darstellung geometrischer Begriffe zu nehmen. So kann eine Schachtel, ein Stein oder das Klassenzimmer einen Quader vorstellen, ein Bleistift einen Kreiszylinder, ein Lampenschirm einen geraden Kreiskegelstumpf usw.

4. Auf das Papier gezeichnete Figuren sind leicht herzustellen, leicht wiederzuerkennen und leicht im Gedächtnis zu behalten. Ebene Figuren sind uns besonders vertraut, Aufgaben über ebene Figuren besonders zugänglich. Wir können diesen Umstand ausnutzen und können unsere Fähigkeit, mit Figuren umzugehen, bei nichtgeometrischen Dingen gebrauchen, wenn wir eine passende geometrische Darstellung für diese nichtgeometrischen Dinge ausdenken.

Geometrische Darstellungen, graphische Zeichnungen und Diagramme werden tatsächlich in allen Wissenschaften gebraucht, nicht nur in der Physik und Chemie und den Naturwissenschaften, sondern auch in der Nationalökonomie und sogar in der Psychologie. Wenn wir irgendeine passende geometrische Darstellung verwenden, versuchen wir alles in der Sprache der Figuren auszudrücken und alle Arten von Aufgaben auf geometrische Aufgaben zurückzuführen.

So kann man, auch wenn unsere Aufgabe nicht geometrisch ist, versuchen, *eine Figur zu zeichnen.* Eine deutliche geometrische Darstellung für ein nicht geometrisches Problem zu finden, kann ein wichtiger Schritt zur Lösung sein.

Fortschritt und Leistung. Hast Du irgendeinen Fortschritt gemacht? Was war die wesentliche Leistung? Fragen dieser Art mögen wir an uns richten, wenn wir eine Aufgabe lösen, oder wir mögen sie einem Schüler stellen, dessen Arbeit wir beaufsichtigen. So sind wir gewohnt, Fortschritt und Leistung in konkreten Fällen mehr oder weniger zuversichtlich zu beurteilen. Der Schritt von solchen konkreten Fällen zu einer allgemeinen Beschreibung ist durchaus nicht leicht. Doch wir müssen diesen Schritt verstehen, wenn unser Studium der Heuristik vollständig sein soll, und wir müssen zu klären suchen, was im allgemeinen Fortschritt und Leistung beim Lösen von Aufgaben bestimmt.

1. Um eine Aufgabe zu lösen, müssen wir einige Kenntnisse von dem Gegenstand haben, von dem sie handelt, und aus unserem vorhandenen, aber anfänglich schlafenden Wissen die dazugehörigen Bruchstücke auswählen und sammeln. Wir verstehen die Aufgabe am Ende weit besser, als es zu Beginn der Fall war; was ist zu unserem Verständnis hinzugefügt worden? Das, was wir aus unserem Gedächtnis hervorgeholt haben. Um die Lösung zu erhalten, müssen wir uns verschiedene wesentliche Tatsachen in die Erinnerung zurückrufen. Wir müssen, wenn es sich um eine mathematische Aufgabe handelt, uns an früher gelöste Aufgaben, bekannte Sätze und Definitionen erinnern. Dieses Hervorholen solcher wichtigen Bestandteile aus unserem Gedächtnis wollen wir mit *Mobilisation* bezeichnen.

2. Um eine Aufgabe zu lösen, ist es jedoch nicht genug, isolierte Tatsachen zu sammeln, wir müssen diese Tatsachen auch zusammenfügen, und ihre Zusammenfassung muß der gegebenen Aufgabe gut angepaßt sein. So müssen wir bei der Lösung einer mathematischen Aufgabe einen Beweis ersinnen, der den gesammelten Stoff zu einem wohlangepaß-

ten Ganzen verbindet. Diese anpassende und zusammenfassende Tätigkeit möge *Organisation* genannt werden.

3. Tatsächlich können Mobilisation und Organisation niemals wirklich voneinander getrennt werden. Wenn wir mit Konzentration an der Aufgabe arbeiten, rufen wir uns nur Tatsachen ins Gedächtnis, die mehr oder weniger mit unserem Zweck verbunden sind, und wir haben nichts zu tun, als den Stoff, den wir gesammelt und mobilisiert haben, zusammenzufügen und zu organisieren.

Mobilisation und Organisation sind nur zwei Aspekte desselben zusammengesetzten Vorgangs, der noch viele andere Aspekte hat.

4. Ein anderer Aspekt des Fortschritts unserer Arbeit ist, daß *die Art und Weise unseres Verständnisses sich ändert.* Unser Verständnis ist bereichert mit all dem Stoff, an den wir uns erinnert und den wir der Aufgabe angepaßt und in sie eingearbeitet haben. Damit verstehen wir die Aufgabe zum Schluß weit vollständiger, als es zu Beginn der Fall war. Da wir von unserem anfänglichen Verständnis zu einem angemesseneren und besser angepaßten Verständnis fortschreiten wollen, versuchen wir verschiedene Standpunkte und betrachten die Aufgabe von verschiedenen Seiten. Wir können schwerlich einen Fortschritt ohne VARIATION DER AUFGABE machen.

5. Indem wir unserem endgültigen Ziel entgegengehen, sehen wir immer mehr davon, und wenn wir es besser sehen, beurteilen wir es als uns näher gerückt. Indem die Untersuchung unserer Aufgabe voranschreitet, *sehen* wir immer deutlicher *voraus*, was für die Lösung getan werden muß und wie es getan werden muß. Lösen wir eine mathematische Aufgabe, so können wir, wenn wir Glück haben, vorhersehen, daß ein bestimmter bekannter Lehrsatz benutzt werden kann, daß die Betrachtung einer gewissen früher schon gelösten Aufgabe uns helfen kann, daß das Zurückgehen auf die Bedeutung eines gewissen technischen Ausdruckes notwendig sein kann. Wir sehen so etwas nicht mit Gewißheit voraus, sondern nur mit einem bestimmten Grad von

Plausibilität. Wir werden erst vollständige Gewißheit erreichen, wenn wir die vollständige Lösung erhalten haben, aber bevor wir Gewißheit erlangen, müssen wir uns oft mit einer mehr oder weniger plausiblen Vermutung zufrieden geben. Ohne rein plausible und vorläufige Betrachtungen könnten wir niemals die Lösung, die gewiß und endgültig ist, finden. Wir brauchen HEURISTISCHES DENKEN.

6. Was heißt Fortschritt der Lösung entgegen? Fortschreitende Mobilisation und Organisation unseres Wissens, Entwicklung des Verständnisses der Aufgabe, wachsende Voraussicht der Schritte, die den endgültigen Beweis bilden werden. Wir können stetig durch kleine, unmerkliche Schritte vorankommen, aber dann und wann kommen wir jäh durch Sprünge weiter. Einen plötzlichen Vorstoß auf die Lösung zu nennt man eine GLÄNZENDE IDEE oder gute Idee, einen glücklichen Einfall, einen Geistesblitz. Was ist eine glänzende Idee? Eine jähe und wichtige Änderung unserer Aussichten, eine plötzliche Neugestaltung unserer Art und Weise, die Aufgabe zu verstehen, eine gerade auftauchende zuversichtliche Voraussicht der Schritte, die wir unternehmen müssen, um die Lösung zu erhalten.

7. Die vorhergehenden Betrachtungen versehen die Fragen und Anregungen unserer Tabelle mit dem rechten Hintergrund.

Viele dieser Fragen und Anregungen zielen direkt auf die Mobilisierung unseres früher erworbenen Wissens ab: *Hast Du sie schon früher gesehen? Oder hast Du dieselbe Aufgabe in einer wenig verschiedenen Form gesehen? Kennst Du eine verwandte Aufgabe? Kennst Du einen Lehrsatz, der förderlich sein könnte? Betrachte die Unbekannte! Und versuche Dich auf eine Dir bekannte Aufgabe zu besinnen, die dieselbe oder eine ähnliche Unbekannte hat.*

Es gibt typische Situationen, in denen wir denken, daß wir das richtige Material gesammelt haben, und wir erarbeiten nun eine bessere *Organisation* des mobilisierten Stoffes: *Hier ist eine Aufgabe, die der Deinen verwandt und schon gelöst ist. Kannst Du sie verwenden? Kannst Du ihr Resultat verwen-*

den? Kannst Du ihre Methode verwenden? Würdest Du irgendein Hilfselement einführen, damit Du sie verwenden kannst?

Es gibt andere typische Situationen, in welchen wir denken, daß wir noch nicht genug Material gesammelt haben. Wir möchten gerne wissen, was fehlt: *Hast Du alle Daten benutzt? Hast Du die ganze Bedingung benutzt? Hast Du alle wesentlichen Begriffe, die in der Aufgabe vorkommen, in Rechnung gezogen?*

Einige Fragen zielen direkt auf die *Variation* der Aufgabe hin: *Kannst Du die Aufgabe anders ausdrücken? Kannst Du sie noch auf verschiedene Weise ausdrücken?* Viele Fragen zielen auf die Variation der Aufgabe durch besonders aufgeführte Mittel hin, wie Zurückgehen auf die DEFINITION, Anwendung von ANALOGIE, VERALLGEMEINERUNG, SPEZIALISIERUNG, ZERLEGUNG UND ZUSAMMENSETZUNG.

Noch andere Fragen legen einen Versuch nahe, das Wesen der Lösung, die zu erhalten wir uns bemühen, *vorherzusehen: Ist es möglich, die Bedingung zu befriedigen? Ist die Bedingung ausreichend, um die Unbekannte zu bestimmen? Oder ist sie unzureichend? Oder überbestimmt? Oder kontradiktorisch?*

Die Fragen und Anregungen unserer Tabelle erwähnen nicht direkt die *glänzende Idee;* aber de facto befassen sich alle mit ihr. Wenn wir die Aufgabe verstehen, bereiten wir sie vor, wenn wir einen Plan ausdenken, versuchen wir sie hervorzurufen, wenn wir sie hervorgerufen haben, führen wir sie durch, wenn wir auf den Gang und das Resultat der Lösung zurückschauen, versuchen wir sie besser auszunutzen[3].

Glänzende Idee oder «gute Idee» oder «es geht einem ein Licht auf» sind Ausdrücke der Umgangssprache, die einen plötzlichen Vorstoß auf die Lösung hin beschreiben; siehe FORTSCHRITT UND LEISTUNG, 6. Der Einfall einer glänzenden Idee ist eine Erfahrung, mit der jedermann vertraut

---

[3] Verschiedene in diesem Artikel erörterte Punkte werden vollständiger betrachtet in der Arbeit des Verfassers in *Acta Psychologica*, Bd. 4 (1938), S. 113–170.

ist, die aber schwer zu beschreiben ist, und so mag es interessant sein zu hören, daß eine sehr inhaltvolle Beschreibung davon gelegentlich durch eine Autorität vom Range eines Aristoteles gegeben worden ist.

Die meisten Menschen werden zustimmen, daß der Einfall einer glänzenden Idee ein «Akt von Scharfsinn» ist. Aristoteles definiert «Scharfsinn» wie folgt: «Scharfsinn ist ein Treffen und Erraten des wesentlichen Zusammenhanges in einer unschätzbar kurzen Zeit. Wie z. B., wenn jemand, der irgendwen mit einem reichen Manne sprechen sieht, sofort errät, daß er sich Geld borgen will. Oder wenn jemand, der beobachtet, daß die leuchtende Seite des Mondes immer der Sonne zugekehrt ist, plötzlich bemerkt, warum das der Fall ist; nämlich, weil der Mond sein Licht von der Sonne empfängt[4].»

Das erste Beispiel ist nicht schlecht, aber ziemlich trivial; es braucht nicht viel Scharfsinn, um Dinge vom Zusammenhang wie reicher Mann und Geld zu erraten, und die Idee ist nicht sehr glänzend. Das zweite Beispiel jedoch ist ganz eindrucksvoll, wenn wir unsere Einbildungskraft ein wenig anstrengen, um es in seiner eigenen Fassung zu sehen.

Wir müssen uns vergegenwärtigen, daß ein Zeitgenosse von Aristoteles die Sonne und die Sterne beobachten mußte, wenn er die Zeit wissen wollte, denn es gab keine Armbanduhren, und daß er die Phasen des Mondes beobachten mußte, wenn er eine Reise bei Nacht vorhatte, da es keine Straßenbeleuchtung gab. Er war mit dem Himmel weit besser bekannt als der moderne Großstadtbewohner, und seine natürliche Intelligenz war noch nicht durch unverdaute Fragmente journalistischer Darstellungen von astronomischen Theorien getrübt. Er sah den Vollmond wie eine flache Scheibe, ähnlich der Sonnenscheibe, aber weit weniger leuchtend. Er muß sich über den unaufhörlichen Wechsel in Gestalt und Stellung des Mondes gewundert haben. Er beobachtete den Mond gelegentlich auch bei Tage, bei

[4] Der Text ist in der Reihenfolge unbedeutend geändert; siehe Aristoteles, *An. post.* I 34, S. 89b 10ff.

Sonnenaufgang oder -untergang, und fand heraus, daß «die leuchtende Seite des Mondes immer der Sonne zugekehrt ist», was an sich eine beachtliche Feststellung war. Und nun nimmt er wahr, daß das verschiedenartige Aussehen des Mondes gleich dem verschiedenartigen Aussehen einer Kugel ist, die von einer Seite beleuchtet wird, so daß die eine Hälfte leuchtend ist und die andere Hälfte dunkel. Er stellt sich die Sonne und den Mond nicht mehr als flache Scheiben, sondern als runde Körper vor, von denen der eine das Licht gibt und der andere es empfängt. Er erfaßt den wesentlichen Zusammenhang, er gruppiert seine früheren Vorstellungen um «in einer unschätzbar kurzen Zeit»: es ist ein plötzlicher Sprung der Vorstellungskraft, eine glänzende Idee, ein Geistesblitz.

Hast Du alle Daten benutzt? Da wir während des Lösens immer mehr Wissen in unserem Gedächtnis wachrufen, werden wir unsere Aufgabe am Ende weit besser verstehen als am Anfang (FORTSCHRITT UND LEISTUNG, 1.). Aber wie ist es jetzt? Haben wir erhalten, was wir brauchen? Ist unser Verständnis angemessen? *Hast Du alle Daten benutzt? Hast Du die ganze Bedingung benutzt?* Die entsprechende Frage bei «Beweisaufgaben» ist: *Hast Du die ganze Annahme benutzt?*

1. Zur Erläuterung wollen wir zurückgehen auf die «Quaderaufgabe», die wir in Abschnitt **8** aufgestellt (und in den Paragraphen **10, 12, 14** und **15** weiter verfolgt) haben. Es kann geschehen, daß ein Schüler auf die Idee gerät, die Diagonale der Seitenfläche zu berechnen, $\sqrt{a^2 + b^2}$, aber dann stecken bleibt. Der Lehrer kann ihm durch die Frage helfen: *Hast Du alle Daten benutzt?* Der Schüler kann kaum umhin, zu bemerken, daß der Ausdruck $\sqrt{a^2 + b^2}$ nicht die dritte gegebene Größe c enthält. Deshalb sollte er versuchen, sie hineinzubringen. So wird er auf den entscheidenden rechten Winkel aufmerksam, dessen Schenkel $\sqrt{a^2 + b^2}$ und c sind und dessen Hypotenuse die gewünschte Diagonale des Quaders ist. (Zu weiterer Erläuterung siehe HILFSELEMENTE, 3.)

Die hier erörterten Fragen sind von großer Bedeutung. Ihre Anwendung bei der Konstruktion der Lösung ist im vorhergehenden Beispiel deutlich gezeigt worden. Sie können uns helfen, die schwache Stelle in unserm Verständnis der Aufgabe zu finden. Sie können auf ein fehlendes Element hinweisen. Wenn wir wissen, daß ein gewisses Element noch fehlt, versuchen wir natürlich, es hineinzubringen. So haben wir einen Leitfaden, eine ganz bestimmte Richtschnur, der wir folgen, und damit haben wir Aussicht, auf die entscheidende Idee zu treffen.

2. Die erörterten Fragen helfen nicht nur, wenn wir einen Beweis aufbauen, sondern auch wenn wir ihn kontrollieren. Als konkretes Beispiel wollen wir annehmen, daß wir den Beweis eines Satzes zu kontrollieren haben, dessen Hypothese aus drei Teilen besteht, die alle drei für die Richtigkeit des Beweises wesentlich sind. Das heißt, wenn wir einen Teil der Annahme auslassen, hört der Lehrsatz auf, richtig zu sein. Deshalb muß der Beweis falsch sein, wenn er irgendeinen Teil der Annahme vernachlässigt. *Gebraucht der Beweis die ganze Annahme?* Gebraucht er den ersten Teil der Annahme? Wo gebraucht er den ersten Teil der Annahme? Wo gebraucht er den zweiten Teil? Wo den dritten? Wenn wir auf alle diese Fragen antworten, kontrollieren wir den Beweis.

Diese Art der Kontrolle ist wirksam, lehrreich und beinahe notwendig für ein volles Verständnis, wenn der Beweis lang und schwer ist – wie DER INTELLIGENTE LESER wissen sollte.

3. Die erörterten Fragen zielen darauf hin, die Vollständigkeit unseres Verständnisses der Aufgabe zu prüfen. Unser Verständnis ist sicher unvollständig, wenn wir versäumen, irgendein wesentliches Stück der Daten oder der Bedingung oder der Annahme in Rechnung zu ziehen. Aber es ist auch unvollständig, wenn wir versäumen, den Sinn irgendeines wesentlichen Ausdrucks zu erfassen. Deshalb sollten wir, um unser Verständnis zu prüfen, auch fragen: *Hast Du alle wesentlichen Begriffe, die in der Aufgabe vorkommen, in Rechnung gezogen?* Siehe DEFINITION, 7.

4. Die vorhergehenden Bemerkungen sind jedoch gewisser Vorsicht und Beschränkung unterworfen. Ihre einfache Anwendung ist beschränkt auf Aufgaben, die «vollkommen formuliert» und «vernünftig» sind.

Eine vollkommen formulierte und vernünftige «Bestimmungsaufgabe» muß alle notwendigen Daten und darunter keine einzige überflüssige Größe enthalten; auch ihre Bedingung muß genau ausreichend sein, weder kontradiktorisch noch überbestimmt. Bei dem Lösen einer solchen Aufgabe müssen wir natürlich alle Daten und die ganze Bedingung verwenden.

Gegenstand einer «Beweisaufgabe» ist ein mathematischer Lehrsatz. Wenn die Aufgabe vollkommen formuliert und vernünftig ist, muß jede Klausel in der Annahme für den Schluß wesentlich sein. Bei dem Beweisen eines solchen Lehrsatzes müssen wir natürlich jede Klausel der Hypothese verwenden.

Von mathematischen Aufgaben, wie sie in den herkömmlichen Lehrbüchern stehen, wird vorausgesetzt, daß sie vollkommen formuliert und vernünftig sind. Man sollte sich jedoch nicht zu sehr darauf verlassen; wenn der leiseste Zweifel besteht, müssen wir fragen: Ist es möglich, die Bedingung zu befriedigen? Indem wir versuchen, diese oder eine ähnliche Frage zu beantworten, können wir uns, wenigstens bis zu einem gewissen Grad, überzeugen, daß unsere Aufgabe so gut ist wie vorausgesetzt wurde.

Die Frage, die die Überschrift des vorliegenden Abschnitts bildet, und damit verbundene Fragen können und sollen ohne Abänderung nur dann gestellt werden, wenn die betreffende Aufgabe vernünftig und vollkommen formuliert ist oder wenn wir wenigstens keinen Grund haben, das Gegenteil anzunehmen.

5. Es gibt manche nichtmathematische Aufgaben, die in gewissem Sinne auch «vollkommen formuliert» sind. Z. B. kann man von Schachaufgaben annehmen, daß sie nur eine Lösung haben, daß keine unnötige Figur sich auf dem Schachbrett befindet usw.

Praktische Aufgaben sind jedoch gewöhnlich weit davon entfernt, vollkommen formuliert zu sein und erfordern eine gründliche nochmalige Erwägung der in diesem Abschnitt erörterten Fragen.

Hast Du die Aufgabe schon früher gesehen? Es ist möglich, daß wir dieselbe Aufgabe, die wir jetzt lösen sollen, früher schon gelöst oder schon von ihr gehört haben, oder daß wir eine ganz ähnliche Aufgabe hatten. Das sind Möglichkeiten, die zu erforschen man nicht unterlassen sollte. Wir suchen uns zu erinnern, was geschehen ist. *Hast Du die Aufgabe schon früher gesehen? Oder hast Du dieselbe Aufgabe in einer wenig verschiedenen Form gesehen?* Sogar wenn die Antwort negativ ausfällt, können solche Fragen die Mobilisierung unseres Wissens hervorrufen.

Die Überschrift unseres vorliegenden Abschnitts wird oft in einer allgemeineren Bedeutung verwandt. Um die Lösung zu erhalten, müssen wir wesentliche Bestandteile aus unserem Gedächtnis herausholen, wir müssen die geeigneten Teile unseres schlafenden Wissens mobilisieren (Fortschritt und Leistung). Wir können natürlich nicht im voraus wissen, welche Teile unseres Wissens gerade wichtig sind, aber es gibt gewisse Möglichkeiten, deren Erforschung wir nicht versäumen sollten. So kann jedes Merkmal der vorliegenden Aufgabe, das bei der Lösung irgendeiner anderen Aufgabe eine Rolle gespielt hat, wieder eine Rolle spielen. Wenn uns deshalb irgendein Merkmal der gerade betrachteten Aufgabe als vielleicht wichtig auffällt, versuchen wir es wiederzuerkennen. Was bedeutet das? Ist es Dir bekannt? *Hast Du es schon früher gesehen?*

Heuristik oder «ars inveniendi» war der Name eines gewissen, nicht sehr deutlich abgegrenzten Wissenszweiges, der zur Logik, zur Philosophie oder zur Psychologie gehörte. Er ist oft summarisch beschrieben und selten im einzelnen dargestellt worden und heute so gut wie vergessen. Das Ziel der Heuristik ist, die Methoden und Regeln von

Entdeckung und Erfindung zu studieren. Einige Spuren eines solchen Studiums finden sich schon bei den Kommentatoren Euklids; eine Stelle bei PAPPUS ist in dieser Hinsicht besonders interessant. Die berühmtesten Versuche, ein System der Heuristik aufzubauen, verdankt man DESCARTES und LEIBNIZ, die beide sowohl große Mathematiker als auch Philosophen waren. Bernhard BOLZANO gab einen bemerkenswerten, ins einzelne gehenden Bericht über Heuristik. Das vorliegende Büchlein ist ein Versuch, Heuristik in einer modernen und bescheidenen Form wieder aufleben zu lassen. Siehe MODERNE HEURISTIK.

Das Adjektiv heuristisch bedeutet «zur Entdeckung dienend».

Heuristisches Denken ist nicht ein letztes und strenges, sondern vorläufiges und plausibles Denken, dessen Zweck es ist, die Lösung der vorliegenden Aufgabe zu entdekken. Wir sind oft gezwungen, heuristische Überlegungen zu gebrauchen. Vollständige Gewißheit erlangen wir erst, wenn wir die vollständige Lösung erhalten haben, aber bevor wir Gewißheit haben, müssen wir uns oft mit mehr oder weniger plausiblen Vermutungen zufrieden geben. Wir können das Vorläufige nötig haben, bevor wir das Endgültige erlangt haben. Wir brauchen heuristisches Denken, wenn wir einen strengen Beweis aufbauen, so wie man ein Gerüst braucht, wenn man ein Gebäude errichten will.

Siehe ZEICHEN DES FORTSCHRITTS. Heuristisches Denken beruht oft auf Induktion oder Analogie; siehe INDUKTION UND VOLLSTÄNDIGE INDUKTION, sowie ANALOGIE, 8., 9., 10.[5].

Heuristisches Denken ist an sich gut. Schlecht ist nur, heuristisches Denken mit strengem Beweis zu vermengen. Und noch schlimmer ist, heuristisches Denken als strengen Beweis auszugeben.

Der Unterricht in gewissen Dingen, besonders in der Differential- und Integralrechnung für Ingenieure und Phy-

[5] Siehe auch die Arbeit des Verfassers in *American Math. Monthly*, Bd. 48, S. 450–465.

siker, könnte wesentlich verbessert werden, wenn das Wesen heuristischen Denkens besser verstanden wäre, sowohl in seinen Vorteilen als auch in seinen klar erkannten Grenzen, und wenn die Lehrbücher heuristische Beweise offen als solche kennzeichnen würden. Ein heuristischer Beweis kann, wenn er mit Geschmack und Offenheit dargestellt wird, nützlich sein; er kann den exakten Beweis, von dem er gewöhnlich gewisse Keime enthält, vorbereiten. Aber ein heuristischer Beweis richtet vermutlich nur Schaden an, wenn er dunkel, mit sichtlichem Zögern zwischen Scham und Anmaßung dargestellt wird. Siehe WARUM BEWEISE?

Hier ist eine Aufgabe, die der Deinen verwandt und früher schon gelöst ist. Das ist eine gute Nachricht; eine Aufgabe, deren Lösung schon bekannt ist und die mit unserer vorliegenden in Zusammenhang steht, ist sicherlich willkommen. Sie ist noch willkommener, wenn der Zusammenhang eng und die Lösung einfach ist. Dann haben wir die Wahrscheinlichkeit, daß die Aufgabe uns bei der Lösung der jetzigen helfen kann.

Die hier erörterte Situation ist typisch und bedeutungsvoll. Um das deutlich einzusehen, wollen wir sie mit der Situation vergleichen, in der wir uns befinden, wenn wir an einer Hilfsaufgabe arbeiten. In beiden Fällen ist unser Ziel, eine gewisse Aufgabe A zu lösen, und wir führen eine andere Aufgabe B ein und betrachten sie in der Hoffnung, daß wir aus der Betrachtung der Aufgabe B etwas Nutzen ziehen für die Lösung der vorgegebenen Aufgabe A. Der Unterschied beruht auf unserem Verhältnis zu B. Hier gelang es uns, eine alte Aufgabe B in Erinnerung zu bringen, deren Lösung wir kennen, von der wir aber noch nicht wissen, wie wir sie verwenden können. Dort gelang es uns, eine neue Aufgabe B zu erfinden; wir wissen (oder vermuten wenigstens stark), wie wir B verwenden, aber wir wissen noch nicht, wie sie zu lösen ist. Unsere Schwierigkeit hinsichtlich B bildet den ganzen Unterschied zwischen den beiden Situationen. Wenn diese Schwierigkeit überwunden ist, können wir B in beiden Fällen in der gleichen Weise verwenden; wir können das Resultat oder die Methode benutzen (wie in HILFSAUFGABE, 3. erklärt ist), und wenn wir Glück haben, können wir sowohl das Resultat als die Methode benutzen. In der hier betrachteten Situation kennen wir wohl die Lösung von B, aber wir wissen sie noch nicht zu verwenden. Deshalb fragen wir: *Kannst Du sie gebrauchen? Kannst Du ihr Resultat gebrauchen? Kannst Du ihre Methode gebrauchen?*

Das Bestreben, eine gewisse früher gelöste Aufgabe zu verwenden, beeinflußt unser Verständnis der neuen Aufgabe. Wenn wir versuchen, die beiden Aufgaben, die alte und die neue, miteinander zu verbinden, führen wir in die neue Aufgabe Elemente ein, die gewissen wichtigen Elementen der alten Aufgabe entsprechen. Unsere Aufgabe sei z. B., die Kugel zu bestimmen, die um ein gegebenes Tetraeder beschrieben ist. Das ist eine Aufgabe der Stereometrie. Wir können uns erinnern, daß wir die analoge Aufgabe der Planimetrie gelöst haben, den Kreis zu konstruieren, der um ein gegebenes Dreieck beschrieben ist. Dann erinnern wir uns, daß wir in der alten planimetrischen Aufgabe die senkrechten Seitenhalbierenden im Dreieck benutzt haben. Es ist vernünftig, etwas Analoges in unsere gegenwärtige Aufgabe einzuführen. So können wir dazu geführt werden, in unsere vorliegende Aufgabe als entsprechende Hilfselemente die mittelnormalen Ebenen auf die Kanten des Tetraeders einzuführen. Mit dieser Idee können wir leicht die Lösung der stereometrischen Aufgabe in Analogie zu der Lösung der ebenen geometrischen Aufgabe ausarbeiten.

Das vorhergehende Beispiel ist typisch. Die Betrachtung einer früher gelösten verwandten Aufgabe führt uns zu der Einführung von Hilfselementen, und die Einführung von passenden Hilfselementen ermöglicht es uns, die verwandte Aufgabe bei der Lösung der gerade vorliegenden voll auszunutzen. Wir zielen auf eine solche Wirkung hin, wenn wir über eine mögliche Verwendung einer früher gelösten verwandten Aufgabe nachdenken und dabei fragen: *Wür-*

dest Du irgendein Hilfselement einführen, damit Du sie verwenden kannst?

Hier ist ein Deinem Satz verwandter und schon früher bewiesener Lehrsatz. Diese Fassung der hier erörterten Bemerkung ist in Abschnitt **19** schon durch ein Beispiel belegt worden.

Hilfsaufgabe ist eine Aufgabe, die wir nicht um ihrer selbst willen betrachten, sondern weil wir hoffen, daß ihre Betrachtung uns helfen kann, eine andere Aufgabe, unsere ursprüngliche Aufgabe, zu lösen. Die ursprüngliche Aufgabe ist das Ziel, das wir zu erreichen wünschen, die Hilfsaufgabe ein Mittel, durch das wir unser Ziel zu erreichen suchen.

Ein Insekt versucht durch die Fensterscheibe zu entkommen; es versucht es immer und immer wieder und probiert nicht das nächste Fenster, das geöffnet ist und durch das es ins Zimmer kam. Ein Mensch ist fähig, oder sollte es wenigstens sein, klüger zu handeln. Menschliche Überlegenheit besteht darin, um ein Hindernis, das nicht direkt überwunden werden kann, herumzugehen, eine passende Hilfsaufgabe zu ersinnen, wenn die ursprüngliche Aufgabe unlösbar erscheint. Eine Hilfsaufgabe zu ersinnen, ist eine wichtige Tätigkeit des Verstandes. Eine klar definierte, neue, einer andern Aufgabe dienliche Aufgabe aufzustellen, deutlich als ein Ziel zu erfassen, was Mittel zu einem anderen Ziel ist, ist eine verfeinerte, vollendete Form der Intelligenz. Es ist daher nicht unwichtig, zu lernen (oder zu lehren), wie Hilfsaufgaben klug zu handhaben sind.

1. *Beispiel.* Suche das x, das die Gleichung befriedigt:

$$x^4 - 13x^2 + 36 = 0.$$

Wenn wir beachten, daß $x^4 = (x^2)^2$, so können wir sehen, daß man vorteilhaft setzt:

$$y = x^2.$$

Wir erhalten nun eine neue Aufgabe: Suche das y, das die Gleichung befriedigt:

$$y^2 - 13y + 36 = 0.$$

Die neue Aufgabe ist eine Hilfsaufgabe; wir beabsichtigen, sie als ein Mittel zur Lösung unserer ursprünglichen Aufgabe zu benutzen. Die Unbekannte unserer Hilfsaufgabe, y, wird passend *Hilfsunbekannte* genannt.

2. *Beispiel.* Suche die Diagonale eines rechtwinkligen Parallelepipeds, wenn die Längen der drei Kanten, die von derselben Ecke ausgehen, gegeben sind.

Beim Versuche, diese Aufgabe zu lösen (§ **8**), können wir durch Analogie (§ **15**) zu einer anderen Aufgabe geführt werden: Suche die Diagonale eines rechtwinkligen Parallelogramms, wenn die Längen der beiden Seiten, die von derselben Ecke ausgehen, gegeben sind.

Die neue Aufgabe ist eine Hilfsaufgabe; wir betrachten sie, weil wir hoffen, aus ihrer Betrachtung einigen Nutzen für die ursprüngliche Aufgabe zu ziehen.

3. *Nutzen.* Der Nutzen, den wir aus der Betrachtung einer Hilfsaufgabe ziehen, kann verschiedenartig sein. Wir können das *Resultat* der Hilfsaufgabe benutzen. So schließen wir in Beispiel 1, wenn wir durch Lösen der quadratischen Gleichung für y gefunden haben, daß $y = 4$ oder 9 ist, daß $x^2 = 4$ oder $x^2 = 9$ ist und leiten hieraus alle möglichen Werte von x ab. In anderen Fällen können wir die *Methode* der Hilfsaufgabe benutzen. So ist in Beispiel 2 die Hilfsaufgabe eine Aufgabe aus der ebenen Geometrie; sie ist analog der ursprünglichen Aufgabe aus der Stereometrie, aber einfacher als diese. Es ist vernünftig, eine Hilfsaufgabe dieser Art einzuführen, in der Hoffnung, daß sie lehrreich ist und uns Gelegenheit geben wird, mit gewissen Methoden, Operationen oder Werkzeugen vertraut zu werden, die wir später für unsere ursprüngliche Aufgabe benutzen können. In Beispiel 2 ist die Wahl der Hilfsaufgabe recht glücklich; wenn wir sie genau prüfen, finden wir, daß wir sowohl ihre Methode als ihr Resultat verwenden können. (Siehe § **15** und HAST DU ALLE DATEN BENUTZT?)

4. *Risiko.* Wir nehmen von der ursprünglichen Aufgabe die Zeit und die Kraft weg, die wir der Hilfsaufgabe widmen. Wenn unsere Untersuchung der Hilfsaufgabe fehl-

schlägt, so sind Zeit und Anstrengung, die wir für sie verwandten, verloren. Deshalb müssen wir unser Urteil darin üben, eine Hilfsaufgabe auszuwählen. Wir können verschiedene gute Gründe für unsere Wahl haben. Die Hilfsaufgabe mag zugänglicher als die ursprüngliche Aufgabe erscheinen; oder sie mag lehrreich erscheinen; oder sie mag eine Art von ästhetischem Gefallen erregen. Manchmal ist der einzige Vorteil der Hilfsaufgabe, daß sie neu ist und unerforschte Möglichkeiten bietet; wir wählen sie, weil wir der ursprünglichen Aufgabe überdrüssig sind, bei der alle Möglichkeiten der Annäherung erschöpft zu sein scheinen.

5. *Wie eine Hilfsaufgabe zu finden ist.* Die Entdeckung der Lösung der gestellten Aufgabe hängt oft von der Entdekkung einer passenden Hilfsaufgabe ab. Leider gibt es keine unfehlbare Methode, passende Hilfsaufgaben zu entdecken, wie es keine unfehlbare Methode gibt, die Lösung zu entdecken. Es gibt jedoch Fragen und Anregungen, die oft förderlich sind, wie BETRACHTE DIE UNBEKANNTE! Wir werden auch oft zu nützlichen Hilfsaufgaben geführt durch VARIATION DER AUFGABE.

6. *Äquivalente Aufgaben.* Zwei Aufgaben sind *äquivalent*, wenn die Lösung von jeder die Lösung der anderen in sich schließt. So sind in unserem Beispiel 1 ursprüngliche und Hilfsaufgabe einander äquivalent.

Betrachte die folgenden Sätze:

A. In einem gleichseitigen Dreieck ist jeder Winkel gleich 60°.

B. In einem gleichwinkligen Dreieck ist jeder Winkel gleich 60°.

Diese beiden Sätze sind nicht identisch. Sie enthalten verschiedene Begriffe; der eine befaßt sich mit der Gleichheit der Seiten, der andere mit der Gleichheit der Winkel eines Dreiecks. Aber jeder Satz folgt aus dem anderen. Deshalb ist die Aufgabe A zu beweisen äquivalent der Aufgabe B zu beweisen.

Wenn von uns verlangt wird, A zu beweisen, bietet es einen gewissen Vorteil, als Hilfsaufgabe die Beweisaufgabe

B einzuführen. Der Satz B ist ein wenig leichter zu beweisen als A und, was wichtiger ist, wir können *vorhersehen*, daß B leichter als A ist, wir können es beurteilen, wir können es von Anfang an plausibler finden, daß B leichter ist als A. In der Tat, der Satz B, der sich nur mit Winkeln befaßt, ist «homogener» als Satz A, der sich sowohl mit Winkeln als mit Seiten befaßt.

Der Übergang von der ursprünglichen zu der Hilfsaufgabe wird *umkehrbare* Umwandlung (Reduktion) oder *zweiseitige* Umwandlung oder auch *äquivalente* Umwandlung genannt, wenn diese beiden Aufgaben, die ursprüngliche und die Hilfsaufgabe, äquivalent sind. So ist die Reduktion von A auf B (siehe oben) umkehrbar und ebenso die Reduktion in Beispiel 1. Umkehrbare Umwandlungen sind in gewisser Hinsicht wichtiger und wünschenswerter als andere Arten, eine Hilfsaufgabe einzuführen, aber auch Hilfsaufgaben, die nicht äquivalent der ursprünglichen Aufgabe sind, können sehr nützlich sein; siehe Beispiel 2.

7. *Ketten von äquivalenten Hilfsaufgaben* treten häufig bei mathematischen Überlegungen auf. Es wird von uns verlangt, eine Aufgabe A zu lösen; wir können die Lösung nicht sehen, aber wir können finden, daß A einer anderen Aufgabe B äquivalent ist. Wenn wir B betrachten, mögen wir zu einer dritten Aufgabe C gelangen, die B äquivalent ist. Wenn wir in dieser Weise fortfahren, führen wir C in D über und so weiter, bis wir auf eine letzte Aufgabe L kommen, deren Lösung bekannt ist oder auf der Hand liegt. Da jede Aufgabe der vorhergehenden äquivalent ist, muß die letzte Aufgabe L unserer ursprünglichen Aufgabe A äquivalent sein. So können wir die Lösung der ursprünglichen Aufgabe A aus der Aufgabe L, die wir als letztes Glied in einer Kette von Hilfsaufgaben erreicht haben, schließen.

Ketten von Aufgaben dieser Art sind schon bei den griechischen Mathematikern erwähnt, wie man aus einer wichtigen Stelle bei PAPPUS entnehmen kann. Zur Erläuterung wollen wir unser Beispiel 1 noch einmal betrachten. Es sei (A) die Bedingung, der die Unbekannte x unterworfen ist:

(A) $$x^4 - 13x^2 + 36 = 0.$$

Eine Art und Weise, die Aufgabe zu lösen, ist, die vorgegebene Bedingung in eine andere umzuwandeln, die wir (B) nennen wollen:

(B) $$(2x^2)^2 - 2(2x^2)13 + 144 = 0.$$

Es ist zu beachten, daß die Bedingungen (A) und (B) verschieden sind. Sie sind nur unwesentlich verschieden, wenn man so sagen will, sie sind sicher äquivalent, aber sie sind bestimmt nicht identisch. Der Übergang von (A) zu (B) ist nicht nur richtig, sondern er hat auch einen ganz bestimmten Zweck, der jedem in die Augen fällt, der mit der Lösung quadratischer Gleichungen vertraut ist. Wenn wir in derselben Richtung weiterarbeiten, so wandeln wir die Bedingung (B) noch weiter um:

(C) $$(2x^2)^2 - 2(2x^2)13 + 169 = 25.$$

Wenn wir so fortfahren, erhalten wir

(D) $$(2x^2 - 13)^2 = 25$$

(E) $$2x^2 - 13 = \pm 5$$

(F) $$x^2 = \frac{13 \pm 5}{2}$$

(G) $$x = \pm \sqrt{\frac{13 \pm 5}{2}}$$

(H) $$x_1 = 3;\ x_2 = -3;\ x_3 = 2;\ x_4 = -2.$$

Jede Reduktion, die wir vorgenommen haben, war umkehrbar. Daher ist die letzte Bedingung (H) äquivalent der ersten Bedingung (A), so daß 3, — 3, 2, — 2 alle möglichen Lösungen unserer ursprünglichen Gleichung sind.

Im vorhergehenden haben wir aus einer ursprünglichen Bedingung (A) eine Folge von Bedingungen (B), (C), (D), ... abgeleitet, deren jede der vorhergehenden äquivalent war. Dieser Punkt verdient die größte Sorgfalt. Äquivalente Bedingungen werden durch dieselben Dinge befriedigt. Deshalb haben wir, wenn wir von einer vorgegebenen Bedingung zu einer neuen, ihr äquivalenten übergehen, dieselben Lösungen. Wenn wir aber von einer gegebenen Bedingung zu einer engeren übergehen, verlieren wir Lösungen, und wenn wir zu einer erweiterten übergehen, so lassen wir ungeeignete, zufällige Lösungen zu, die mit der vorgegebenen Aufgabe nichts zu tun haben. Wenn wir in einer Reihe von nacheinander folgenden Reduktionen zu einer engeren und dann wieder zu einer weiteren Bedingung übergehen, verlieren wir die Spur der ursprünglichen Aufgabe vollständig. Um diese Gefahr auszuschalten, müssen wir jede neu eingeführte Bedingung sorgfältig kontrollieren: Ist sie der ursprünglichen Bedingung äquivalent? Diese Frage ist noch wichtiger, wenn wir uns nicht mit einer einzelnen Gleichung wie hier, sondern mit einem System von Gleichungen befassen, oder wenn die Bedingung nicht durch Gleichungen, sondern z. B. durch geometrische Konstruktionsaufgaben ausgedrückt ist.

(Vergleiche PAPPUS, besonders 2, 3, 4, 8. Die Beschreibung auf Seite 165/66 ist unnötig beschränkt; sie beschreibt eine Kette von «Bestimmungsaufgaben», von denen jede eine verschiedene Unbekannte hat. Das hier betrachtete Beispiel hat gerade die entgegengesetzte Eigenschaft: alle Aufgaben der Kette haben dieselbe Unbekannte und unterscheiden sich nur in der Form der Bedingung. Natürlich ist keine solche Beschränkung nötig.)

8. *Einseitige Reduktion.* Wir haben 2 Aufgaben, A und B, und beide sind ungelöst. Wenn wir A lösen könnten, so könnten wir daraus die vollständige Lösung von B ableiten. Aber es gilt nicht umgekehrt; wenn wir B lösen könnten, so würden wir vielleicht einiges über A erfahren, aber wir würden nicht wissen, wie die vollständige Lösung von A aus der von B abzuleiten wäre. In einem solchen Falle ist durch die Lösung von A mehr erreicht als durch die Lösung von B. Wir wollen A die *weiterreichende* und B die *weniger umfassende* der beiden Aufgaben nennen.

Wenn wir von einer vorgegebenen Aufgabe entweder zu einer weiterreichenden oder zu einer weniger umfassenden Hilfsaufgabe übergehen, so nennen wir den Schritt eine *einseitige Reduktion*. Es gibt zwei Arten von einseitiger Reduktion, und beide sind in der einen oder anderen Weise gewagter als eine zweiseitige oder umkehrbare Reduktion.

Unser Beispiel 2 zeigt eine einseitige Reduktion auf eine weniger umfassende Aufgabe. In der Tat, wenn wir die ursprüngliche Aufgabe über den Quader lösen könnten, dessen Länge, Breite und Höhe gegeben sind, könnten wir zu der Hilfsaufgabe übergehen, indem wir die Höhe $c = 0$ setzen und so ein Parallelogramm mit der Länge a und der Breite b erhalten. Ein weiteres Beispiel einseitiger Reduktion auf eine weniger umfassende Aufgabe siehe unter SPEZIALISIERUNG, 3., 4., 5. Diese Beispiele zeigen, daß wir bei etwas Glück imstande sind, eine weniger umfassende Hilfsaufgabe als einen *Schrittstein* zu verwenden, sodann die Lösung der Hilfsaufgabe durch irgendwelche passende Bemerkungen ergänzen und damit die Lösung der ursprünglichen Aufgabe erhalten.

Einseitige Reduktion auf eine weiterreichende Aufgabe kann auch zum Erfolge führen. (Siehe VERALLGEMEINERUNG, 2., und die Umwandlung der ersten in die zweite Aufgabe in INDUKTION UND VOLLSTÄNDIGE INDUKTION, 1., 2.) Tatsächlich kann die weiterreichende Aufgabe zuweilen zugänglicher sein; das ist das PARADOXON DES ERFINDERS.

Hilfselemente. Unser Verständnis der Aufgabe wächst ständig, solange wir uns mit der Aufgabe beschäftigen (FORTSCHRITT UND LEISTUNG, 1.). Während unsere Arbeit fortschreitet, fügen wir neue Elemente zu den ursprünglich betrachteten hinzu. Ein Element, das wir in der Hoffnung einführen, es werde die Lösung fördern, nennt man *Hilfselement*.

1. Es gibt verschiedene Arten von Hilfselementen. Zum Lösen einer geometrischen Aufgabe können wir neue Strek-

ken, sogenannte *Hilfslinien*, in unsere Figur einführen. Zum Lösen einer algebraischen Aufgabe können wir eine *Hilfsunbekannte* einführen (HILFSAUFGABEN, 1.). Ein *Hilfssatz* ist ein Satz, dessen Beweis wir in der Hoffnung durchführen, damit die Lösung unserer ursprünglichen Aufgabe vorwärts zu bringen.

2. Es gibt verschiedene Gründe für die Einführung von Hilfselementen. Wir sind froh, wenn es uns gelingt, uns *einer Aufgabe* zu erinnern, *die der unsern verwandt und schon früher gelöst ist.* Es ist wahrscheinlich, daß wir eine solche Aufgabe verwenden können, aber wir wissen noch nicht, wie sie zu gebrauchen ist. Die Aufgabe, die wir zu lösen versuchen, ist z. B. geometrisch, und die verwandte Aufgabe, die wir früher gelöst haben und die uns nun zum Glück einfällt, ist eine Aufgabe über Dreiecke. Doch es gibt kein Dreieck in unserer Figur. Um irgendeinen Gebrauch von der in Erinnerung gebrachten Aufgabe zu machen, müssen wir ein Dreieck haben; deshalb müssen wir eines einführen, indem wir passende Hilfslinien in unserer Figur zeichnen. Allgemein: wenn wir uns einer früher gelösten verwandten Aufgabe erinnern und sie für die vorliegende verwenden möchten, so müssen wir oft fragen: *Sollen wir irgendeine Hilfsgröße einführen, damit wir sie verwenden können?* (Das Beispiel in § **10** ist hier typisch.)

Wenn wir *auf die Definitionen zurückgehen*, haben wir eine andere Gelegenheit, um Hilfselemente einzuführen. Z. B. sollten wir, wenn wir die Definition des Kreises geben, seinen Mittelpunkt und seinen Radius nicht nur erwähnen, sondern diese geometrischen Elemente auch in unsere Figur einzeichnen. Ohne sie einzuzeichnen, können wir keinen konkreten Gebrauch von der Definition machen; die Definition anzugeben, ohne etwas zu zeichnen, ist ohne Wirkung.

Die Verwendung bekannter Resultate und das Zurückgehen auf Definitionen sind triftige Gründe für das Einführen von Hilfselementen; aber es sind nicht die einzigen. Wir können zum Verständnis unserer Aufgabe Hilfselemente einführen, um dadurch die Aufgabe vollständiger, anregender und vertrauter zu machen, obgleich wir noch kaum ausdrücklich wissen, wie wir die hinzugefügten Elemente werden verwenden können. Wir mögen nur fühlen, daß das eine gute Idee ist, um dadurch die Aufgabe mit so hinzugefügten Elementen zu verstehen.

Wir mögen diesen oder jenen Grund haben, ein Hilfselement einzuführen, aber wir sollten überhaupt einen Grund haben. Hilfselemente sollten nicht zwecklos eingeführt werden.

3. *Beispiel.* Konstruiere ein Dreieck, wenn gegeben ist: ein Winkel, die vom Scheitel des gegebenen Winkels aus gefällte Höhe und der Umfang des Dreiecks.

Wir führen eine passende Bezeichnung ein. Wir wollen mit α den gegebenen Winkel bezeichnen, mit h die gegebene Höhe, die vom Scheitel A des Winkels α gefällt ist, und mit p den gegebenen Umfang. Wir *zeichnen eine Figur*, in die wir leicht α und h eintragen. *Haben wir alle Daten benutzt?* Nein, unsere Figur enthält nicht die gegebene Länge p, die gleich dem Umfang des Dreiecks ist. Deshalb müssen wir p einführen. Aber wie?

Wir müssen auf verschiedene Weise versuchen, p einzuführen. Die in den Figuren 10 und 11 dargelegten Versuche erscheinen plump. Wenn wir uns klar zu machen suchen, warum sie so unbefriedigend erscheinen, so werden wir bemerken, daß es wegen des Mangels an Symmetrie ist.

In der Tat, das Dreieck hat drei unbekannte Seiten a, b, c. Wir nennen, wie üblich, a die dem Punkte A gegenüberliegende Seite; wir wissen, daß

$$a + b + c = p.$$

Die Seiten b und c spielen nun dieselbe Rolle; sie sind untereinander vertauschbar; unsere Aufgabe ist symmetrisch bezüglich b und c. Aber b und c spielen nicht dieselbe Rolle in unseren Figuren 10 und 11; als wir die Länge p darstellen wollten, haben wir b und c verschieden behandelt; die Figuren 10 und 11 verderben die natürliche Symmetrie der

Aufgabe bezüglich b und c. Wir müssen p so darstellen, daß es dieselbe Beziehung zu b und zu c hat.

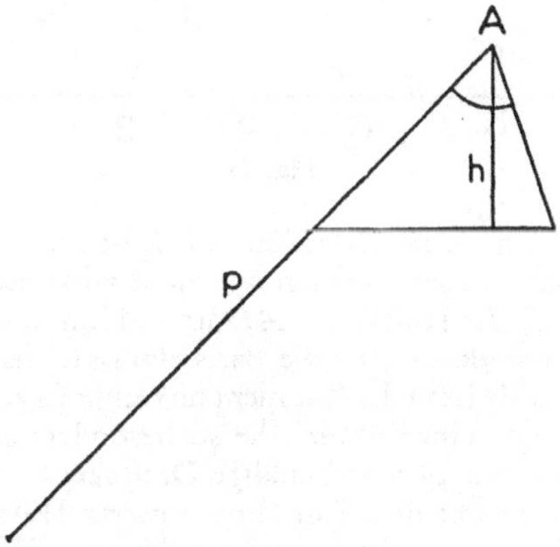

Fig. 10

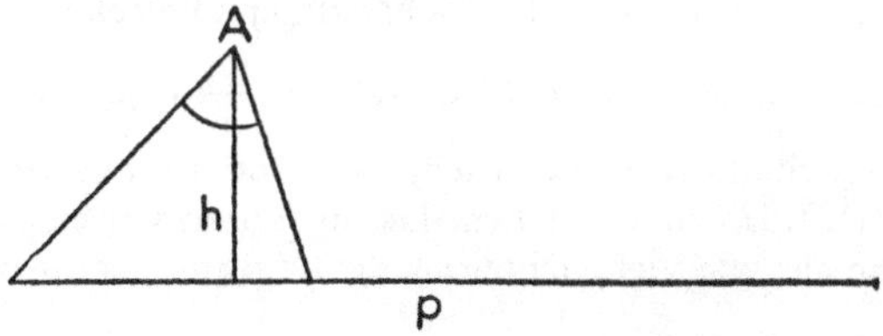

Fig. 11

Diese Überlegung mag uns die Anregung geben, die Länge p wie in Figur 12 darzustellen. Wir fügen zur Seite a des Dreiecks den Abschnitt CE von der Länge b auf der einen Seite und den Abschnitt BD von der Länge c auf der anderen Seite hinzu, so daß p in Figur 12 erscheint als die Linie ED von der Länge

$$b + a + c = p.$$

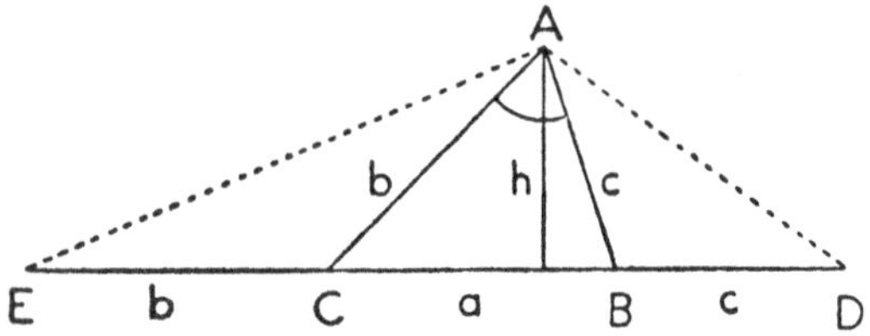

Fig. 12

Wenn wir ein wenig Erfahrung im Lösen von Konstruktionsaufgaben haben, werden wir nicht versäumen, zusammen mit ED die Hilfslinien AD und AE in die Figur einzuführen, von denen jede die Basis eines gleichschenkligen Dreiecks ist. Es ist in der Tat nicht unvernünftig, in die Aufgabe Elemente einzuführen, die so besonders einfach und vertraut sind wie gleichschenklige Dreiecke.

Wir haben mit dem Einführen unserer Hilfslinien eine glückliche Hand gehabt. Wenn wir die neue Figur prüfen, können wir entdecken, daß $\sphericalangle EAD$ in einer einfachen Beziehung steht zu dem gegebenen Winkel α. Wir finden nämlich, wenn wir die gleichschenkligen Dreiecke $\triangle ABD$ und $\triangle ACE$ benutzen, daß $\sphericalangle DAE = \frac{\alpha}{2} + 90^0$. Nach dieser Feststellung ist es natürlich, die Konstruktion des Dreiecks $\triangle DAE$ zu versuchen. Damit führen wir eine Hilfsaufgabe ein, die viel leichter als die ursprüngliche Aufgabe ist.

4. Lehrer und Verfasser von Lehrbüchern sollten nicht vergessen, daß der intelligente Schüler und DER INTELLIGENTE LESER nicht befriedigt sind, wenn nachträglich bewiesen wird, daß die Schritte einer Beweisführung richtig sind, sondern sie wollen auch den Beweggrund und den Zweck der verschiedenen Schritte kennen. Die Einführung einer Hilfsgröße ist ein auffallender Schritt. Wenn eine listige Hilfslinie unvermittelt, ohne irgendeine Motivierung, in der Figur erscheint und die Aufgabe überraschend löst, so sind intelligente Schüler und Leser enttäuscht; sie

fühlen, daß sie betrogen sind. Mathematik ist insoweit interessant, als sie unsere Verstandeskräfte und unsere Erfindungsgabe beschäftigt. Es gibt aber für Verstand und Erfindungsgabe nichts zu lernen, wenn Beweggrund und Zweck des auffallendsten Schrittes unverständlich bleiben. Solche Schritte durch passende Bemerkungen (wie im vorhergehenden unter 3.) oder durch sorgfältig gewählte Fragen und Anregungen (wie in den §§ **10, 18, 19, 20**) verständlich zu machen, erfordert eine Menge Zeit und Anstrengung; aber es ist der Mühe wert.

Induktion und vollständige Induktion. Induktion ist die Methode, allgemeine Gesetze durch Beobachtung und Kombination besonderer Fälle zu entdecken. Sie wird in allen Wissenschaften gebraucht, sogar in der Mathematik. Vollständige Induktion wird allein in der Mathematik gebraucht, um Lehrsätze einer gewissen Art zu beweisen. Es ist recht unglücklich, daß die Bezeichnungen so zusammenhängen, weil zwischen den beiden Verfahren nur ein sehr geringer logischer Zusammenhang besteht. Es ist jedoch ein gewisser praktischer Zusammenhang: beide Methoden werden oft zusammen benutzt. Wir wollen beide Methoden an demselben Beispiel erläutern.

1. Wir können zufällig beobachten, daß

$$1 + 8 + 27 + 64 = 100$$

ist, und, da wir zweite und dritte Potenzen darin erkennen, können wir der beobachteten Tatsache die interessantere Form geben:

$$1^3 + 2^3 + 3^3 + 4^3 = 10^2$$

Wie geschieht so etwas? Kommt es oft vor, daß eine solche Summe aufeinanderfolgender Kuben ein Quadrat ist?

Wenn wir das fragen, verfahren wir wie der Naturforscher, der, durch eine seltsame Pflanze oder eine seltsame geologische Formation beeindruckt, eine allgemeine Frage aufstellt. Unsere allgemeine Frage befaßt sich mit der Summe aufeinanderfolgender Kuben

$$1^3 + 2^3 + 3^3 + \ldots + n^3.$$

Wir wurden zu ihr geführt durch den «besonderen Fall» $n = 4$.

Was können wir für unsere Frage tun? Was der Naturforscher tun würde: wir können andere spezielle Fälle erforschen. Die speziellen Fälle $n = 2, 3$ sind noch einfacher, der Fall $n = 5$ ist der nächste. Wir wollen aus Gründen der Gleichmäßigkeit und Vollständigkeit den Fall $n = 1$ hinzufügen. Wenn wir alle diese Fälle sauber anordnen, wie ein Geologe seine Exemplare eines bestimmten Erzes anordnen würde, erhalten wir die folgende Tafel:

$$
\begin{aligned}
1 &= 1 = 1^2 \\
1 + 8 &= 9 = 3^2 \\
1 + 8 + 27 &= 36 = 6^2 \\
1 + 8 + 27 + 64 &= 100 = 10^2 \\
1 + 8 + 27 + 64 + 125 &= 225 = 15^2.
\end{aligned}
$$

Es ist kaum anzunehmen, daß alle diese Summen aufeinanderfolgender Kuben durch bloßen Zufall Quadrate sind. In einem ähnlichen Fall würde der Naturforscher nur wenig Zweifel hegen, daß das allgemeine Gesetz, das durch die besonderen, zuvor beobachteten Fälle nahegelegt wird, Gültigkeit hat; das allgemeine Gesetz ist durch *Induktion* beinahe bewiesen. Der Mathematiker drückt sich etwas vorsichtiger aus, obgleich er im Grunde natürlich in derselben Art denkt. Er würde sagen, daß der folgende Satz durch Induktion sehr nahegelegt wird:

Die Summe der ersten n Kuben ist ein Quadrat.

2. Wir sind dazu geführt worden, ein bemerkenswertes, etwas mysteriöses Gesetz zu mutmaßen. Warum sollten diese Summen aufeinanderfolgender Kuben Quadrate sein? Aber offenbar sind sie Quadrate.

Was würde der Naturforscher in einer solchen Lage tun? Er würde fortfahren, diese Mutmaßung zu prüfen. Er kann dabei verschiedene Wege der Forschung verfolgen. Der Naturforscher kann weitere experimentelle Beweisstücke anhäufen; wenn wir dasselbe tun wollen, müssen wir die nächsten Fälle prüfen, $n = 6, 7, \ldots$ Der Naturforscher kann auch die Tatsachen noch einmal prüfen, deren Beobachtung ihn zu seiner Vermutung geführt hatte; er vergleicht sie sorgfältig und versucht irgendeine tiefere Regelmäßigkeit, eine weitere Analogie herauszuschälen. Wir wollen diesen Weg der Erforschung weiter verfolgen.

Wir untersuchen aufs neue die Fälle $n = 1, 2, 3, 4, 5$, die wir in unserer Tafel angeordnet haben. Warum sind alle diese Summen Quadrate? Was können wir über diese Quadrate aussagen? Ihre Basen sind 1, 3, 6, 10, 15. Was wissen wir über diese Basen? Gibt es eine tiefergehende Regelmäßigkeit, eine weitere Analogie? Auf jeden Fall scheinen sie nicht unregelmäßig zu wachsen. Wie wachsen sie? Die Differenz zwischen zwei aufeinanderfolgenden Ausdrükken dieser Folge wächst selbst,

$$3 - 1 = 2, \quad 6 - 3 = 3, \quad 10 - 6 = 4, \quad 15 - 10 = 5.$$

Diese Differenzen sind aufallend regelmäßig. Wir können hier eine überraschende Analogie zwischen den Basen dieser Quadrate sehen, eine bemerkenswerte Regelmäßigkeit in den Zahlen 1, 3, 6, 10, 15:

$$\begin{aligned} 1 &= 1 \\ 3 &= 1 + 2 \\ 6 &= 1 + 2 + 3 \\ 10 &= 1 + 2 + 3 + 4 \\ 15 &= 1 + 2 + 3 + 4 + 5. \end{aligned}$$

Wenn diese Regelmäßigkeit allgemein gilt (und das Gegenteil ist kaum zu glauben), nimmt der vermutete Lehrsatz eine genauere Gestalt an:

Es gilt für $n = 1, 2, 3, \ldots$

$$1^3 + 2^3 + 3^3 + \ldots + n^3 = (1 + 2 + 3 + \ldots + n)^2.$$

3. Das Gesetz, das wir soeben aufgestellt haben, wurde durch Induktion gefunden, und die Art und Weise, wie es gefunden wurde, bringt uns zu einem Begriff der Induktion, der notwendig einseitig und unvollkommen, aber nicht verzerrt ist. Die Induktion versucht Regelmäßigkeit und Zusammenhang hinter den Beobachtungen zu finden. Ihre hervorragendsten Hilfsmittel sind Verallgemeinerung, Spezialisierung und Analogie. Man versucht zu verallgemeinern, um die beobachteten Tatsachen zu verstehen. Die Verallgemeinerung beruht auf Analogie und wird durch weitere spezielle Fälle geprüft.

Wir enthalten uns weiterer Bemerkungen über das Thema der Induktion, über das eine weitgehende Meinungsverschiedenheit unter den Philosophen besteht. Aber es soll hinzugefügt werden, daß viele mathematische Resultate zuerst durch Induktion gefunden und erst später bewiesen worden sind. Die streng dargestellte Mathematik ist eine systematische deduktive Wissenschaft, aber Mathematik im Entstehen ist eine experimentelle induktive Wissenschaft.

4. In der Mathematik wie in der Physik können wir Beobachtung und Induktion benutzen, um allgemeine Gesetze zu entdecken. Aber es gibt einen Unterschied. In der Physik gibt es keine höhere Autorität als Beobachtung und Induktion, aber in der Mathematik existiert eine solche: der strenge Beweis.

Nachdem wir eine Weile experimentell gearbeitet haben, wird es gut sein, unseren Standpunkt zu ändern. Wir wollen exakt sein. Wir haben ein interessantes Resultat entdeckt, aber die Überlegung, die uns dazu führte, war bloß plausibel, experimentell, vorläufig, heuristisch; jetzt wollen wir versuchen, es definitiv durch einen strengen Beweis aufzustellen.

Da sind wir zu einer «Beweisaufgabe» gelangt: das eben aufgestellte Resultat (siehe unter 2) zu beweisen oder zu widerlegen.

Es gibt eine geringe Vereinfachung. Wir wissen, daß

$$1 + 2 + 3 + \ldots + n = \frac{n(n+1)}{2}.$$

Das ist auf jeden Fall leicht zu verifizieren. Nimm ein Rechteck mit den Seiten n und $n + 1$ und teile es wie in Figur 13a, die den Fall für $n = 4$ zeigt, durch eine Zickzack-

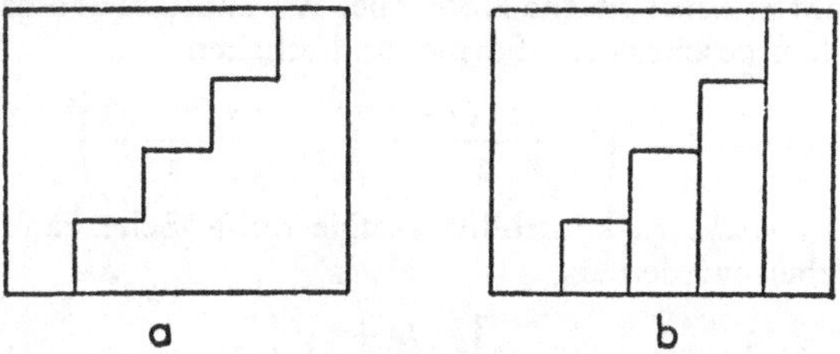

Fig. 13

linie in zwei Hälften. Jede der Hälften ist «treppenförmig» und ihr Inhalt ist $1 + 2 + \ldots + n$; für $n = 4$ ist er $1 + 2 + 3 + 4$, siehe Figur 13b. Der ganze Flächeninhalt des Rechtecks ist $n(n + 1)$, wovon die treppenförmige Fläche eine Hälfte ist; damit ist die Formel bewiesen.

Wir können das Resultat, das wir durch Induktion gefunden haben, umformen in

$$1^3 + 2^3 + 3^3 + \ldots + n^3 = \left(\frac{n(n+1)}{2}\right)^2.$$

5. Wenn wir keine Idee haben, wie das Resultat zu beweisen ist, können wir es wenigstens prüfen. Wir wollen den ersten Fall, den wir noch nicht geprüft haben, $n = 6$ nehmen. Für diesen Wert ergibt die Formel

$$1 + 8 + 27 + 64 + 125 + 216 = \left(\frac{6 \times 7}{2}\right)^2,$$

und das ergibt durch Ausrechnung auf beiden Seiten = 441.

Wir können die Formel noch wirkungsvoller prüfen. Die Formel ist sehr wahrscheinlich allgemeingültig, also gültig für alle Werte von n. Bleibt sie gültig, wenn wir von irgendeinem Wert n zu dem nächsten Wert $n+1$ übergehen? Mit der Formel, wie sie oben (S. 137) geschrieben wurde, müßte auch sein

$$1^3+2^3+3^3+\ldots+n^3+(n+1)^3=\left(\frac{(n+1)(n+2)}{2}\right)^2.$$

Da gibt es eine einfache Kontrolle. Wir subtrahieren davon die oben geschriebene Formel und erhalten

$$(n+1)^3=\left(\frac{(n+1)(n+2)}{2}\right)^2-\left(\frac{n(n+1)}{2}\right)^2.$$

Das ist leicht zu kontrollieren. Die rechte Seite kann geschrieben werden als

$$\left(\frac{n+1}{2}\right)^2\left[(n+2)^2-n^2\right]=\left(\frac{n+1}{2}\right)^2\left[n^2+4n+4-n^2\right]$$

$$\frac{(n+1)^2}{4}(4n+4)=(n+1)^2(n+1)=(n+1)^3.$$

Unsere experimentell gefundene Formel hat die Probe bestanden.

Wir wollen klar erkennen, was diese Probe bedeutet. Wir haben einwandfrei bewiesen, daß

$$(n+1)^3=\left(\frac{(n+1)(n+2)}{2}\right)^2-\left(\frac{n(n+1)}{2}\right)^2.$$

Wir wissen noch nicht, ob

$$1^3+2^3+3^3+\ldots+n^3=\left(\frac{n(n+1)}{2}\right)^2$$

gilt. Aber *wenn* wir wüßten, daß dies richtig *wäre*, so könnten wir durch Addition der Gleichung, die wir einwandfrei bewiesen haben, folgern, daß

$$1^3+2^3+3^3+\ldots+n^3+(n+1)^3=\left(\frac{(n+1)(n+2)}{2}\right)^2$$

auch gültig ist; das ist aber gerade die Behauptung für die nächste ganze Zahl $n + 1$. Nun, wir wissen wirklich, daß unsere Mutmaßung für $n = 1, 2, 3, 4, 5, 6$ gilt. Kraft dessen, was wir gerade gesagt haben, muß die für $n = 6$ gültige Mutmaßung auch für $n = 7$ gelten; ist sie für $n = 7$ gültig, muß sie auch für $n = 8$ gelten, gilt sie für $n = 8$, so gilt sie auch für $n = 9$, usw. Sie gilt für alle n, die Allgemeingültigkeit ist bewiesen.

6. Der vorhergehende Beweis mag als ein Muster für viele ähnliche Fälle dienen. Was sind die wesentlichen Züge dieses Musters?

Die Behauptung, die wir beweisen sollen, muß im voraus in präziser Form gegeben sein.

Die Behauptung muß sich auf eine ganze Zahl n beziehn.

Die Behauptung muß genügend «explizit» sein, so daß wir eine Möglichkeit haben zu prüfen, ob sie beim Übergang von n zu der nächsten ganzen Zahl $n + 1$ gültig bleibt.

Wenn es uns gelingt, dies tatsächlich zu prüfen, können wir unsere Erfahrung, die wir im Verlauf der Prüfung gewonnen haben, benutzen, um zu schließen, daß die Aussage für $n + 1$ gelten muß, vorausgesetzt, daß sie für $n = 1$ gilt. Wenn wir so weit sind, reicht es hin zu wissen, daß die Aussage für $n = 1$ gilt; hieraus folgt sie für $n = 2$, hieraus für $n = 3$, usw.; indem wir von irgendeiner ganzen Zahl zur nächsten übergehen, beweisen wir die Behauptung allgemein.

Dieses Verfahren wird so oft gebraucht, daß es einen Namen verdient. Wir könnten es nennen «Schluß von n auf $n + 1$» oder noch einfacher «Übergang zur nächsten ganzen Zahl». Unglücklicherweise hat man den technischen Ausdruck «vollständige Induktion» angenommen. Dieser Name rührt von einem zufälligen Umstand her. Die präzise Aussage, die wir zu beweisen haben, kommt aus irgendeinem Ursprung, und es ist vom logischen Standpunkt aus unwesentlich, was der Ursprung ist. In vielen Fällen, wie in dem hier im einzelnen diskutierten, ist der Ursprung Induktion, die Aussage ist experimentell gefunden, und so erscheint der Beweis als eine mathematische Vervollständigung der Induktion; das erklärt den Namen.

7. Es gibt einen anderen Punkt, der zwar etwas subtil, aber wichtig für jeden ist, der selbst Beweise finden möchte. In dem Vorhergehenden haben wir durch Beobachtung und Induktion nacheinander zwei verschiedene Aussagen gefunden, die erste unter 1, die zweite unter 2; die zweite war genauer als die erste. Als wir die zweite Aussage behandelten, fanden wir eine Möglichkeit, den Übergang von n auf $n + 1$ zu prüfen, und so konnten wir einen Beweis durch «vollständige Induktion» finden. Wenn wir die erste Aussage behandelt hätten und hätten dabei die Genauigkeit, die ihr durch die zweite Aussage hinzugefügt worden ist, außer acht gelassen, so hätten wir kaum einen solchen Beweis finden können. In der Tat ist die erste Aussage weniger genau, weniger «explizit», weniger «greifbar», weniger zugänglich für Probe und Kontrolle als die zweite. Der Übergang von der ersten zur zweiten Aussage, von der weniger präzisen zu der genaueren, war eine wichtige Vorbereitung für den endgültigen Beweis.

Dieser Umstand sieht paradox aus. Die zweite Aussage ist stärker; sie impliziert zugleich die erste, während die etwas «verschwommene» erste Aussage schwerlich die «klar umrissene» zweite implizieren kann. So ist der stärkere Lehrsatz leichter zu meistern als der schwächere; das ist das PARADOXON DES ERFINDERS.

Ist es möglich, die Bedingung zu befriedigen? Ist die Bedingung hinreichend, um die Unbekannte zu bestimmen? *Oder ist sie unzureichend? Oder überbestimmt? Oder kontradiktorisch?*

Diese Fragen sind oft nützlich in einem frühen Stadium der Arbeit, wenn sie noch nicht einer endgültigen Antwort bedürfen, sondern eine vorläufige Antwort, eine Vermutung genügt. Beispiele siehe in den Abschnitten **8, 18.**

Es ist gut, jedes Merkmal des Resultates, um das wir

uns bemühen, vorherzusehen. Wenn wir irgendeine Vorstellung von dem haben, was wir erwarten können, wissen wir besser, in welcher Richtung wir gehen müssen. Ein wichtiges Merkmal einer Aufgabe ist die Zahl der Lösungen, die sie zuläßt. Die interessantesten unter den Aufgaben sind jene, die genau eine Lösung zulassen; wir sind geneigt, Aufgaben mit einer einzigen bestimmten Lösung als die allein «vernünftigen» Aufgaben anzusehen. Ist unsere Aufgabe in diesem Sinne «vernünftig»? Wenn wir diese Frage beantworten können, sei es auch nur durch eine plausible Vermutung, so wächst unser Interesse an der Aufgabe, und wir können besser arbeiten.

Ist unsere Aufgabe «vernünftig»? Diese Frage ist in einem frühen Stadium unserer Arbeit nützlich, *wenn* wir sie leicht beantworten können. Wenn die Antwort dagegen schwer zu erhalten ist, so mag die aufgewendete Mühe den Gewinn an Nutzen ausgleichen. Dasselbe gilt von der Frage: «*Ist es möglich, die Bedingung zu befriedigen?*» und den damit verknüpften Fragen unserer Tabelle. Wir sollten sie stellen, weil die Antwort leicht und plausibel sein kann, aber wir sollten nicht auf ihnen bestehen, wenn die Antwort schwierig oder undurchsichtig zu sein scheint.

Die entsprechenden Fragen für «Beweisaufgaben» lauten: *Ist es wahrscheinlich, daß die Aussage richtig ist? Oder ist es wahrscheinlicher, daß sie falsch ist?* Die Art und Weise, in der die Frage gestellt ist, zeigt deutlich, daß nur eine Vermutung, eine plausible vorläufige Antwort erwartet wird.

Kannst Du das Resultat auf verschiedene Weise ableiten? Wenn die Lösung, die wir schließlich erhalten haben, lang und verwickelt ist, so vermuten wir natürlich, daß es eine durchsichtigere und weniger weitschweifige Lösung gibt: *Kannst Du das Resultat auf verschiedene Weise ableiten? Kannst Du es auf den ersten Blick sehen?* Aber selbst wenn es uns gelungen ist, eine zufriedenstellende Lösung zu finden, können wir noch daran interessiert sein, eine andere Lösung zu finden. Genau wie wir einen materiellen Gegenstand durch zwei verschiedene Sinne wahrzunehmen trachten, so wollen wir uns von der Gültigkeit eines theoretischen Resultates durch zwei verschiedene Ableitungen überzeugen. Wenn wir einen Beweis gefunden haben, suchen wir noch einen weiteren, so wie wir einen Gegenstand berühren möchten, nachdem wir ihn gesehen haben.

Zwei Beweise sind besser als einer. Es ist sicherer, «zwei Pfeile im Köcher zu haben».

1. *Beispiel.* Suche den Flächeninhalt S der Mantelfläche eines geraden Kreiskegelstumpfes, bei dem der Radius der Grundfläche R, der Radius der Deckfläche r und die Höhe h gegeben sind.

Diese Aufgabe kann auf verschiedene Weisen gelöst werden. Z. B. kennen wir vermutlich die Formel für die Mantelfläche eines vollständigen Kegels. Da der Kegelstumpf erzeugt wird, indem man von einem Kegel einen kleineren abschneidet, so ist seine Mantelfläche die Differenz zweier ganzer Kegelmantelflächen; es verbleibt nur, diese in den Größen R, r und h auszudrücken. Wenn wir diesen Gedanken durchführen, erhalten wir schließlich die Formel

$$S = \pi(R + r)\sqrt{(R - r)^2 + h^2}.$$

Wenn wir dieses Resultat auf diese oder jene Weise nach längerer Rechnung gefunden haben, werden wir einen durchsichtigeren und weniger umständlichen Beweis wünschen. *Kannst Du das Resultat auf verschiedene Weise ableiten? Kannst Du es auf den ersten Blick sehen?*

Wenn wir das Resultat intuitiv einsehen wollen, werden wir damit beginnen, die geometrische Bedeutung seiner Teile zu erfassen. Auf diese Weise können wir feststellen, daß

$$\sqrt{(R - r)^2 + h^2}$$

die Länge der *Mantellinie* ist. (Die Mantellinie ist eine der nichtparallelen Seiten des gleichschenkligen Trapezes, das durch Drehen um die Verbindungslinie der Mittelpunkte seiner parallelen Seiten den Kegelstumpf erzeugt; siehe Figur 14).

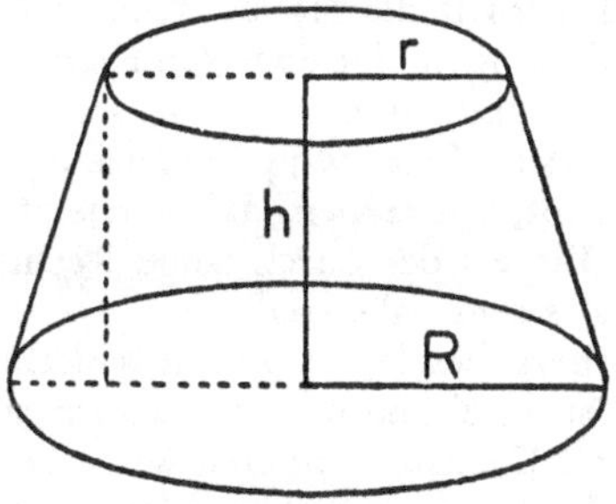

Fig. 14

Ferner werden wir entdecken, daß

$$\pi(R+r) = \frac{2\pi R + 2\pi r}{2}$$

das arithmetische Mittel des Umfangs der beiden Grundflächen des Kegelstumpfes ist. Wenn wir diesen Teil der Formel betrachten, sind wir versucht, ihn in der Form zu schreiben:

$$\pi(R+r) = 2\pi\frac{R+r}{2},$$

und das ist der *Umfang des Mittelschnitts* des Kegelstumpfes. (Wir nennen hier Mittelschnitt den Schnitt des Kegelstumpfes mit einer Ebene, die parallel zu der Grund- und der Deckfläche des Kegelstumpfes ist und die Höhe halbiert.)

Da wir neue Interpretationen der verschiedenen Teile der Formel gefunden haben, können wir nun die ganze Formel in einem anderen Lichte sehen. Wir können sie so lesen:

Fläche = Umfang des Mittelschnitts × Mantellinie.

Wir werden hier die Regel für das Trapez uns ins Gedächtnis rufen:

Fläche = Mittellinie × Höhe.

(Die Mittellinie ist parallel zu den zwei parallelen Seiten des Trapezes und halbiert die Höhe). Wenn wir die Analogie beider Formulierungen, der über den Kegelstumpf und der über das Trapez, intuitiv erfassen, so sehen wir das ganze Resultat über den Kegelstumpf «beinahe auf den ersten Blick». Das heißt, wir fühlen, daß wir jetzt einem kurzen und direkten Beweis des durch lange Rechnungen gefundenen Resultates sehr nahe sind.

2. Das vorhergehende Beispiel ist typisch. Nicht zufrieden mit unserer Ableitung möchten wir sie gerne umändern und verbessern. Deshalb studieren wir unser Resultat und versuchen es besser zu verstehen, einen neuen Aspekt davon zu sehen. Es mag uns zuerst gelingen, einen gewissen kleinen Teil des Resultates neu zu interpretieren. Dann mögen wir etwa eine neue Art und Weise entdecken, irgendeinen anderen Teil zu verstehen.

Wenn wir die verschiedenen Teile nacheinander prüfen und sie auf verschiedene Weisen zu betrachten suchen, können wir schließlich dazu geführt werden, das ganze Resultat in einem anderen Lichte zu sehen, und unser besseres Verständnis des Resultats kann einen neuen Beweis anregen.

Ich muß gestehen, daß all dieses wahrscheinlich einem erfahrenen Mathematiker, der sich mit einem Problem der höheren Mathematik befaßt, eher zustößt als einem Anfänger, der sich mit einer elementaren Aufgabe abquält. Der Mathematiker, der ein umfangreiches Wissen aufweist, ist mehr als ein Anfänger der Gefahr ausgesetzt, zu viel Wissen mobil zu machen und einen unnötig verwickelten Beweis auszudenken. Aber als Ausgleich ist der erfahrene Mathematiker besser als der Anfänger in der Lage, eine neue Auslegung eines Teilresultates zu würdigen und schließlich auf Grund solcher kleiner Vorteile das ganze Resultat umzuformen.

Nichtsdestoweniger kann es sogar in sehr elementaren Klassen passieren, daß die Schüler eine unnötig komplizierte Lösung vorbringen. Dann sollte der Lehrer ihnen wenigstens ein- oder zweimal zeigen, nicht nur, wie man die Aufgabe kürzer lösen kann, sondern auch, wie man in dem Resultat selbst Anzeichen für eine kürzere Lösung finden kann.

Siehe auch REDUCTIO AD ABSURDUM UND INDIREKTER BEWEIS.

Kannst Du das Resultat kontrollieren? *Kannst Du den Beweis kontrollieren?*

Eine gute Antwort auf diese Fragen stärkt unser Vertrauen in die Lösung und trägt zu der Gründlichkeit unseres Wissens bei.

1. Numerische Resultate mathematischer Aufgaben können dadurch geprüft werden, daß man sie mit beobachteten Zahlen oder mit Abschätzungen beobachtbarer Zahlen vergleicht. Da Aufgaben, die aus praktischen Bedürfnissen oder aus natürlicher Wißbegierde entstehen, beinahe immer auf Tatsachen hinzielen, könnte man erwarten, daß solche Vergleiche mit beobachtbaren Tatsachen selten unterlassen werden. Doch jeder Lehrer weiß, daß Schüler in dieser Beziehung unglaublichste Dinge fertigbringen. Manche Schüler stoßen sich durchaus nicht daran, daß sie etwa als Länge eines Schiffes 492 m finden und 8 Jahre, 2 Monate als Alter des Kapitäns, von dem sie nebenbei erfahren haben, daß er Großvater ist. Eine solche Vernachlässigung des Augenfälligen zeigt nicht notwendig Dummheit, sondern einfach Gleichgültigkeit gegenüber abstrakteren Aufgaben.

2. Aufgaben «in Buchstaben» eignen sich zu mehr und interessanteren Nachprüfungen als «numerische» Aufgaben (Abschnitt **14**). Wir wollen als ein weiteres Beispiel einen Pyramidenstumpf mit quadratischer Grundfläche betrachten. Wenn a die Seite der Grundfläche ist, b die Seite der Deckfläche und h die Höhe des Stumpfes, finden wir für das Volumen

$$\frac{a^2 + ab + b^2}{3}\, h.$$

Wir können dieses Resultat durch SPEZIALISIERUNG nachprüfen. In der Tat, wenn $b = a$, so wird der Pyramidenstumpf ein Prisma und die Formel ergibt $a^2 h$; und wenn $b = 0$, wird der Stumpf eine Pyramide und die Formel ergibt $\frac{a^2 h}{3}$ Wir können auch die NACHPRÜFUNG DURCH DIMENSIONSBETRACHTUNG anwenden. In der Tat, der Ausdruck hat als Dimension die dritte Potenz einer Länge. Weiter können wir die Formel prüfen durch *Variation der Daten*. In der Tat, wenn eine der positiven Größen, a, b oder h zunimmt, nimmt der Wert des Ausdrucks zu.

Proben dieser Art können nicht nur auf das Endresultat, sondern auch auf Zwischenresultate angewandt werden. Sie sind so nützlich, daß es der Mühe wert ist, sie vorzubereiten; siehe VARIATION DER AUFGABE, 4. Um solche Proben anwenden zu können, können wir es vorteilhaft finden, eine «numerische» Aufgabe zu verallgemeinern und in eine Aufgabe «in Buchstaben» umzuwandeln; siehe VERALLGEMEINERUNG, 3.

3. *Kannst Du den Beweis kontrollieren?* Wenn wir den Beweis Schritt für Schritt kontrollieren, so müssen wir eine reine Wiederholung vermeiden. Erstens wird eine reine Wiederholung leicht langweilig, unergiebig, ja, eine Belastung für die Aufmerksamkeit. Zweitens werden wir da, wo wir einmal gestrauchelt sind, wahrscheinlich wieder straucheln, wenn die Umstände dieselben wie vorher sind. Wenn wir es für notwendig halten, den ganzen Beweis noch einmal Schritt für Schritt durchzugehen, so sollten wir wenigstens die Reihenfolge der Schritte oder ihre Gruppierung ändern, um etwas Variation zu schaffen.

4. Es erfordert weniger Anstrengung und ist interessanter, den schwächsten Punkt des Beweises herauszupikken und ihn zuerst zu prüfen. Eine sehr nützliche Frage beim Heraussuchen von Stellen des Beweises, die der Prüfung wert sind, ist: HAST DU ALLE DATEN BENUTZT?

5. Es ist klar, daß unser nichtmathematisches Wissen nicht gänzlich auf formalen Beweisen aufgebaut sein kann.

Der gediegenste Teil unseres Alltagswissens wird fortwährend durch unsere alltägliche Erfahrung geprüft und gestärkt. Die Nachprüfung durch Beobachtung wird systematischer in den Naturwissenschaften durchgeführt. Solche Prüfungen nehmen in der Physik die Form sorgfältiger Experimente und Messungen an und werden mit mathematischen Schlüssen kombiniert. Kann unser Wissen in der Mathematik sich auf formale Beweise allein gründen?

Das ist eine philosophische Frage, mit der wir uns hier nicht auseinandersetzen können. Es steht fest, daß jedes mathematische Wissen, auch Dein eigenes oder das irgendeines Schülers, nicht auf formalen Beweisen allein beruhen kann. Wenn überhaupt ein solides Wissen aufzuweisen ist, so hat es eine breite experimentelle Basis, und diese Basis wird durch jede Aufgabe verbreitert, deren Resultat mit Erfolg nachgeprüft worden ist.

Kannst Du das Resultat verwenden? Die Lösung einer Aufgabe aus eigenen Mitteln zu finden, ist eine Entdeckung. Wenn die Aufgabe nicht schwierig ist, ist die Entdeckung nicht so bedeutend, aber es ist immerhin eine Entdeckung. Wenn wir irgendeine, wenn auch noch so bescheidene Entdeckung gemacht haben, so sollten wir nicht versäumen zu untersuchen, ob nicht etwas mehr dahinter steckt, wir sollten nicht die durch das neue Resultat eröffneten Möglichkeiten verpassen, sondern versuchen, das angewandte Verfahren wieder zu verwenden. Nutze Deinen Erfolg aus! *Kannst Du das Resultat oder die Methode für eine andere Aufgabe verwenden?*

1. Wir können uns leicht neue Aufgaben ausdenken, wenn wir mit den hauptsächlichsten Mitteln, eine Aufgabe zu variieren, etwas vertraut sind, wie VERALLGEMEINERUNG, SPEZIALISIERUNG, ANALOGIE und ZERLEGUNG UND ZUSAMMENSETZUNG. Wir gehen von einer vorgegebenen Aufgabe aus und leiten von ihr durch die eben genannten Mittel andere ab; von den Aufgaben, die wir so erhalten, leiten wir noch andere ab usw. Der Prozeß ist in der Theorie un-

begrenzt, aber in der Praxis führen wir ihn selten sehr weit, weil die Aufgaben, die wir erhalten, schnell unzugänglich werden.

Andererseits können wir neue Aufgaben konstruieren, die leicht zu lösen sind, wenn wir die Lösung einer vorher gelösten Aufgabe benutzen; aber diese einfach zu konstruierenden neuen Aufgaben laufen Gefahr, uninteressant zu sein.

Eine neue Aufgabe zu finden, die sowohl spannend wie zugänglich ist, ist nicht so leicht; wir brauchen dazu Erfahrung, Geschmack und Glück. Doch wir sollten es nicht versäumen, uns nach weiteren guten Aufgaben umzusehen, wenn es uns gelang, eine Aufgabe zu lösen. Gute Aufgaben und Pilze haben etwas gemeinsam: sie finden sich stets in Haufen. Wenn man einen gefunden hat, so muß man sich umschauen; es ist wahrscheinlich, daß man in der Nähe noch weitere findet.

2. Wir wollen jetzt einige der vorhergehenden Punkte an dem gleichen Beispiel erläutern, das wir in den Abschnitten **8**, **10**, **12**, **14** und **15** besprochen haben. Wir gehen also aus von der folgenden Aufgabe:

Gegeben die Länge, Breite und Höhe eines Quaders (rechtwinkligen Parallelepipeds); man suche die Diagonale.

Wenn wir die Lösung dieser Aufgabe kennen, können wir leicht eine der folgenden Aufgaben lösen (von denen die ersten beiden in Abschnitt **14** schon in anderer Form vorkommen).

Gegeben die Länge, Breite und Höhe eines Quaders; man suche den Radius der umgeschriebenen Kugel.

Die Grundfläche einer Pyramide ist ein Rechteck, dessen Mittelpunkt der Fußpunkt der Höhe der Pyramide ist. Gegeben die Höhe der Pyramide und die Seiten ihrer Grundfläche, gesucht die Seitenkanten.

Gegeben die rechtwinkligen Koordinaten (x_1, y_1, z_1), (x_2, y_2, z_2) zweier Punkte im Raum. Gesucht die Entfernung der beiden Punkte.

Wir lösen diese Aufgaben leicht, weil sie sich kaum von

der ursprünglichen Aufgabe, deren Lösung wir kennen, unterscheiden. In jedem Falle fügen wir unserer ursprünglichen Aufgabe irgendeinen neuen Begriff zu, wie umgeschriebene Kugel, Pyramide, rechtwinklige Koordinaten. Diese Begriffe sind leicht hinzugefügt und leicht wieder ausgeschaltet, und wenn wir uns davon befreit haben, treffen wir wieder auf unsere ursprüngliche Aufgabe.

Die eben genannten Aufgaben haben eine gewisse Bedeutung, weil die Begriffe, die wir in die ursprüngliche Aufgabe eingeführt haben, interessant sind. Die letzte Aufgabe, die von der Entfernung zweier durch ihre Koordinaten gegebenen Punkte handelt, ist sogar besonders wichtig, weil rechtwinklige Koordinaten wichtig sind.

3. Es folge noch eine Aufgabe, die wir leicht lösen können, wenn wir die Lösung unserer ursprünglichen Aufgabe kennen: Gegeben die Länge, die Breite und die Diagonale eines Quaders, gesucht die Höhe.

Die Lösung unserer ursprünglichen Aufgabe besteht in der Tat im wesentlichen darin, eine Beziehung zwischen vier Größen aufzustellen, den drei Dimensionen des Quaders und seiner Diagonale. Wenn drei von diesen vier Größen gegeben sind, können wir die vierte aus dieser Beziehung ausrechnen. Wir können so die neue Aufgabe lösen.

Wir haben damit ein Verfahren, aus einer bereits gelösten Aufgabe neue, leicht lösbare Aufgaben abzuleiten: wir betrachten die ursprüngliche Unbekannte als gegeben und eine der ursprünglich gegebenen Größen als unbekannt. Die Beziehung, die die Unbekannte und die Daten verknüpft, ist in der alten und neuen Aufgabe die gleiche. Wenn wir diese Beziehung in der einen Aufgabe gefunden haben, können wir sie auch in der anderen verwenden.

Dieses Verfahren, durch Vertauschen der Rollen neue Aufgaben abzuleiten, ist von dem in 2. dargestellten ganz verschieden.

4. Wir wollen jetzt durch andere Mittel neue Aufgaben ableiten.

Eine natürliche VERALLGEMEINERUNG unserer ursprünglichen Aufgabe ist die folgende: Suche die Diagonale eines Parallelepipeds, wenn die drei von einem Endpunkt der Diagonale ausgehenden Kanten und die drei Winkel zwischen diesen drei Kanten gegeben sind.

Durch SPEZIALISIERUNG erhalten wir die folgende Aufgabe: Suche die Diagonale eines Würfels mit gegebener Kante.

Durch ANALOGIE können wir zu einer unerschöpflichen Mannigfaltigkeit von Aufgaben geführt werden. Es mögen einige Aufgaben folgen, die von denen in 2. betrachteten abgeleitet sind: Suche die Diagonale eines regulären Oktaeders mit gegebener Kante. Suche den Radius der Kugel, die einem regulären Tetraeder mit gegebener Kante umgeschrieben ist. Gegeben die geographischen Koordinaten, Breite und Länge, von zwei Punkten der Erdoberfläche (die wir als eine Kugel ansehen wollen); man suche ihren sphärischen Abstand.

Alle diese Aufgaben sind interessant, aber nur die durch Spezialisierung erlangte kann sofort auf Grund der Lösung der ursprünglichen Aufgabe gelöst werden.

5. Wir können aus einer vorgegebenen Aufgabe neue ableiten, wenn wir gewisse Bestandteile von ihr als variabel ansehen.

Ein Sonderfall einer in 2. erwähnten Aufgabe ist es, den Radius einer Kugel zu bestimmen, die einem Würfel mit gegebener Kantenlänge umgeschrieben ist. Wir wollen den Würfel, sowie den Würfel und Kugel gemeinsamen Mittelpunkt als fest ansehen, aber den Radius der Kugel sich ändern lassen. Wenn der Radius klein ist, ist die Kugel in dem Würfel enthalten. Wenn der Radius wächst, dehnt sich die Kugel aus (wie ein Luftballon, der nach und nach aufgeblasen wird). In einem gewissen Augenblick berührt die Kugel die Seitenflächen des Würfels, etwas später seine Kanten; noch später geht die Kugel durch die Eckpunkte. Welchen Wert nimmt der Radius in diesen drei kritischen Zeitpunkten an?

6. Die mathematische Erfahrung eines Schülers ist un-

vollständig, wenn er niemals die Gelegenheit gehabt hat, eine *selbsterfundene Aufgabe* zu lösen. Der Lehrer kann die Ableitung einer neuen Aufgabe aus einer gerade gelösten zeigen und dadurch die Neugierde seiner Schüler wecken. Der Lehrer kann auch einen Teil der Erfindung seinen Schülern überlassen. Zum Beispiel kann er von der in 5. besprochenen sich ausdehnenden Kugel sprechen und fragen: «Was möchtest Du ausrechnen? Welcher Wert des Radius ist besonders interessant?»

Kannst Du die Aufgabe anders ausdrücken? *Kannst Du sie noch auf verschiedene Weise ausdrücken?* Diese Fragen zielen auf eine passende VARIATION DER AUFGABE hin.

Gehe auf die Definitionen zurück. Siehe DEFINITION.

Kannst Du etwas Nützliches aus den Daten ableiten? Es ist uns eine ungelöste Aufgabe, eine offene Frage vorgelegt. Wir müssen *den Zusammenhang zwischen den Daten und der Unbekannten finden.* Wir können unsere ungelöste Aufgabe auffassen als einen offenen Raum zwischen den Daten und der Unbekannnten, als eine Spalte, über die wir eine Brücke konstruieren müssen. Wir können den Bau der Brücke von jeder Seite aus beginnen, sowohl von der Unbekannten als von den Daten aus.

Betrachte die Unbekannte! Und versuche Dich auf eine Dir bekannte Aufgabe zu besinnen, die dieselbe oder eine ähnliche Unbekannte hat. Das regt den Beginn der Arbeit von seiten der Unbekannten aus an.

Betrachte die Daten! *Kannst Du irgend etwas Nützliches aus den Daten ableiten?* Das regt den Beginn der Arbeit von seiten der Daten aus an.

Es scheint, daß gewöhnlich vorzuziehen ist, die Überlegung von der Unbekannten aus anzufangen (siehe PAPPUS und RÜCKWÄRTS ARBEITEN). Doch die andere Möglichkeit, der Anfang von den Daten aus, hat auch Aussicht auf Erfolg. Er muß oft versucht werden und verdient, daß wir ihn uns näher ansehen.

Beispiel. Es seien drei Punkte A, B und C gegeben. Ziehe eine Gerade durch A, die von B und C gleichen Abstand hat.

Was ist gegeben? Drei Punkte, A, B und C, sind in ihrer Lage gegeben. Wir *zeichnen eine Figur*, die die Daten aufzeigt (Fig. 15).

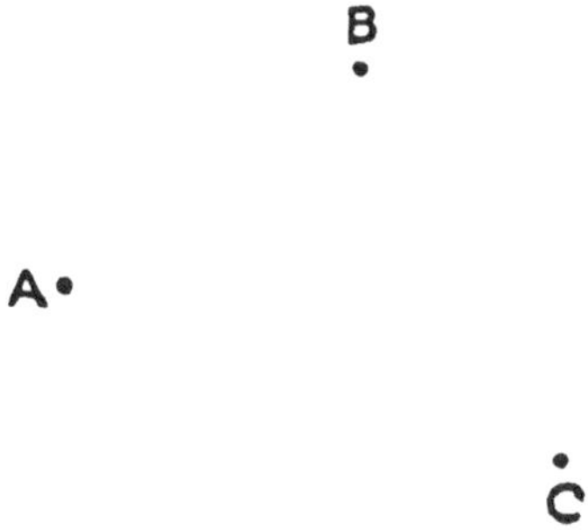

Fig. 15

Was ist unbekannt? Eine Gerade.

Wie lautet die Bedingung? Die verlangte Gerade geht durch A und verläuft zwischen B und C, in gleichem Abstande von jedem der beiden Punkte. Wir bringen die Unbekannte und die Daten in einer Figur zusammen, die die geforderten Beziehungen aufzeigt (Fig. 16). Unsere Figur,

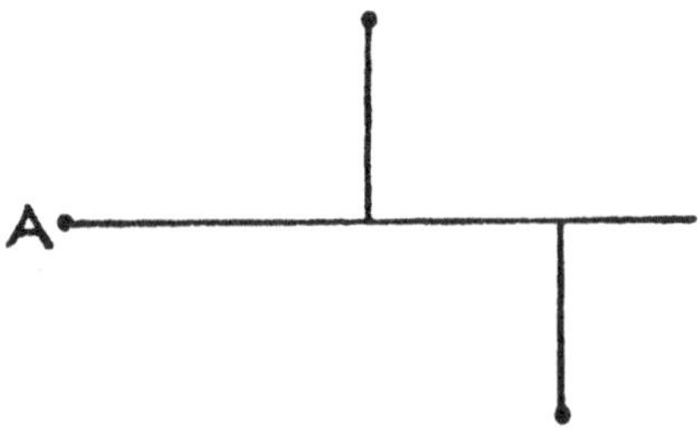

Fig. 16

die durch die *Definition* der Entfernung eines Punktes von einer Geraden angeregt ist, zeigt die rechten Winkel, die in dieser Definition enthalten sind.

Die Figur ist so, wie sie aufgezeichnet ist, noch «zu leer». Die unbekannte Gerade ist in noch unbefriedigender Weise mit den Daten *A*, *B*, *C* verbunden.

Die Figur braucht irgendeine Hilfslinie, irgendeinen Zusatz – aber welchen? Auch ein leidlich guter Schüler kann hier stranden. Es gibt natürlich verschiedene Dinge, die man versuchen kann, aber die beste Frage, um ihn wieder flott zu machen, ist: *Kannst Du etwas Nützliches aus den Daten ableiten?*

In der Tat, was ist gegeben? Die drei in Fig. 15 gezeichneten Punkte, sonst nichts. Wir haben die Punkte *B* und *C* noch nicht ausreichend benutzt; wir sollen etwas Förderliches aus ihnen ableiten. Aber was können wir mit zwei Punkten tun? Sie durch eine Gerade verbinden. Gut, zeichnen wir Fig. 17.

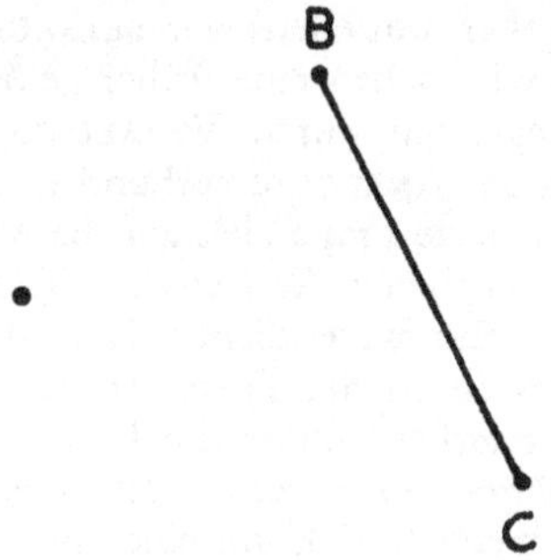

Fig. 17

Wenn wir Fig. 16 und Fig. 17 aufeinanderlegen, wird die Lösung wie ein Blitz auftauchen: es treten zwei rechtwinklige Dreiecke auf, sie sind kongruent, es ist ein sehr wichtiger neuer Schnittpunkt gefunden.

Kennst Du eine verwandte Aufgabe? Man kann sich kaum eine absolut neue Aufgabe vorstellen, die jeder früher gelösten Aufgabe unähnlich ist und keinerlei Beziehungen zu ihr aufweist; wenn aber eine solche Aufgabe existieren könnte, so würde sie unlösbar sein. In der Tat profitieren wir jedesmal, wenn wir eine Aufgabe lösen, von früher gelösten Aufgaben, indem wir ihr Resultat benutzen oder die Lösungsmethode oder die Erfahrung, die wir durch die Lösung erworben haben. Und natürlich müssen die Aufgaben, aus denen wir Nutzen ziehen wollen, in irgendeiner Weise zu unserer vorliegenden Aufgabe in Beziehung stehen. Daher die Frage: *Kennst Du eine verwandte Aufgabe?*

Im allgemeinen gibt es gar keine Schwierigkeit, sich früher gelöste Aufgaben ins Gedächtnis zurückzurufen, die zu der betrachteten in mehr oder weniger naher Beziehung stehen. Im Gegenteil mögen wir zu viele solcher Aufgaben finden, und es könnte schwierig werden, eine nützliche darunter auszusuchen. Wir müssen uns nach enger verwandten Aufgaben umsehen; wir BETRACHTEN DIE UNBEKANNTE, oder wir suchen eine früher gelöste Aufgabe, die mit der vorliegenden durch VERALLGEMEINERUNG, SPEZIALISIERUNG oder ANALOGIE verbunden ist.

Die hier erörterte Frage zielt auf die Mobilisierung unseres früher erworbenen Wissens hin (FORTSCHRITT UND LEISTUNG, 1.). Ein wesentlicher Teil unseres mathematischen Wissens ist in der Form früher bewiesener Sätze angesammelt. Hierher gehört die Frage: *Kennst Du einen Lehrsatz, der nützlich sein könnte?* Diese Frage kann besonders geeignet sein, wenn es sich um eine «Beweisaufgabe» handelt, d. h., wenn wir einen vorgegebenen Lehrsatz zu beweisen oder zu widerlegen haben.

Kontradiktorisch. Siehe BEDINGUNG.

Korollar ist ein Lehrsatz, den wir leicht finden, indem wir einen gerade gefundenen Lehrsatz überdenken. Das Wort ist lateinischen Ursprungs; eine wörtliche Übersetzung würde etwa sein «Geschenk» oder «Zugabe».

Leibniz, Gottfried Wilhelm (1646–1716), ein großer Mathematiker und Philosoph, plante eine «Erfindungskunst» zu schreiben, aber er hat diesen Plan nie durchgeführt. Zahlreiche in seine Werke verstreute Fragmente zeigen jedoch, daß er interessante Gedanken zu diesem Thema hegte, dessen Bedeutung er oft betonte. So schrieb er: «Nichts ist wichtiger, als die Quellen des Erfindens zu sehen, die nach meiner Meinung interessanter sind als die Erfindungen selbst.»

Lemma bedeutet «Hilfssatz». Das Wort ist griechischen Ursprungs; eine wörtlichere Übersetzung würde sein «was man annimmt».

Wir versuchen einen Satz zu beweisen, sagen wir, A. Wir werden dazu geführt, einen anderen Satz zu vermuten, sagen wir, B; wenn B wahr wäre, könnten wir vielleicht mit seiner Hilfe A beweisen. Wir nehmen B vorläufig an, wobei wir seinen Beweis aufschieben, und gehen in dem Beweis von A voran. Ein solcher Satz B wird angenommen und ist ein Hilfssatz zu dem ursprünglich gegebenen Lehrsatz A. Unser kleines Beispiel ist recht typisch und erklärt die heutige Bedeutung des Wortes «Lemma».

Moderne Heuristik trachtet danach, den Vorgang des Lösens von Aufgaben zu verstehen, insbesondere *die Denkoperationen, die* bei diesem Prozeß *in typischer Weise von Nutzen sind.* Sie hat verschiedene Quellen, sich darüber zu unterrichten, und keine von ihnen sollte vernachlässigt werden. Ein ernstes Studium der Heuristik sollte sowohl den logischen wie den psychologischen Hintergrund in Betracht ziehen, es sollte nicht vernachlässigen, was Gelehrte, wie Pappus, Descartes, Leibniz und Bolzano, zu diesem Thema zu sagen haben, und am wenigsten sollte vorurteilsfreie Erfahrung dabei vernachlässigt werden. Erfahrung im Lösen von Aufgaben und Erfahrung im Beobachten anderer Menschen beim Lösen von Aufgaben muß die Grundlage sein, auf der die Heuristik errichtet ist. Bei diesem Studium dürfen wir keine Art von Aufgabe auslassen und sollten gemeinsame Merkmale in der Behandlungsweise aller Arten von Problemen herausfinden; wir sollten auf allgemeine, von dem Gegenstand der Aufgabe unabhängige Merkmale hinzielen. Das Studium der Heuristik hat «praktische» Ziele; ein besseres Verständnis der Denkoperationen, die beim Lösen von Aufgaben typisch nützlich sind, kann einen guten Einfluß auf den Unterricht ausüben, besonders auf den Unterricht in der Mathematik.

Das vorliegende Buch ist ein erster Versuch zur Verwirklichung dieses Programms. Wir wollen jetzt untersuchen, wie die verschiedenen Artikel dieses Wörterbuches in das Programm passen.

1. Unsere Tabelle ist in der Tat ein Verzeichnis von Denkoperationen, die beim Lösen von Aufgaben in typischer Weise nützlich sind; die darin aufgeführten Fragen und Anregungen deuten auf solche Denkvorgänge hin. Einige von diesen Denkoperationen werden im zweiten Teil des Buches noch einmal beschrieben, und einige werden im ersten Teil gründlicher erörtert und erläutert.

Zur weiteren Information über besondere Fragen und Anregungen der Tabelle sei der Leser verwiesen auf die 15 Artikel des Wörterbuches, deren Überschrift die ersten Sätze der 15 Paragraphen der Tabelle bilden: WAS IST UNBEKANNT? IST ES MÖGLICH, DIE BEDINGUNG ZU BEFRIEDIGEN? ZEICHNE EINE FIGUR. ... KANNST DU DAS RESULTAT VERWENDEN? Wünscht der Leser sich über einen besonderen Punkt der Tabelle zu informieren, so sollte er die ersten Worte des Paragraphen betrachten, der diesen Punkt enthält, und dann den Artikel in dem Wörterbuch nachschlagen, der diese ersten Worte zur Überschrift hat. Zum Beispiel ist die Anregung: «*Geh auf die Definition zurück*» enthalten in dem Paragraphen der Tabelle, dessen erster Satz ist: KANNST DU DIE AUFGABE ANDERS AUSDRÜCKEN?

Unter dieser Überschrift findet der Leser einen Hinweis auf DEFINITION, und in diesem Artikel ist die fragliche Anregung erklärt und erläutert.

2. Der Vorgang des Aufgabenlösens ist ein komplexer Vorgang, der mehrere verschiedene Aspekte hat. Die zwölf Hauptartikel dieses Wörterbuches behandeln gewisse dieser Aspekte ausführlich; wir wollen im folgenden ihre Überschriften aufführen.

Wenn wir intensiv arbeiten, fühlen wir lebhaft den Fortschritt unserer Arbeit; wir sind froh erregt, wenn es schnell vorangeht, und niedergeschlagen, wenn es langsam geht. Was ist wesentlich für FORTSCHRITT UND LEISTUNG beim Lösen von Aufgaben? Der Abschnitt, der diese Frage erörtert, wird in anderen Teilen des Wörterbuches oft zitiert und sollte rechtzeitig gelesen werden.

Bei dem Versuch, eine Aufgabe zu lösen, betrachten wir der Reihe nach ihre verschiedenen Aspekte, wir wälzen sie unaufhörlich in unserm Geiste hin und her; VARIATION DER AUFGABE ist wesentlich für unser Werk. Wir können unsere Aufgabe variieren durch ZERLEGUNG UND ZUSAMMENSETZUNG ihrer Bestandteile oder durch Zurückgehen auf die DEFINITION bei bestimmten ihrer Ausdrücke, oder wir können die großen Hilfsquellen der VERALLGEMEINERUNG, SPEZIALISIERUNG und ANALOGIE gebrauchen. Die Variation der Aufgabe kann uns zu HILFSELEMENTEN führen oder zu der Entdeckung einer zugänglicheren HILFSAUFGABE.

Wir haben sorgfältig zu unterscheiden zwischen zwei Arten von Aufgaben, BESTIMMUNGSAUFGABEN UND BEWEISAUFGABEN. Unsere Tabelle ist besonders auf «Bestimmungsaufgaben» zugeschnitten. Wir müssen sie revidieren und einige ihrer Fragen und Anregungen ändern, um sie auch auf «Beweisaufgaben» anzuwenden.

Bei allen Arten von Aufgaben, besonders aber in mathematischen Aufgaben, die nicht zu einfach sind, bilden passende BEZEICHNUNG und geometrische FIGUREN eine große und oft unentbehrliche Hilfe.

3. Der Vorgang des Aufgabenlösens hat viele Aspekte, doch einige von ihnen sind in diesem Buch überhaupt nicht betrachtet und andere nur sehr kurz. Ich glaube, es ist gerechtfertigt, von einer ersten kurzen Ausführung Punkte auszuschließen, die zu subtil oder zu technisch oder zu polemisch erscheinen könnten.

Vorläufiges, rein plausibles HEURISTISCHES DENKEN ist wichtig bei der Entdeckung der Lösung, aber man darf es nicht als einen Beweis nehmen; man muß Vermutungen aussprechen, aber es gilt dabei: PRÜFE DEINE VERMUTUNG. Das Wesen heuristischer Beweise ist erörtert in ZEICHEN DES FORTSCHRITTS, aber die Erörterung könnte noch eingehender sein.

Die Betrachtung gewisser logischer Muster ist bei unserm Thema wichtig, aber es erschien ratsam, nicht irgendeinen technischen Abschnitt einzuführen. Es kommen nur zwei Artikel vor, die vorherrschend psychologischen Aspekten gewidmet sind. Es sind dies die Artikel über ENTSCHLOSSENHEIT, HOFFNUNG, ERFOLG und über UNTERBEWUSSTE ARBEIT. Gelegentlich kommt eine Bemerkung über Tierpsychologie vor; siehe RÜCKWÄRTS ARBEITEN.

Es wird nachdrücklich betont, daß alle Arten von Aufgaben, besonders PRAKTISCHE AUFGABEN und sogar RÄTSEL, innerhalb des Gesichtskreises der Heuristik liegen. Es wird auch betont, daß unfehlbare REGELN FÜR ENTDECKUNGEN jenseits des Raumes ernsthafter Forschung sind. Die Heuristik erörtert menschliches Verhalten Problemen gegenüber; das ist vermutlich seit dem Beginn der menschlichen Gesellschaft geschehen, und es scheint, daß die Quintessenz solcher einstmaligen Betrachtungen in der WEISHEIT VON SPRICHWÖRTERN erhalten geblieben ist.

4. Ein paar Abschnitte über besondere Fragen sowie einige Artikel über allgemeine Aspekte sind in unserer Darstellung enthalten, weil sie, ganz oder zum Teil, von besonderem Interesse für Schüler oder Lehrer sein könnten.

Gewisse Artikel handeln von methodischen Fragen, wie sie in der elementaren Mathematik wichtig sein können, so

PAPPUS, RÜCKWÄRTS ARBEITEN (bereits unter 3. aufgeführt), REDUCTIO AD ABSURDUM UND INDIREKTER BEWEIS, INDUKTION UND VOLLSTÄNDIGE INDUKTION, AUFSTELLEN VON GLEICHUNGEN, NACHPRÜFUNG DURCH DIMENSIONSBETRACHTUNG und WARUM BEWEISE? Einige Artikel richten sich ganz besonders an Lehrer, wie SCHABLONENAUFGABEN und DIAGNOSE, und andere an mehr als durchschnittlich wißbegierige Schüler, wie DER INTELLIGENTE AUFGABENLÖSER, DER INTELLIGENTE LESER und DER ANGEHENDE MATHEMATIKER.

Es mag hier noch erwähnt werden, daß die Zwiegespräche zwischen Lehrer und Schüler, die in den Paragraphen **8, 10, 18, 19** und **20** und in verschiedenen Artikeln des Wörterbuches gegeben sind, nicht nur als Muster für den Lehrer, der seine Klasse leiten will, dienen können, sondern auch für denjenigen, der sich ganz selbständig mit dem Lösen von Problemen beschäftigt. Das Denken zu beschreiben als ein «geistiges Gespräch», als eine Art Unterhaltung des denkenden Menschen mit sich selbst, ist nicht unangebracht. Die fraglichen Dialoge zeigen den Fortschritt der Lösung; der Aufgabenlöser, der mit sich selbst spricht, wird auf eine ähnliche Weise vorangehen.

5. Wir wollen hier nicht die verbleibenden Überschriften erschöpfen; ganz wenige Gruppen seien nur noch erwähnt.

Einige Artikel enthalten Bemerkungen über die Geschichte unseres Gegenstandes, so über DESCARTES, LEIBNIZ, BOLZANO, über HEURISTIK, über FACHAUSDRÜCKE, ALTE UND NEUE, und über PAPPUS (der letzte ist bereits unter 4. zitiert).

Ein paar Abschnitte erklären technische Ausdrücke: BEDINGUNG, KOROLLAR und LEMMA.

Einige Artikel enthalten nur Verweise (sie sind im Inhaltsverzeichnis besonders gekennzeichnet).

6. Heuristik zielt auf Allgemeingültigkeit hin, auf das Studium von Verfahren, die unabhängig von dem Gegenstand sind und für alle Arten von Aufgaben verwendet

werden können. Die vorliegende Darstellung jedoch führt beinahe ausschließlich elementare mathematische Aufgaben als Beispiele an. Man darf nicht übersehen, daß das eine Beschränkung ist, aber es ist zu hoffen, daß diese Beschränkung nicht ernsthaft den Wert unserer Überlegungen beeinträchtigt. Elementare mathematische Aufgaben geben tatsächlich ganz die gewünschte Mannigfaltigkeit, und das Studium ihrer Lösung ist besonders zugänglich und interessant. Überdies sind nichtmathematische Aufgaben, wenn sie auch selten als Beispiele angeführt werden, nicht vollständig vergessen worden. Aufgaben aus der höheren Mathematik werden niemals direkt zitiert, bilden aber den realen Hintergrund der vorliegenden Darstellung. Der erfahrene Mathematiker, der Interesse an dieser Art Studium hat, kann leicht Beispiele aus seiner eigenen Erfahrung hinzufügen, um die hier an elementaren Beispielen erläuterten Punkte weiter zu klären.

7. Der Verfasser dieses Buches möchte einigen zeitgenössischen Autoren, die nicht in dem Abschnitt über HEURISTIK genannt sind und denen er sich verpflichtet fühlt, gerne seinen Dank abstatten. Es sind dies der Physiker und Philosoph Ernst Mach, der Mathematiker Jacques Hadamard, die Psychologen William James und Wolfgang Köhler. Auch seien noch genannt der Psychologe K. Duncker und der Mathematiker F. Krauß, deren Werk (es erschien, nachdem die eigenen Untersuchungen des Verfassers schon vorgeschritten und teilweise publiziert waren) gewisse parallele Bemerkungen aufweist.

Die **Nachprüfung durch Dimensionsbetrachtung** ist ein wohlbekanntes, schnelles und wirksames Mittel, um geometrische oder physikalische Formeln zu kontrollieren.

1. Um den Vorgang einer solchen Nachprüfung ins Gedächtnis zurückzurufen, wollen wir einen geraden Kreiskegelstumpf betrachten. Es sei

R der Radius der Grundfläche,
r der Radius der Deckfläche,

h die Höhe des Stumpfes,
S der Flächeninhalt der Seitenfläche des Stumpfes.

Wenn R, r und h gegeben sind, ist S offensichtlich bestimmt. Wir finden den Ausdruck

$$S = \pi(R + r)\sqrt{(R - r)^2 + h^2},$$

den wir durch eine Dimensionsbetrachtung nachprüfen wollen.

Die Dimension einer geometrischen Größe ist leicht einzusehen. R, r, h sind Längen, sie werden, wenn wir wissenschaftliche Maßeinheiten gebrauchen wollen, in Zentimetern gemessen, ihre Dimension ist cm. Der Flächeninhalt S wird in Quadratzentimetern gemessen, seine Dimension ist cm^2. $\pi = 3{,}14159\ldots$ ist eine reine Zahl; wenn wir einer rein numerischen Größe eine Dimension zuschreiben wollen, so muß es sein $\text{cm}^0 = 1$.

Jedes Glied einer Summe muß die gleiche Dimension haben, die zugleich auch die Dimension der Summe ist. So haben R, r und $R + r$ dieselbe Dimension, nämlich cm. Die beiden Ausdrücke $(R - r)^2$ und h^2 haben auch, wie es notwendig ist, dieselbe Dimension, und zwar cm^2.

Die Dimension eines Produktes ist das Produkt der Dimensionen seiner Faktoren, und eine ähnliche Regel gilt für Potenzen. Wenn wir die Größen auf beiden Seiten der Formel durch ihre Dimensionen ersetzen, erhalten wir

$$\text{cm}^2 = 1 \cdot \text{cm} \cdot \sqrt{\text{cm}^2}.$$

Da dies ersichtlich stimmt, konnte die Nachprüfung nicht irgendeinen Irrtum in der Formel aufdecken. Die Formel hat die Nachprüfung bestanden.

Weitere Beispiele siehe Abschnitt **14** und Kannst Du das Resultat kontrollieren? 2.

2. Wir können die Nachprüfung durch Dimensionsbetrachtung auf das endgültige Resultat einer Aufgabe oder auf Zwischenresultate anwenden, auf die eigene Arbeit oder auf die Arbeit anderer (sie ist z. B. sehr geeignet, um Fehler

in Prüfungsarbeiten aufzufinden), und ebenso auf Formeln, die wir uns in Erinnerung bringen, oder auf solche, die wir vermuten.

Wenn man sich etwa der Formeln $4\pi r^2$ und $\frac{4\pi r^3}{3}$ für Oberfläche und Volumen der Kugel erinnert, aber der Zuordnung nicht ganz sicher ist, kann die Nachprüfung durch Dimensionsbetrachtung leicht den Zweifel beheben.

3. Die Nachprüfung durch Dimensionsbetrachtung ist in der Physik sogar noch wichtiger als in der Geometrie. Wir wollen ein «einfaches» Pendel betrachten, d. h. einen kleinen schweren Körper, der an einem Draht aufgehängt ist, dessen Länge wir als unveränderlich ansehen und dessen Gewicht wir vernachlässigen können. l bezeichne die Länge des Drahtes, g die Erdbeschleunigung und T die Periode des Pendels.

Mechanische Erwägungen zeigen, daß T allein von l und g abhängt. Aber wie ist die Art der Abhängigkeit? Wir können uns erinnern oder erraten, daß

$$T = c l^m g^n,$$

wo c, m, n gewisse numerische Konstanten sind. Das heißt, wir nehmen an, daß T proportional ist zu gewissen Potenzen, l^m, g^n, von l und g.

Wir betrachten die Dimensionen. Da T eine Zeit ist, wird sie in Sekunden gemessen, ihre Dimension ist sec. Die Dimension der Länge l ist cm, die Dimension der Beschleunigung g ist cm sec^{-2}, und die Dimension der numerischen Konstante c ist 1. Die Probe durch Dimension ergibt die Gleichung

$$\text{sec} = 1 \cdot (\text{cm})^m (\text{cm sec}^{-2})^n$$

oder

$$\text{sec} = (\text{cm})^{m+n} \text{sec}^{-2n}.$$

Nun, wir müssen auf beiden Seiten die gleichen Potenzen der Grundeinheiten cm und sec haben, und so erhalten wir

$$0 = m + n \qquad 1 = -2n$$

und daraus

$$n = -{}^{1} \qquad m = \tfrac{1}{2}.$$

Deshalb muß die Formel für die Periode *T* die Gestalt haben

$$T = c l^{\frac{1}{2}} g^{-\frac{1}{2}} = c \sqrt{\frac{l}{g}}.$$

Die Nachprüfung durch Dimensionsbetrachtung ergibt viel in diesem Fall, aber sie kann nicht alles ergeben. Erstens unterrichtet sie nicht über den Wert der Konstanten c (die in Wirklichkeit 2π ist). Zweitens gibt sie keine Auskunft über die Grenzen der Gültigkeit; die Formel gilt nur für kleine Schwingungen des Pendels und nur approximativ (sie gilt genau für «unendlich kleine» Schwingungen). Trotz dieser Beschränkungen ist kein Zweifel, daß die Dimensionsbetrachtung uns gestattet hat, schnell und mit elementarsten Mitteln einen wesentlichen Teil eines Resultates vorauszusehen, dessen erschöpfende Behandlung sehr viel fortgeschrittenere Mittel erfordert. Und das gilt für viele ähnliche Fälle.

Pappus, ein bedeutender griechischer Mathematiker, lebte wahrscheinlich um 300 n. Chr. Im 7. Buch seiner *Collectiones* berichtet Pappus über einen Studienzweig, den er ἀναλυόμενος nennt. Wir können diesen Namen im Deutschen wiedergeben als «Schatzkammer der Analyse» oder als «Kunst des Aufgabenlösens» oder eben als «Heuristik»; der letzte Ausdruck ist hier anscheinend vorzuziehen. Leicht zugänglich ist eine gute englische Übersetzung von Pappus' Bericht[6]. Im folgenden geben wir eine freie Wiedergabe des Originaltextes:

«Die sogenannte Heuristik ist, kurz gesagt, ein besonderes Lehrgebiet für den Gebrauch derjenigen, welche, nachdem sie die allgemeinen Elemente schon durchgenommen haben, sich die Fertigkeit aneignen wollen, mathematische Aufgaben zu lösen, und dies ist der einzige Nutzen dieser Disziplin. Sie wurde von Dreien behandelt, von Euklid, dem Verfasser der Elemente, von Apollonius aus Perga

[6] T. L. Heath, *The Thirteen Books of Euclid's Elements*, Cambridge 1908, Bd. 1, S. 138.

und von Aristäus dem Älteren. Sie geht vor mittels Analyse und Synthese.

In der Analyse gehen wir aus vom Verlangten und nehmen es, als ob es schon zugestanden wäre, wir ziehen Folgerungen daraus und Folgerungen aus den Folgerungen, bis wir einen Punkt erlangt haben, den wir als Ausgangspunkt bei der Synthese verwenden können. Denn in der Analyse nehmen wir das, was zu tun verlangt wird, bereits als getan an (das Gesuchte als bereits gefunden, das zu Beweisende als wahr). Wir untersuchen, von welchem Vorangehenden das gewünschte Resultat herrühren könnte, und prüfen wieder, was dem Vorangehenden noch weiter vorangehen könnte und so fort, bis wir, so rückwärtslaufend, etwas antreffen, was schon bekannt ist oder als wahr gelten darf. Diese Art der Behandlung nennen wir Analyse oder rückläufige Lösung oder rückläufiges Schließen.

In der Synthese wird umgekehrt das bereits Bekannte oder als gültig Zugelassene, was wir in der Analyse zuletzt angetroffen haben, als Ausgangspunkt benutzt. Wir leiten daraus ab, was in der Analyse vorherging, und fahren in diesen Ableitungen fort, bis wir schließlich bei dem Verlangten ankommen. Dieses Verfahren nennen wir Synthese oder konstruktive Lösung oder fortschreitendes Schließen.

Es gibt zwei Arten von Analysen; die eine ist die Analyse der ‚Beweisaufgaben' und bezweckt die Aufstellung wahrer Sätze; die andere ist die Analyse der ‚Bestimmungsaufgaben' und bezweckt die Auffindung von Unbekannten.

Bei einer ‚Beweisaufgabe' wird verlangt, daß wir einen klar formulierten Satz A beweisen oder widerlegen. Wir wissen noch nicht, ob A wahr oder falsch ist; aber wir leiten aus A einen anderen Satz B ab, aus B einen Satz C usw., bis wir zu einem letzten Satz L gelangen, den wir genau kennen. Wenn L wahr ist, wird auch A wahr sein, vorausgesetzt, daß unsere Ableitungen sämtlich umkehrbar sind. Aus L beweisen wir den Satz K, der L in der Analyse voranging, und in dieser Weise verfolgen wir unsere Schritte zurück; aus C beweisen wir B, aus B beweisen wir A, und so erreichen wir unser Ziel. Wenn jedoch L falsch ist, haben wir bewiesen, daß A falsch ist.

Bei einer ‚Bestimmungsaufgabe' wird verlangt, daß wir eine gewisse Unbekannte x finden, die einer klar formulierten Bedingung genügt. Wir wissen noch nicht, ob die Befriedigung der Bedingung möglich ist oder nicht; aber wir nehmen an, daß ein x existiert, welches die auferlegte Bedingung befriedigt, und leiten aus ihm eine andere Unbekannte y ab, die einer verwandten Bedingung genügen muß; dann leiten wir aus y eine weitere Unbekannte ab und so fort, bis wir zu einer letzten Unbekannten z kommen, die wir durch eine bekannte Methode finden können. Wenn tatsächlich ein z gefunden ist, das die ihm auferlegte Bedingung befriedigt, wird auch ein x existieren, das die ursprüngliche Bedingung befriedigt, vorausgesetzt, daß alle unsere Ableitungen umkehrbar sind. Wir finden zuerst z; wenn wir z kennen, finden wir die Unbekannte, die z in der Analyse vorangeht; in derselben Weise verfolgen wir unsere Schritte zurück und erhalten, wenn wir y kennen, schließlich x, und so erreichen wir unser Ziel. Wenn jedoch nichts existiert, das die Bedingung für z befriedigt, so hat die Aufgabe über x keine Lösung.»

Wir dürfen nicht vergessen, daß das Vorhergehende nicht eine wörtliche Übersetzung, sondern eine freie Wiedergabe, eine *Paraphrase* ist. Verschiedene Unterschiede zwischen dem Original und der Wiedergabe verdienen wegen der Bedeutung der Stelle bei Pappus einen Kommentar.

1. Unsere Paraphrase benutzt eine bestimmtere Terminologie als das Original und führt die Symbole A, B, ..., L, x, y ..., z ein, die das Original nicht aufweist.

2. Die Paraphrase sagt (S. 163, Z. 26) «mathematische Aufgaben», wo das Original meint «geometrische Aufgaben». Das weist darauf hin, daß die von Pappus beschriebenen Verfahren keineswegs auf geometrische Aufgaben beschränkt sind; sie sind tatsächlich nicht einmal auf mathematische Aufgaben beschränkt. Wir müssen dies durch Beispiele erläutern, weil Allgemeingültigkeit und Unabhängig-

keit von der Art des Gegenstandes wichtig sind (siehe Abschnitt **3**).

3. *Algebraische Erläuterung.* Suche das x, das die Gleichung befriedigt:

$$8(4^x + 4^{-x}) - 54(2^x + 2^{-x}) + 101 = 0.$$

Das ist eine «Bestimmungsaufgabe», die einem Anfänger nicht zu leicht fallen dürfte. Er muß mit der Idee der Analyse vertraut sein, nicht mit dem Wort «Analyse» natürlich, sondern mit der Idee, das Ziel durch wiederholte Reduktion zu erreichen. Überdies muß er mit den einfachsten Arten von Gleichungen vertraut sein. Selbst bei einiger Kenntnis erfordert es eine gute Idee, ein wenig Glück, eine kleine Entdeckung, um herauszufinden, daß es, da $4^x = (2^x)^2$ und $4^{-x} = (2^x)^{-2}$, vorteilhaft ist einzuführen

$$y = 2^x.$$

Diese Substitution ist in der Tat günstig, die Gleichung für y

$$8\left(y^2 + \frac{1}{y^2}\right) - 54\left(y + \frac{1}{y}\right) + 101 = 0$$

erscheint einfacher als die ursprüngliche; aber unsere Aufgabe ist noch nicht beendet. Wir brauchen noch eine andere kleine Entdeckung, eine andere Substitution

$$z = y + \frac{1}{y},$$

die die Bedingung umformt in

$$8z^2 - 54z + 85 = 0.$$

Hier hört die Analyse auf, wofern nur der Aufgabenlöser mit der Lösung quadratischer Gleichungen bekannt ist.

Was ist Synthese? Das schrittweise Durchführen der Rechnungen, die die Analyse aufgezeigt hat. Der Aufgabenlöser braucht keine neue Idee, um die Aufgabe zu Ende zu führen, nur etwas Geduld und Aufmerksamkeit bei der Berechnung der verschiedenen Unbekannten. Die Reihenfolge der Rechnung ist entgegengesetzt zu der Reihenfolge der Entdeckung; zuerst wird z gefunden ($z = \frac{5}{2}, \frac{17}{4}$), dann y ($y = 2, \frac{1}{2}, 4, \frac{1}{4}$) und schließlich die eigentliche Unbekannte x ($x = 1, -1, 2, -2$). Die Synthese verfolgt die Schritte der Analyse zurück, und in dem vorliegenden Fall ist leicht zu sehen, warum sie das tut.

4. *Nichtmathematische Erläuterung.* Ein Eingeborener will einen Bach überqueren; er kann es nicht in der gewohnten Weise, weil das Wasser über Nacht gestiegen ist. So wird das Überqueren Gegenstand einer Aufgabe; «Überqueren des Baches» ist das x in dieser einfachen Aufgabe. Der Mann erinnert sich vielleicht, daß er einmal einen Bach überquert hat, indem er über einen gefällten Baumstamm lief. Er sieht sich nach einem geeigneten gefällten Baum um, der seine neue Unbekannte wird, sein y. Er kann keinen passenden Baum finden, aber es wachsen eine Menge Bäume den Bach entlang; er möchte, daß einer davon umfallen würde. Kann er es erreichen, daß ein Baum quer über den Bach fällt? Das ist eine wichtige Idee, und in der Aufgabe tritt eine neue Unbekannte auf; wie kann er den Baum über den Bach kippen?

Diese Kette von Gedanken müßte als Analyse bezeichnet werden, wenn wir die Terminologie von Pappus annehmen. Wenn es dem Eingeborenen gelingt, seine Analyse zu beenden, kann er der Erfinder der Brücke und der Axt werden. Was wird die Synthese sein? Die Übersetzung der Gedanken in Handlungen. Die abschließende Handlung der Synthese ist das Überschreiten des Baches über einen Baumstamm.

Dieselben Dinge füllen Analyse und Synthese an; sie beanspruchen den Verstand des Mannes in der Analyse, und seine Körperkraft in der Synthese; die Analyse besteht in Gedanken, die Synthese in Taten. Es ist noch ein weiterer Unterschied: die Reihenfolge ist umgekehrt. Das Überschreiten des Baches ist der erste Wunsch, von dem die

Analyse ausgeht, und es ist die letzte Handlung, mit der die Synthese schließt.

5. Die Paraphrase deutet etwas schärfer als das Original den natürlichen Zusammenhang zwischen Analyse und Synthese an. Dieser Zusammenhang ist nach den vorhergehenden Beispielen klar. Die Analyse kommt natürlich zuerst, die Synthese danach; Analyse ist Erfindung, Synthese Ausführung; *Analyse ist Ausdenken eines Planes, Synthese Durchführen des Planes.*

6. Die Paraphrase bewahrt gewisse merkwürdige Sätze des Originals und hebt sie sogar hervor: «was zu tun verlangt wird, als bereits getan annehmen, das Gesuchte als bereits gefunden, das zu Beweisende als wahr». Das ist paradox; ist es nicht reine Selbsttäuschung anzunehmen, daß die Aufgabe, die wir lösen sollen, schon gelöst ist? Es ist auch völlig unklar; was soll damit gemeint sein? Wenn wir dagegen den Zusammenhang des Textes betrachten und ernsthaft versuchen, unsere eigene Erfahrung im Lösen von Aufgaben zu verstehen, kann die Bedeutung kaum zweifelhaft sein.

Wir wollen zuerst eine «Bestimmungsaufgabe» betrachten. Die Unbekannte sei x und die Daten a, b, c. «Die Aufgabe als gelöst annehmen» heißt annehmen, daß ein Ding existiert, welches die Bedingung befriedigt – d. h. welches zu den Daten a, b, c die durch die Bedingung vorgeschriebenen Beziehungen hat. Diese Annahme wird gerade gemacht, um die Analyse in Gang zu bringen, sie ist vorläufig und harmlos. Denn *wenn* es kein solches Ding gibt *und* die Analyse uns irgendwohin führt, führt sie uns notwendig zu einer letzten Aufgabe, die keine Lösung hat, und daraus ist dann ersichtlich, daß unsere ursprüngliche Aufgabe keine Lösung hat. Ferner ist die Annahme nützlich. Um die Bedingung zu untersuchen, müssen wir die Beziehungen, die die Bedingung zwischen x und a, b, c vorschreibt, erfassen und uns vorstellen oder geometrisch vor Augen führen; wie könnten wir das tun, ohne x als existent zu denken oder uns vorzustellen? Schließlich ist die Annahme natürlich. Der

Eingeborene, dessen Gedanken und Taten wir in Punkt 4 erörtert haben, stellt sich vor, wie er über einen gefällten Baumstamm geht und damit den Bach überquert, lange bevor er es wirklich tun kann; er sieht seine Aufgabe «als gelöst».

Gegenstand einer «Beweisaufgabe» ist, einen gewissen Satz A zu beweisen. Der Rat, «A als wahr anzunehmen» ist eine Aufforderung, aus dem Satz A Konsequenzen zu ziehen, obgleich wir ihn noch nicht bewiesen haben. Menschen einer gewissen Mentalität oder Vertreter einer gewissen Philosophie mögen davor zurückschrecken, aus einem unbewiesenen Satz Konsequenzen zu ziehen; ein solcher Mensch kann aber keine Analyse anfangen.

Vergleiche FIGUREN, 2.

7. Die Paraphrase benutzt zweimal den wichtigen Satz: «vorausgesetzt, daß alle unsere Ableitungen umkehrbar sind»; siehe S. 164 Z. 34 und S. 165, Z. 16. Das ist eine Einschaltung; das Original enthält nichts davon, erst in neuerer Zeit wurde das Fehlen dieses Vorbehaltes festgestellt und kritisiert. Siehe zu dem Begriff der «umkehrbaren Reduktion» HILFSAUFGABE, 6.

8. Die «Analyse der Beweisaufgaben» ist in der Paraphrase mit ganz anderen Worten erklärt, als sie im Original verwendet sind, aber dem Sinn nach ist keine Änderung. Die «Analyse der Bestimmungsaufgaben» ist jedoch in der Paraphrase konkreter als im Original erklärt. Das Original scheint auf die Beschreibung eines irgendwie allgemeineren Verfahrens hinzuzielen, der Konstruktion einer *Kette von äquivalenten Hilfsaufgaben*, wie sie in HILFSAUFGABE, 7. beschrieben wird.

9. Viele elementare Lehrbücher der Geometrie enthalten Bemerkungen über Analyse, Synthese und «die Annahme, die Aufgabe sei bereits gelöst». Es besteht wenig Zweifel, daß diese nahezu unausrottbare Tradition auf Pappus zurückgeht, obgleich es kaum ein gangbares Lehrbuch gibt, dessen Verfasser irgendeine direkte Bekanntschaft mit Pappus aufweisen würde. Der Gegenstand ist wichtig genug,

um in elementaren Lehrbüchern erwähnt zu werden, aber er wird leicht mißverstanden. Allein der Umstand, daß er auf Lehrbücher der Geometrie beschränkt ist, zeigt einen landläufigen Mangel an Verständnis; siehe Punkt 2. oben. Wenn die vorhergehenden Ausführungen zu einem besseren Verständnis dieser Dinge beitragen könnten, würde ihre Länge reichlich gerechtfertigt sein.

Ein anderes Beispiel, einen anderen Standpunkt und weitere Ausführungen siehe in RÜCKWÄRTS ARBEITEN.

Vergleiche auch REDUCTIO AD ABSURDUM UND INDIREKTER BEWEIS, 2.

Paradoxon des Erfinders. Der umfassendere Plan kann mehr Aussicht auf Erfolg haben.

Das klingt paradox. Doch wenn wir von einer Aufgabe zu einer anderen übergehen, können wir oft beobachten, daß die neue, umfassendere Aufgabe leichter zu handhaben ist als die ursprüngliche. Eine Reihe von Fragen kann leichter zu beantworten sein als gerade nur eine. Der umfassendere Lehrsatz kann leichter zu beweisen, die allgemeinere Aufgabe leichter zu lösen sein.

Das Paradoxe verschwindet, wenn wir einige Beispiele näher betrachten (VERALLGEMEINERUNG, 2.; INDUKTION UND VOLLSTÄNDIGE INDUKTION, 7.). Der umfassendere Plan kann mehr Aussicht auf Erfolg haben, vorausgesetzt, daß er nicht auf bloßem Anspruch beruht, sondern auf irgendeinem Blick für die Dinge über das unmittelbar Sichtbare hinaus.

Pedanterie und Meisterschaft sind zwei sich einander ausschließende Haltungen gegenüber Regeln.

1. Eine Regel dem Buchstaben nach anwenden, starr, blind, in Fällen, wo sie paßt, und in Fällen, wo sie nicht paßt, ist Pedanterie. Manche Pedanten sind arme Toren; sie haben niemals die Regel verstanden, die sie so gewissenhaft und so unterschiedslos anwenden. Manche Pedanten sind ganz erfolgreich; sie verstanden ihre Regel wenigstens zu Beginn (bevor sie pedantisch wurden) und wählten eine

dienliche aus, die in vielen Fällen paßt und nur gelegentlich versagt.

Eine Regel mit natürlicher Leichtigkeit anwenden, mit Urteil sie da anwenden, wo sie paßt, und ohne daß je die Worte der Regel den Zweck der Handlung oder die Gunst der Lage verbergen, ist Meisterschaft.

2. Die Fragen und Anregungen unserer Tabelle können sowohl solchen, die Aufgaben lösen wollen, wie Lehrern nützlich sein. Aber zuerst müssen sie verstanden sein, ihr richtiger Gebrauch muß erlernt werden, und zwar durch Versuch und unter Irrtum, durch Mißlingen und Erfolg, durch das Gewinnen von Erfahrung in der Anwendung. Zweitens darf ihr Gebrauch niemals pedantisch werden. Man soll nicht unterschiedslos, einer starren Gewohnheit folgend, eine Frage stellen oder eine Anregung geben. Man sei auf verschiedene Fragen und Anregungen vorbereitet und erwäge ihre Verwendbarkeit. Hat man eine schwere und anregende Aufgabe zu lösen, so sollte der Schritt, den man zuerst versuchen will, durch eine aufmerksame und vorurteilsfreie Betrachtung der vorliegenden Aufgabe veranlaßt sein. Will man einem Schüler helfen, so sollte das, was man dem Schüler sagt, einem mitfühlenden Verständnis für seine Schwierigkeiten entspringen.

Und wenn Du dazu neigst, pedantisch zu sein, und mußt Dich auf irgendeine Regel verlassen, so lerne diese: Nutze zunächst Deinen eigenen Verstand!

Praktische Aufgaben unterscheiden sich in mannigfaltiger Hinsicht von rein mathematischen Aufgaben, doch die Hauptmotive und Verfahren bei der Lösung sind wesentlich die gleichen. Praktische Ingenieuraufgaben schließen gewöhnlich mathematische Aufgaben in sich. Wir wollen einige Worte über die Unterschiede, Analogien und Zusammenhänge zwischen diesen beiden Arten von Aufgaben sagen.

1. Eine eindrucksvolle praktische Aufgabe ist die Konstruktion eines Stauwerkes an einem Fluß. Wir brauchen

keine Spezialkenntnisse, um diese Aufgabe zu verstehen. In beinahe prähistorischen Zeiten, lange vor unserem Zeitalter wissenschaftlicher Theorien, bauten die Menschen Deiche im Niltal und an anderen Stellen der Erde, wo die Ernte von der Bewässerung abhing.

Wir wollen uns die Aufgabe, ein wichtiges modernes Stauwerk zu konstruieren, deutlich vor Augen stellen.

Was ist unbekannt? Viele Unbekannte sind in einer Aufgabe dieser Art enthalten: die genaue Lage des Dammes, seine geometrische Gestalt und Größe, das Material, das bei der Konstruktion zu verwenden ist, usw.

Wie lautet die Bedingung? Wir können diese Frage nicht in einem kurzen Satz beantworten, weil viele Bedingungen gegeben sind. Bei einem so großen Projekt ist es nötig, vielen wichtigen ökonomischen Bedürfnissen zu genügen und andere Bedürfnisse so wenig wie möglich zu verletzen. Das Stauwerk soll elektrische Kraft liefern, Wasser zur Berieselung oder für den Gebrauch gewisser Gemeinden abgeben und ferner helfen, Überschwemmungen einzuschränken. Auf der anderen Seite soll es so wenig wie möglich die Schiffahrt oder den volkswirtschaftlich bedeutungsvollen Fischbestand oder die schöne Landschaft stören usw. Und natürlich soll es möglichst wenig kosten und so schnell wie möglich gebaut sein.

Was ist gegeben? Die Menge der gewünschten Daten ist erdrückend. Wir brauchen topographische Daten, die die Umgebung des Flusses und seine Nebenflüsse betreffen; geologische Daten, die für die Festigkeit des Fundamentes, mögliches Durchsickern und benutzbares Baumaterial von Bedeutung sind; meteorologische Daten über die jährliche Niederschlagsmenge und die Höhe der Flut; volkswirtschaftliche Daten, die den Wert des Bodens, der überflutet wird, Materialkosten und Löhne betreffen usw.

Unser Beispiel zeigt, daß Unbekannte, Daten und Bedingungen in einer praktischen Aufgabe komplexer und weniger scharf definiert sind als in einer mathematischen Aufgabe.

2. Um eine Aufgabe zu lösen, brauchen wir einen gewissen Bestand vorher erworbenen Wissens. Der moderne Ingenieur hat eine hochspezialisierte Wissensmenge zu seiner Verfügung, eine wissenschaftliche Theorie der Fertigkeit der Baustoffe, seine eigene Erfahrung und die Menge der Erfahrung der Ingenieurwissenschaft, die in einer besonderen technischen Literatur aufbewahrt ist. Wir können hier solches Spezialwissen nicht benutzen, aber wir können versuchen, uns vorzustellen, was in dem Geist eines alten ägyptischen Dammkonstrukteurs vor sich ging.

Er hat natürlich schon verschiedene andere, vielleicht kleinere Dämme gesehen: Dämme aus Erde oder aus Mauerwerk, die das Wasser zurückhalten. Er hat die Flut, beladen mit allen Arten von Trümmern, gesehen, die gegen die Deichwand drängt. Er hat vielleicht schon geholfen, die Risse und Zerstörungen zu reparieren, die die Flut hinterläßt. Er mag schon einen Damm unter den Stößen der Flut haben brechen sehen. Er hat gewiß Erzählungen gehört von Dämmen, die der Probe von Jahrhunderten standgehalten haben, oder solchen, die durch unerwartete Brüche Katastrophen verursacht haben. Sein Geist mag sich den Druck des Flusses gegen die Oberfläche des Dammes und die Spannung und den Druck im Innern vorgestellt haben.

Doch die ägyptischen Damm-Erbauer hatten keinen genauen, quantitativen, wissenschaftlichen Begriff von dem Druck in Flüssigkeiten und von Spannung und Druck in einem festen Körper. Solche Begriffe bilden einen wesentlichen Teil der geistigen Ausrüstung eines modernen Ingenieurs. Aber auch dieser gebraucht viel Wissen, das noch nicht völlig ein exaktes wissenschaftliches Niveau erreicht hat; was er über Erosion durch fließendes Wasser weiß, Beförderung von Schlamm, über das Formänderungsvermögen und andere nicht ganz klar umrissene Eigenschaften gewisser Materialien, ist Wissen eines mehr empirischen Charakters.

Unser Beispiel zeigt, daß das erforderliche Wissen und die verwendeten Begriffe in praktischen Aufgaben komplexer und weniger scharf definiert sind als in mathematischen Aufgaben.

3. Unbekannte, Daten, Bedingungen, Begriffe, nötiges vorbereitendes Wissen, alles ist in praktischen Aufgaben komplexer und weniger scharf als in rein mathematischen Aufgaben. Das ist ein wichtiger Unterschied, vielleicht der Hauptunterschied, und er impliziert gewiß noch weitere Unterschiede; doch die grundlegenden Motive und Verfahren bei der Lösung scheinen für beide Arten von Aufgaben die gleichen zu sein.

Es ist eine weitverbreitete Meinung, daß praktische Aufgaben mehr Erfahrung erfordern als mathematische. Das mag stimmen. Doch sehr wahrscheinlich liegt der Unterschied in der Natur des erforderten Wissens und nicht in unserer Haltung gegenüber der Aufgabe. Beim Lösen einer Aufgabe der einen oder der anderen Art müssen wir uns auf unsere Erfahrung mit ähnlichen Aufgaben verlassen, und in beiden Fällen stellen wir oft die Frage: *Hast Du dieselbe Aufgabe schon in einer wenig verschiedenen Form gesehen? Kennst Du eine verwandte Aufgabe?*

Bei der Lösung einer mathematischen Aufgabe gehen wir von sehr klaren Begriffen aus, die in unserem Geiste leidlich gut geordnet sind. Bei der Lösung einer praktischen Aufgabe sind wir oft gezwungen, von ziemlich verschwommenen Ideen auszugehen; die Klärung der Begriffe kann ein wichtiger Teil der Aufgabe werden. So ist die Medizin heute besser in der Lage, Infektionskrankheiten zu kontrollieren, als sie es in den Zeiten vor Pasteur war, als der Begriff der Infektion selbst noch ziemlich verschwommen war. *Hast Du alle wesentlichen Begriffe, die in der Aufgabe vorkommen, in Rechnung gezogen?* Das ist eine geeignete Frage für alle Arten von Aufgaben, aber ihr Gebrauch ändert sich weitgehend mit der Natur der auftretenden Begriffe.

In einer vollkommen formulierten mathematischen Aufgabe sind alle Daten und alle Klauseln der Bedingung wesentlich und müssen in Betracht gezogen werden. In praktischen Aufgaben haben wir eine Fülle von Daten und Bedingungen; wir ziehen davon so viele in Betracht, wie wir können, aber wir müssen notwendigerweise einige vernachlässigen. Nehmen wir den Fall des Konstrukteurs eines großen Stauwerkes. Er erwägt das öffentliche Interesse und wichtige volkswirtschaftliche Interessen, aber er muß sich darauf beschränken, gewisse kleine Forderungen und Mißstände unbeachtet zu lassen. Die Daten seiner Aufgabe sind, streng genommen, unerschöpflich. Er würde z. B. gerne etwas mehr wissen über die geologische Beschaffenheit des Bodens, auf den das Fundament gebaut werden muß, aber schließlich muß er aufhören, geologische Daten zu sammeln, obwohl unvermeidlich ein bestimmter Spielraum von Ungewißheit bleibt.

Hast Du alle Daten benutzt? Hast Du die ganze Bedingung benutzt? Wir können diese Fragen nicht auslassen, wenn wir uns mit mathematischen Aufgaben befassen. Bei praktischen Aufgaben jedoch sollten wir diese Fragen in einer abgeänderten Form stellen: Hast Du alle Daten benutzt, die *offensichtlich* zu der Lösung *beitragen könnten?* Hast Du alle Bedingungen benutzt, *die offensichtlich* die Lösung *beeinflussen könnten?* Wir nehmen von allen wichtigen Kenntnissen, die wir in Erfahrung bringen können, Bestand auf, wir unterrichten uns, wenn nötig, noch weiter, aber schließlich müssen wir aufhören, müssen irgendwo den Schlußstrich ziehen, wir können nicht umhin, etwas zu vernachlässigen. «Wer das Wasser fürchtet, gehe nicht zu Schiff.» Recht oft gibt es einen großen Überschuß an Daten, die keinen spürbaren Einfluß auf die endgültige Form der Lösung haben.

4. Die Erbauer der alten ägyptischen Dämme mußten sich auf ihren gesunden Menschenverstand bei der Auslegung ihrer Erfahrung stützen, etwas anderes hatten sie nicht. Der moderne Ingenieur kann nicht allein auf den gesunden Menschenverstand bauen, besonders wenn sein Projekt ein neuer und kühner Entwurf ist; er muß den Widerstand des geplanten Dammes genau berechnen und die Spannung und den Druck im Innern quantitativ vorher bestimmen. Zu diesem Zweck muß er die Elastizitätslehre benutzen (die

sich recht gut auf Zement-Konstruktionen anwenden läßt). Um diese Theorie anzuwenden, braucht er einen guten Teil Mathematik; die praktische Aufgabe des Ingenieurs führt zu einer mathematischen Aufgabe.

Diese mathematische Aufgabe ist zu technisch, um sie hier zu erörtern; alles, was wir daüber sagen können, ist eine allgemeine Bemerkung. Beim Aufstellen und beim Lösen von mathematischen Aufgaben, die von praktischen Aufgaben herstammen, können wir uns gewöhnlich mit einer *Approximation* der Lösung begnügen. Wir beschränken uns darauf, irgendwelche nebensächlichen Daten und Bedingungen der praktischen Aufgabe zu vernachlässigen. Deshalb ist es sinnvoll, irgendeine kleine Ungenauigkeit in den Berechnungen zuzulassen, besonders wenn wir an Einfachheit gewinnen können, was wir an Genauigkeit verlieren.

5. Es könnte vieles über Approximationen gesagt werden, das ein allgemeines Interesse verdienen würde. Wir können jedoch nicht spezielle mathematische Kenntnisse voraussetzen und beschränken uns deshalb auf ein einziges anschauliches und lehrreiches Beispiel.

Das Zeichnen geographischer Karten ist eine bedeutende praktische Aufgabe. Um eine Karte zu zeichnen, nimmt man oft an, daß die Erde eine Kugel ist. Nun ist dies nur eine approximierende Annahme und nicht die genaue Wahrheit. Die Oberfläche der Erde ist überhaupt nicht eine mathematisch definierte Fläche, und wir wissen genau, daß die Erde an den Polen abgeplattet ist. Wenn man jedoch voraussetzt, daß die Erde eine Kugel ist, läßt sich eine Karte von ihr sehr viel leichter zeichnen. Wir gewinnen viel an Einfachheit und verlieren nicht wesentlich an Genauigkeit. Stellen wir uns einen großen Ball vor, der genau die Gestalt der Erde aufweist und an seinem Äquator einen Durchmesser von 25 m hat. Die Achsenlänge zwischen den Polen eines solchen Balles ist weniger als 25 m, weil die Erde abgeplattet ist, aber nur ungefähr 8 cm weniger. So ergibt die Kugel eine gute praktische Approximation.

Prüfe Deine Vermutung. Deine Vermutung mag richtig sein, aber es ist töricht, eine Vermutung als eine bewiesene Wahrheit zu nehmen – wie das primitive Menschen oft tun. Deine Vermutung mag falsch sein. Aber es ist auch töricht, eine Vermutung gänzlich unbeachtet zu lassen – wie das pedantische Menschen zuweilen tun. Vermutungen einer gewissen Art verdienen es durchaus, geprüft und ernst genommen zu werden: solche, die uns einfallen, nachdem wir eine Aufgabe, an der wir wahrhaft interessiert sind, aufmerksam überlegt und wirklich verstanden haben. Solche Vermutungen enthalten gewöhnlich wenigstens ein Bruchstück der Wahrheit, obgleich sie natürlich selten die ganze Wahrheit enthalten. Doch es besteht etwas Aussicht, die ganze Wahrheit herauszuholen, wenn wir eine solche Vermutung geeignet überprüfen.

Viele Vermutungen haben sich zwar als falsch herausgestellt, aber nichtsdestoweniger waren sie dazu nützlich, zu einer besseren zu führen.

Keine Idee ist wirklich schlecht, wenn wir nicht unkritisch sind. Wirklich schlecht ist nur, überhaupt keine Idee zu haben.

1. *Handle nicht so.* Wir wollen eine typische Geschichte von Herrn Hans Müller erzählen. Herr Müller ist auf einem Büro beschäftigt. Er hatte auf eine kleine Gehaltsaufbesserung gehofft, aber seine Hoffnung, wie das oft der Fall ist, war enttäuscht worden. Die Gehälter von einigen seiner Kollegen wurden erhöht, aber sein eigenes nicht. Her Müller konnte das nicht still hinnehmen. Er verbohrte sich immer mehr in seinen Kummer, und schließlich kam er auf den Verdacht, daß der Direktor Braun für den Fehlschlag, eine Gehaltszulage zu bekommen, verantwortlich sei.

Wir können Herrn Müller nicht dafür tadeln, daß er diesen Argwohn faßte. Es waren in der Tat gewisse Anzeichen, die auf den Direktor Braun hindeuteten. Der wirkliche Fehler war, daß Herr Müller, nachdem er einmal diesen Verdacht bekommen hatte, allen Zeichen, die in eine andere Richtung wiesen, gegenüber blind wurde. Er verbohrte sich in den festen Glauben, daß Direktor Braun sein persönlicher Feind sei, und benahm sich so dumm, daß es ihm beinahe gelang, den Direktor wirklich zu seinem Feind zu machen.

Das Bedauerliche an der Geschichte des Herrn Hans Müller ist, daß er sich so benimmt, wie die meisten unter uns es auch tun. Er ändert niemals seine wichtigen Meinungen. Nebensächliche Meinungen ändert er nicht selten und recht plötzlich; aber niemals zweifelt er an einer seiner Meinungen, ob wichtig oder nebensächlich, solange er sie hat. Niemals zweifelt er an ihnen oder stellt sie in Frage oder prüft sie kritisch – eine kritische Prüfung würde er ganz besonders hassen, wenn er verstände, was das bedeutet.

Wir wollen einräumen, daß Herr Hans Müller bis zu einem gewissen Grade recht hat. Er ist vielbeschäftigt; er hat seine Pflichten auf dem Büro und zu Hause. Er hat wenig Zeit für Zweifel oder Prüfung. Im besten Falle könnte er nur wenige seiner Überzeugungen prüfen, und warum sollte er eine bezweifeln, wenn er keine Zeit hat, diesen Zweifel zu untersuchen?

Doch handle nicht so wie Herr Hans Müller handelt. Laß Deinen Verdacht oder Deine Vermutung oder Deine Mutmaßung nicht ohne Prüfung so anwachsen, bis sie unausrottbar werden. Jedenfalls wird in theoretischen Dingen die beste Idee durch ein unkritisches Hinnehmen geschädigt und gedeiht dagegen bei kritischer Prüfung.

2. *Ein mathematisches Beispiel.* Von allen Vierecken mit gegebenem Umfang suche das mit dem größten Flächeninhalt.

Was ist unbekannt? Ein Viereck.

Was ist gegeben? Der Umfang des Vierecks ist gegeben.

Wie lautet die Bedingung? Das gesuchte Viereck soll einen größeren Flächeninhalt haben als jedes andere mit demselben Umfang.

Diese Aufgabe unterscheidet sich sehr von den üblichen Aufgaben der elementaren Geometrie, und es ist deshalb ganz natürlich, mit Vermutungen anzufangen.

Welches Viereck wird wahrscheinlich das mit dem größten Flächeninhalt sein? Was würde die einfachste Vermutung sein? Wir haben schon gehört, daß von allen Figuren mit dem gleichen Umfang der Kreis den größten Flächeninhalt hat; wir können sogar eine Begründung für die Glaubwürdigkeit dieser Behauptung vermuten. Welches Viereck kommt nun dem Kreis am nächsten? Welches ähnelt ihm am meisten in bezug auf Symmetrie?

Eine einleuchtende Vermutung ist, daß das Quadrat die Lösung bildet. Wenn wir diese Vermutung ernst nehmen, müssen wir uns vergegenwärtigen, was das heißt. Wir sollten den Mut haben zu formulieren: «Von allen Vierecken mit gegebenem Umfang hat das Quadrat den größten Flächeninhalt». Wenn wir uns entschließen, diese Behauptung zu prüfen, ändert sich die Lage. Ursprünglich hatten wir eine «Bestimmungsaufgabe». Nachdem wir unsere Vermutung formuliert haben, haben wir eine «Beweisaufgabe»; wir haben den formulierten Satz zu beweisen oder zu widerlegen.

Wenn wir keine ähnliche Aufgabe kennen, die vorher schon gelöst worden ist, werden wir unsere Aufgabe ziemlich widerspenstig finden. *Wenn Du nicht die vorgegebene Aufgabe lösen kannst, versuche zuerst eine verwandte Aufgabe zu lösen. Kannst Du einen Teil der Aufgabe lösen?* Es mag uns einfallen, daß das Quadrat, wenn es unter den Vierecken bevorrechtet ist, durch dieselbe Eigenschaft auch unter den Rechtecken eine Ausnahmestellung einnimmt. Ein Teil unserer Aufgabe würde gelöst sein, wenn es uns gelänge, die folgende Behauptung zu beweisen: «Von allen Rechtecken mit gegebenem Umfang hat das Quadrat den größten Flächeninhalt».

Dieser Satz scheint zugänglicher zu sein als der frühere; er ist natürlich schwächer. Auf jeden Fall können wir uns vergegenwärtigen, was er bedeutet; wir sollten es wagen, ihn mehr ins einzelne gehend zu formulieren. Wir können ihn vorteilhaft in der Sprache der Algebra neu formulieren.

Der Inhalt eines Rechtecks mit den benachbarten Seiten a und b ist $a \cdot b$.

Eine Seite des Quadrates, das denselben Umfang wie das

gerade betrachtete Rechteck hat, ist $\frac{a+b}{2}$. Der Inhalt des Quadrats ist also $\left(\frac{a+b}{2}\right)^2$. Er soll größer sein als der Inhalt des Rechtecks, wir haben also

$$\left(\frac{a+b}{2}\right)^2 > ab.$$

Ist das gültig? Dieselbe Behauptung kann in der Form geschrieben werden

$$a^2 + 2ab + b^2 > 4ab.$$

Das ist jedoch wahr, denn es ist äquivalent zu

$$a^2 - 2ab + b^2 > 0$$

oder zu
$$(a - b)^2 > 0,$$

und diese Ungleichung gilt stets, wenn nicht $a = b$, d. h. wenn das untersuchte Rechteck ein Quadrat ist.

Damit haben wir unsere Aufgabe zwar noch nicht gelöst, doch dadurch, daß wir unsere ziemlich augenfälligen Vermutungen offen und mutig betrachtet haben, sind wir ein gutes Stück vorangekommen.

Rätsel. Nach § **3** sind die Fragen und Anregungen unserer Tabelle unabhängig von dem Gegenstand und können auf alle Arten von Problemen angewandt werden. Es ist recht interessant, diese Aussage einmal an verschiedenen Rätseln zu prüfen.

1. Der Leser kennt vielleicht die «Visitenkartenrätsel». Hier ist eines:

A. O. KLEIST

TRIER

Was ist der Beruf des Besitzers dieser Visitenkarte? Die

Aufgabe ist, ein Anagramm der auf der Karte befindlichen Buchstaben zu finden, d. h. eine Anordnung zu einem einzigen Wort, das den Beruf der Person bezeichnen mag. Es ist interessant, daß bei der Lösung dieses Rätsels mehrere Fragen unserer Tabelle passend zu verwenden sind und uns sogar anstacheln.

Was ist unbekannt? Ein Wort.

Was ist gegeben? Die dreizehn Buchstaben auf der Karte: A. O. KLEIST TRIER.

Wie lautet die Bedingung? Das gesuchte Wort hat dreizehn Buchstaben, genau die gegebenen dreizehn Buchstaben, in einer noch zu bestimmenden Reihenfolge. Ferner soll das Wort einen Beruf bezeichnen.

Behalte nur einen Teil der Bedingung bei, und lasse den anderen Teil fort. Wir wollen verschiedene Berufe aufzählen (der zweiten Teilbedingung genügen) und hinterher prüfen, ob nicht zufälligerweise ein Wort, das uns dabei einfällt, auch ein Anagramm der gegebenen Buchstaben sei (auch der ersten Teilbedingung genügt). Was gibt es da für Berufe? Schneider, Schuster, Kaufmann, Lehrer, Professor, Rechtsanwalt, Offizier – nichts stimmt, die meisten Wörter sind viel zu kurz. Vielleicht hat der Herr oder die Dame einen altmodischen Beruf: Siegrist, Böttcher. Oder einen besonders feinen Beruf: Akademiker, Aristokrat – das ist wohl nicht ganz ein Beruf, aber ziemlich viele Buchstaben stimmen. Es gibt ja Herren und Damen mit gar zu sonderbaren Berufen!

Zeichne eine Figur. Es ist ganz nützlich, dreizehn leere Plätze zu kennzeichnen.

□ □ □ □ □ □ □ □ □ □ □ □ □

Kannst Du die Aufgabe anders ausdrücken? Wir sollen ein Wort finden, das in irgendeiner Anordnung die Buchstaben enthält:

A E E I I O K L R R S T T

Das ist sicherlich eine gleichwertige Umformulierung der

Aufgabe (siehe HILFSAUFGABE, 6.). Sie kann vorteilhaft sein. Wenn wir die Vokale von den Konsonanten trennen (das ist wesentlich, nicht die alphabetische Reihenfolge), gewinnen wir einen anderen Aspekt der Aufgabe. So sehen wir jetzt, daß das gewünschte Wort sechs Silben hat, wenn nicht irgendwelche Diphtonge darin vorkommen.

Wenn Du die vorgegebene Aufgabe nicht lösen kannst, versuche zuerst eine verwandte Aufgabe zu lösen. Eine verwandte Aufgabe ist, Wörter zu bilden, die einen Teil der gegebenen Buchstaben enthalten. Wir können gewiß leicht kurze Wörter dieser Art bilden. Dann versuchen wir immer längere Wörter zu finden. Je mehr Buchstaben wir verwenden, desto näher kommen wir dem gesuchten Wort.

Kannst Du einen Teil der Aufgabe lösen? Das gesuchte Wort ist so lang, daß es aus verschiedenen Teilen bestehen muß. Es ist wahrscheinlich ein zusammengesetztes Wort, oder es ist von irgendeinem anderen Wort abgeleitet, indem man eine übliche Endung hinzugefügt hat. Was für eine gebräuchliche Endung könnte das sein?

- - - - - - - - - - - - - E R
- - - - - - - - - - - I K E R
- - - - - - - - - - I E R E R

Die Fragen und Anregungen unserer Tabelle können nicht Wunder wirken. Sie können uns nicht die Lösung aller möglichen Rätsel ohne irgendeine Anstrengung unsrerseits geben. Wenn der Leser das Wort finden will, so muß er schon mit dem Versuchen und dem Nachdenken fortfahren. Was die Fragen und Anregungen der Tabelle tun können, ist, «den Ball am Rollen zu halten». Wenn wir, durch das Ausbleiben des Erfolges entmutigt, dazu neigen, die Aufgabe fallen zu lassen, können sie uns zu einem neuen Versuch anregen, uns einen neuen Aspekt, eine neue Variation der Aufgabe, einen neuen Antrieb geben; sie mögen uns bestärken, noch weiter nachzudenken.

Ein weiteres Beispiel siehe in ZERLEGUNG UND ZUSAMMENSETZUNG, 8.

2. *Beispiel.* Wieviele Male liest man in der folgenden Tabelle WELT AM SONNTAG ohne Überspringen eines Buchstaben?[7]

G	A	T	N	N	O	S	O	N	N	T	A	**G**
A	T	N	N	O	S	M	S	O	N	N	T	A
T	N	N	O	S	M	A	M	S	O	N	N	T
N	N	O	S	M	A	T	A	M	S	O	N	N
N	O	S	M	A	T	L	T	A	M	S	O	N
O	S	M	A	T	L	E	L	T	A	M	S	O
S	M	A	T	L	E	**W**	E	L	T	A	M	S
O	S	M	A	T	L	E	L	T	A	M	S	O
N	O	S	M	A	T	L	T	A	M	S	O	N
N	N	O	S	M	A	T	A	M	S	O	N	N
T	N	N	O	S	M	A	M	S	O	N	N	T
A	T	N	N	O	S	M	S	O	N	N	T	A
G	A	T	N	N	O	S	O	N	N	T	A	**G**

Fig. 18

Was ist unbekannt? Die Anzahl der Wege, auf denen man von dem W in der Mitte der Tabelle zu einem der vier G in den vier Ecken gelangt.

Was ist gegeben? Die Tabelle mit einem W in der Mitte, einem G in jeder der vier Ecken und den dazwischen angeordneten 11 Buchstaben ELTAMSONNTA.

Wie lautet die Bedingung? Die Wege von dem W zu einem der vier G müssen die aufeinanderfolgenden 13 Buchstaben WELTAMSONNTAG ergeben. Es darf in der Tabelle kein Buchstabe übersprungen werden.

Betrachte die Unbekannte. Wir sehen sofort, daß die Tabelle aus vier gleichen Quadranten besteht, die an den beiden Hauptachsen gespiegelt sind. Es genügt also, die Anzahl der Wege von W nach G bloß in einem Teilquadrat zu berechnen (eine kleine Abänderung der Unbekannten). Wählen wir den Quadranten rechts unten!

[7] Preisaufgabe aus der Wochenzeitung *Welt am Sonntag*, Ausgabe vom 6. März 1949.

Ist es möglich, die Bedingung zu befriedigen? Die verlangten Wege müssen die Worte «WELT AM SONNTAG» ergeben. Das heißt in dem von uns betrachteten Quadranten, wir können nur nach rechts und nach unten gehen, oder anders ausgedrückt, wir können nur horizontal oder vertikal vorrücken.

Kannst Du die Aufgabe anders ausdrücken? Ich habe so etwas wohl schon gesehen. Ja, es handelt sich eigentlich um einen Weg zwischen lauter gleichen quadratischen Häuserblöcken in einem Straßennetz. Ich *zeichne eine Figur* (Fig. 19). Jedes Lesen des Wortes im Schema entspricht einem Zickzackweg im Straßennetz von der Ecke W zur Ecke G, wobei wir bald nach Osten, bald nach Süden laufen.

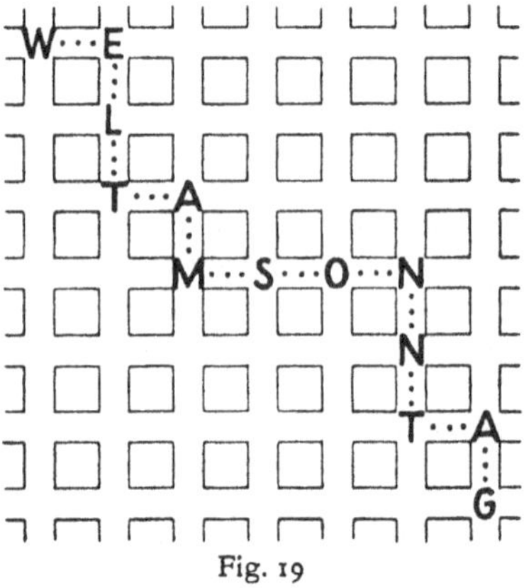

Fig. 19

Was ist unbekannt? Die Anzahl der Zickzackwege in einem Straßennetz von einem gegebenen Punkt (als W) zu einem anderen (als G). Alle diese Zickzackwege sind gleich lang – sie sind wohl die direktesten, kürzesten Wege im Straßennetz von dem einen gegebenen Punkt zum anderen (von W zu G).

Kannst Du einen Teil der Aufgabe lösen? In den einfachsten Fällen kann ich wohl die Wege leicht zählen. Ja, machen wir es systematisch. *Zeichne eine Figur!* (Fig. 20). Ich trage in jede Straßenecke die Anzahl der Zickzackwege ein, vom Punkte W aus, einfach wie ich sie durch Probieren finde.

```
W — 1 — 1 — 1 — 1 —
|   |   |   |   |
1 — 2 — 3 — 4 —
|   |   |   |
1 — 3 — 6 —
|   |   |
1 — 4 —         Y
|   |           |
1 —         X — Z
```

Fig. 20

Hast Du das schon früher gesehen? Es kommt mir bekannt vor – die Binomialkoeffizienten, das Pascalsche Dreieck!

Wir haben eine kleine Entdeckung gemacht: *Die Binomialkoeffizienten zählen die verschiedenen kürzesten Wege in einem Straßennetz zwischen zwei gegebenen Punkten.*

Die Anzahl der Wege von W zu G ist, wenn unsere Entdeckung stimmt,

$$\binom{12}{6} = \frac{12 \cdot 11 \cdot 10 \cdot 9 \cdot 8 \cdot 7}{1 \cdot 2 \cdot 3 \cdot 4 \cdot 5 \cdot 6} = 924,$$

und somit ist die ursprüngliche verlangte Anzahl gefunden:

$$4 \times 924 = 3696.$$

3. Nun stimmt unsere Entdeckung wirklich. Worum handelt es sich? Wir sollen die Anzahl der Zickzackwege Z bis zu einer gegebenen Straßenecke, siehe Fig. 20, finden. Woher kommen jedoch diese Wege? Entweder von der nächsten Ecke im Westen oder von der nächsten Ecke im Norden. Wenn wir die Zahlen, die diesen Straßenecken entsprechen (in Fig. 20 mit X und Y bezeichnet), schon kannten, wäre einfach

$$Z = X + Y.$$

Dies ist jedoch die wesentliche Eigenschaft der Binomialkoeffizienten:

$$\binom{n}{r} = \binom{n-1}{r-1} + \binom{n-1}{r}.$$

4. Meine Nachbarin hatte die Aufgabe anders gelöst Bis zur Frage «*Ist es möglich, die Bedingung zu befriedigen?*» haben wir den gleichen Gedankengang verfolgt. Jedoch dann hatte sie eine andere Idee:

Kannst Du einen Teil der Aufgabe lösen? Unser Teilquadrat enthält wiederum eine Symmetrie. Spiegeln wir an der Diagonale, die durch den Buchstaben S gebildet wird, so wird jeder zugelassene Weg von W zu einem der S genau in einen der zugelassenen Wege von diesem S nach G übergeführt. So genügt es also, die Anzahl der Wege von W bis zu jedem der S abzuzählen; siehe Fig. 18.

Einen Weg von W bis zu einem der S können wir nun leicht eindeutig beschreiben. Unter *a* verstehen wir das Fortschreiten auf einem Wege durch horizontales Vorrücken, unter *b* das Fortschreiten durch vertikales Vorrücken. Der in Fig. 19 eingezeichnete Weg ist z. B. charakterisiert durch das Produkt *a b b a b a a a b b a b*. Sechsmal muß man fortrücken, um von W bis zum betrachteten S zu kommen. Also wird ein solcher Weg durch sechs Buchstaben *a*, *b* angegeben.

Zeichne eine Figur!

W *a* . . . . S
. *b* . . . S
. *b* *a* . .
. . *b* *a*
. .

Fig. 21

Dabei gilt das kommutative Gesetz, d. h. es ist *ab* = *ba*, denn es ist völlig gleich, ob wir von einem Platz aus zuerst vertikal und dann horizontal vorrücken, oder zuerst horizontal und dann vertikal, wir erreichen den gleichen Platz.

Infolgedessen können wir, wenn wir bei einer Wegcharakterisierung nur die Endpunkte betrachten wollen, die a und b beliebig vertauschen und so alle a und b für sich sammeln. Der Endpunkt des Weges ist also zu charakterisieren durch $a^{\nu} b^{\mu}$ mit $\nu + \mu = 6$. Sind diese Exponenten bei zwei Wegangaben verschieden, so führen die Wege zu verschiedenen S. Die Anzahl der Wege zu einem festen S ist aber gleich der Kombination von sechs a und b mit festem $a^{\nu_0} b^{\mu_0}$. Das aber ist gleich der Anzahl der Summanden $a^{\nu_0} b^{\mu_0}$, die beim Ausmultiplizieren von $(a + b)^6$ auftreten. Diese Zahl ist allgemein bekannt. Es ist der Binomialkoeffizient.

$$\binom{6}{\nu_0} = \binom{6}{\mu_0}.$$

Ich habe jetzt *einen Teil der Aufgabe gelöst.* Ich muß in meinem Quadranten nun noch die Wege von der Diagonale der S bis zu der Ecke G berücksichtigen. Die Anzahl der Wege von einem der S bis zu dem G in der unteren Ecke sind uns wegen der Symmetrie in bezug auf die Diagonale der S auch bekannt. Sie ist ebenso groß wie die Anzahl der Wege von W bis zu diesem S. Alle Wege von W bis zu diesem S lassen sich mit allen Wegen von S bis G kombinieren. Also ist die Gesamtzahl der Wege von W bis G gleich dem Quadrat der Wege von W bis zu diesem S.

So ergibt sich schließlich als Anzahl der Wege von W nach G

$$\sum_{\nu=0}^{6} \binom{6}{\nu}^2$$

und als Gesamtzahl der Wege in der ganzen Tabelle:

$$4 \cdot \sum_{\nu=0}^{6} \binom{6}{\nu}^2.$$

Durch Ausrechnen werden wir leicht die gesuchte Unbekannte angeben können: die Anzahl der Wege von W bis zu einem der vier G beträgt 3696 ... dieselbe Lösung!

5. *Rückschau.* Was steckt hinter der Übereinstimmung der beiden Lösungen? Wir fanden, daß

$$1^2 + 6^2 + 15^2 + 20^2 + 15^2 + 6^2 + 1^2 = 924,$$

d. h.

$$\binom{6}{0}^2 + \binom{6}{1}^2 + \binom{6}{2}^2 + \binom{6}{3}^2 + \binom{6}{4}^2 + \binom{6}{5}^2 + \binom{6}{6}^2 = \binom{12}{6}$$

oder allgemeiner

$$\binom{n}{0}^2 + \binom{n}{1}^2 + \binom{n}{2}^2 + \dots + \binom{n}{n}^2 = \binom{2n}{n}.$$

Auch eine nette kleine Entdeckung! In der Tat, wir haben dieses Resultat eigentlich bewiesen, indem wir dieselbe Anzahl (Anzahl der Zickzackwege von W zu G im Spezialfall $n = 6$) auf zwei verschiedene Weisen abzählten.

Reductio ad absurdum und indirekter Beweis sind verschiedene, aber verwandte Verfahren.

Reductio ad absurdum zeigt die Unrichtigkeit einer Behauptung, indem man aus ihr etwas offensichtlich Widersinniges ableitet. «Die Zurückführung auf etwas Widersinniges» ist ein mathematisches Verfahren, aber es ähnelt etwas der Ironie, dem Lieblingsverfahren des Satirikers. Ironie gibt sich den Anschein einer gewissen Meinung und betont und übertreibt sie, bis sie zu einer offensichtlichen Absurdität führt.

Der indirekte Beweis stellt die Wahrheit einer Behauptung auf, indem er zeigt, daß die entgegengesetzte Behauptung falsch ist. Der indirekte Beweis hat so ein wenig Ähnlichkeit mit dem Kunstgriff des Politikers, der einen Kandidaten damit durchbringt, daß er den Ruf des Gegenkandidaten zerstört.

Sowohl die «Reductio ad absurdum» wie der indirekte Beweis sind wirksame Mittel der Entdeckung, die sich ganz von selbst dem nachdenkenden Menschen bieten. Trotzdem sind sie bei einigen Philosophen und bei vielen Anfängern nicht beliebt, was verständlich ist; ironische Menschen und geriebene Politiker gefallen nicht jedermann. Wir wollen im folgenden erst die Wirksamkeit beider Verfahren an Beispielen erklären und dann Einwürfe gegen sie erörtern.

1. *Reductio ad absurdum.* Schreibe Zahlen auf in der Weise, daß jede der Ziffern 0, 1, . . . 9 genau einmal vorkommt und die Summe der Zahlen genau gleich 100 ist.

Der Versuch, diese Aufgabe zu lösen, ist äußerst lehrreich, da manche erhellenden Überlegungen dabei erforderlich sind.

Was ist unbekannt? Eine Menge von Zahlen; unter Zahlen verstehen wir hier natürlich gewöhnliche ganze Zahlen.

Was ist gegeben? Die Zahl 100.

Wie lautet die Bedingung? Die Bedingung besteht aus zwei Teilen. Erstens: bei dem Aufschreiben der gewünschten Menge von Zahlen müssen wir jede der zehn Ziffern 0, 1, 2, 3, 4, 5, 6, 7, 8, 9 benutzen, und zwar jede genau einmal. Zweitens soll die Summe dieser Menge von Zahlen 100 ergeben.

Behalte nur einen Teil der Bedingung bei, und lasse den andern Teil fort. Der erste Teil allein ist leicht zu befriedigen. Nimm z. B. die Zahlenmenge 19, 28, 37, 46, 50; jede der 10 Ziffern tritt genau einmal auf. Aber der zweite Teil der Bedingung ist natürlich nicht erfüllt; die Summe dieser Zahlen ist 180 und nicht 100. Wir können jedoch besser verfahren.

$$19 + 28 + 30 + 7 + 6 + 5 + 4 = 99.$$

Der erste Teil der Bedingung ist erfüllt, und der zweite Teil ist beinahe erfüllt; wir haben 99 statt 100. Wir können natürlich leicht den zweiten Teil befriedigen, wenn wir den ersten fortlassen:

$$19 + 28 + 31 + 7 + 6 + 5 + 4 = 100$$

Der erste Teil ist nicht befriedigt: die Zahl 1 tritt zweimal auf und die 0 überhaupt nicht; die anderen Zahlen sind alle richtig. Versuchen wir es weiter.

Einige weitere erfolglose Versuche führen uns jedoch zu der Vermutung, daß es nicht möglich ist, überhaupt in der geforderten Weise 100 zu erhalten. Schließlich erhebt sich die Aufgabe: *Beweise, daß es unmöglich ist, beide Teile der vorgegebenen Bedingung gleichzeitig zu befriedigen.*

Selbst gute Studenten können der Meinung sein, daß diese Aufgabe über ihren Kopf geht. Doch ist die Antwort leicht genug, wenn wir die richtige Haltung einnehmen. *Wir müssen den hypothetischen Fall prüfen, daß beide Teile der Bedingung befriedigt werden.*

Wir argwöhnen, daß dieser Fall nicht tatsächlich entstehen kann, und dieser Argwohn, der auf der Erfahrung mit unsern erfolglosen Versuchen beruht, hat einige Unterlagen. Doch wir wollen aufgeschlossen bleiben und den Fall betrachten, daß hypothetisch, laut Annahme, beiden Teilen der Bedingung genügt wird. Wir gehen also von einer Menge von Zahlen aus, deren Summe 100 beträgt. Das müssen ein- oder zweistellige Zahlen sein. Es gibt 10 Stellen, und diese 10 Stellen müssen alle voneinander verschieden sein, da jede der Ziffern 0, 1, 2, ..., 9 nur genau einmal vorkommen soll. Die Summe aller 10 Ziffern ist

$$0 + 1 + 2 + 3 + 4 + 5 + 6 + 7 + 8 + 9 = 45.$$

Einige dieser Ziffern bezeichnen Einer und andere Zehner. Man braucht ein wenig Scharfsinn, um auf den Gedanken zu kommen, daß *die Summe der Stellen, die Zehner bezeichnen,* von Bedeutung sein kann. t sei diese Summe. Dann ist die Summe der übrigbleibenden Ziffern, die Einer bezeichnen, gleich $45-t$. Deshalb muß die Summe aller Zahlen aus der Menge sein

$$10t + (45 - t) = 100.$$

Wir haben hiermit eine Gleichung, aus der t bestimmt werden kann. Es ist eine Gleichung ersten Grades und ergibt

$$t = \frac{55}{9}.$$

Wir haben etwas erhalten, das bestimmt falsch ist. Der Wert

von t, den wir gefunden haben, ist keine ganze Zahl, und t muß natürlich eine ganze Zahl sein. Wenn wir von der Annahme ausgehen, daß beide Teile der vorgegebenen Bedingung gleichzeitig befriedigt werden, werden wir zu etwas offensichtlich Widersinnigem gebracht. Wie kann man das erklären? Unsere ursprüngliche Annahme muß falsch sein; beide Teile der Bedingung können nicht gleichzeitig befriedigt werden. Und so haben wir unser Ziel erreicht, es gelang uns zu beweisen, daß die beiden Teile der vorgegebenen Bedingung miteinander unvereinbar sind.

Unsere Überlegung dabei ist typisch eine «Reductio ad absurdum».

2. *Bemerkungen.* Wir wollen auf die vorhergehende Überlegung zurückschauen, um ihre allgemeine Richtung zu verstehen.

Wir wollen beweisen, daß es unmöglich ist, eine bestimmte Bedingung zu erfüllen, das heißt, daß der Fall, daß alle Teile der Bedingung gleichzeitig befriedigt sind, niemals auftritt. Wenn wir aber noch nichts bewiesen haben, müssen wir die Möglichkeit, daß der Fall vorkommen könnte, ins Auge fassen. Nur wenn wir offen diesen hypothetischen Fall ins Auge fassen und ihn eingehend untersuchen, können wir hoffen, irgendeines bestimmt unrichtigen Punktes darin gewahr zu werden. Und wir müssen irgendeinen unrichtigen Punkt wirklich vorweisen, wenn wir überzeugend zeigen wollen, daß der Fall unmöglich ist. Hieraus können wir sehen, daß das Verfahren, das in unserm Beispiel zu Erfolg führte, auch im allgemeinen vernünftig ist: wir müssen den hypothetischen Fall prüfen, daß alle Teile der Bedingung erfüllt werden, *obgleich ein solcher Fall äußerst unwahrscheinlich zu sein scheint.*

Der erfahrenere Leser kann hier noch einen weiteren Punkt sehen. Der Hauptschritt unseres Verfahrens bestand darin, eine Gleichung für t aufzustellen. Wir hätten zu derselben Gleichung kommen können, ohne zu argwöhnen, daß irgend etwas mit der Bedingung nicht stimmte. Wenn wir eine Gleichung aufstellen wollen, müssen wir in mathematischer Sprache ausdrücken, daß alle Teile der Bedingung befriedigt werden, *obgleich wir noch nicht wissen, ob es tatsächlich möglich ist, alle diese Teile gleichzeitig zu befriedigen.*

Unser Verfahren läßt jede Möglichkeit offen. Wir können hoffen, die Unbekannte, die der Bedingung genügt, zu finden, oder wir können hoffen zu zeigen, daß die Bedingung nicht befriedigt werden kann. Das hat in einer Hinsicht wenig zu besagen: die Untersuchung fängt, wenn sie gut geführt wird, in beiden Fällen in der gleichen Weise an, indem sie den hypothetischen Fall untersucht, daß die Bedingung erfüllt wird, und erst in ihrem späteren Verlauf zeigt sie, welche Hoffnung gerechtfertigt ist.

Vergleiche FIGUREN, 2. Vergleiche auch PAPPUS; eine Analyse, die damit endet, daß sie den vorgegebenen Satz widerlegt oder daß sie zeigt, daß die vorgegebene «Bestimmungsaufgabe» keine Lösung hat, ist wirklich eine «Reductio ad absurdum».

3. *Indirekter Beweis.* Primzahlen, wie z. B. 2, 3, 5, 7, 11, 13, 17, 19, 23, 29, 31, 37, ..., sind Zahlen, die nicht in kleinere Faktoren zerlegt werden können, obwohl sie größer als 1 sind. (Die letzte Klausel schließt die Zahl 1 aus, die offensichtlich nicht in kleinere Faktoren zerlegt werden kann, aber eine andere Beschaffenheit hat und nicht zu den Primzahlen gerechnet werden sollte). Die Primzahlen sind die «letzten Bestandteile», in die alle ganzen Zahlen (> 1) zerlegt werden können. Zum Beispiel wird

$$630 = 2 \cdot 3 \cdot 3 \cdot 5 \cdot 7$$

in ein Produkt von fünf Primzahlen zerlegt.

Ist die Reihe der Primzahlen unendlich oder nicht? Es ist natürlich anzunehmen, daß die Reihe der Primzahlen niemals endet. Wenn sie irgendwo aufhören würde, so könnten alle ganzen Zahlen in eine endliche Anzahl von letzten Elementen zerlegt werden, und die Welt würde sozusagen als «zu arm» erscheinen. So entsteht die Aufgabe, die Existenz einer unendlichen Menge von Primzahlen zu beweisen.

Diese Aufgabe ist sehr verschieden von elementaren mathematischen Aufgaben der üblichen Art und erscheint zuerst als unzugänglich. Doch, wie wir schon sagten, ist es höchst unwahrscheinlich, daß eine letzte Primzahl, nennen wir sie P, existiert. Warum ist es so unwahrscheinlich?

Wir wollen offen den unwahrscheinlichen Fall ins Auge fassen. Wir nehmen also an, es gäbe eine letzte Primzahl P. Dann könnten wir die vollständige Reihe der Primzahlen 2, 3, 5, 7, 11, ..., P hinschreiben. Warum ist das so unwahrscheinlich? Was ist daran falsch? Können wir etwas aufweisen, was bestimmt falsch ist? Wir können es in der Tat. Wir konstruieren die Zahl

$$Q = (2 \cdot 3 \cdot 5 \cdot 7 \cdot 11 \cdot \ldots \cdot P) + 1.$$

Diese Zahl Q ist größer als P und kann deshalb nach der Annahme keine Primzahl sein. Folglich muß Q durch eine Primzahl teilbar sein. Doch alle überhaupt verfügbaren Primzahlen sind nach Annahme die Zahlen 2, 3, 5, ..., P; aber Q läßt, wenn es durch irgendeine dieser Zahlen geteilt wird, den Rest 1; also ist Q durch keine der erwähnten Primzahlen teilbar, das sind aber nach der Annahme alle Primzahlen überhaupt. Da muß irgend etwas sein, was bestimmt falsch ist; Q muß entweder selbst Primzahl sein, oder es muß durch irgendeine Primzahl teilbar sein. Da wir von der Annahme ausgingen, daß es eine letzte Primzahl P gäbe, sind wir zu einem offenbaren Widersinn geführt worden. Wie können wir das erklären? Unsere ursprüngliche Annahme muß falsch sein, es kann nicht eine letzte Primzahl P geben. Und damit ist es uns gelungen zu beweisen, daß die Reihe der Primzahlen niemals endet.

Unser Beweis ist typisch ein indirekter Beweis. (Er ist übrigens ein berühmter Beweis, wir verdanken ihn Euklid; siehe Lehrsatz 20 von Buch IX der Elemente.)

Wir haben unsern Satz (daß die Reihe der Primzahlen unendlich ist) aufgestellt, indem wir sein kontradiktorisches Gegenteil widerlegten (daß die Reihe der Primzahlen irgendwo endigt). Wir haben das Gegenteil dadurch widerlegt, daß wir aus ihm eine offensichtliche Absurdität abgeleitet haben. So haben wir den indirekten Beweis mit einer «Reductio ad absurdum» verknüpft; diese Kombination ist auch sehr typisch.

4. *Einwände.* Die Verfahren, die wir hier behandelt haben, haben beträchtlichen Widerstand erregt. Viele Einwürfe sind erhoben worden, die möglicherweise nur verschiedene Formen desselben grundlegenden Einwandes sind. Wir wollen hier eine «praktische» Form des Einwandes erörtern, die gut in den Rahmen unserer Erörterungen paßt.

Einen nicht augenfälligen Beweis zu finden, ist eine beachtenswerte geistige Tat, aber einen solchen Beweis zu lernen oder ihn ganz zu verstehen, kostet auch ein gewisses Quantum geistiger Anstrengung. Verständlich genug ist, daß wir irgendeinen Nutzen von unserer Anstrengung zurückbehalten möchten, und natürlich muß das, was wir in unserm Gedächtnis behalten, wahr und richtig sein und nicht falsch und absurd.

Es scheint aber schwierig, etwas Wahres aus einer «Reductio ad absurdum» zurückzubehalten. Das Verfahren beginnt mit einer falschen Annahme und leitet aus ihr Konsequenzen ab, die gleicherweise, aber vielleicht sichtbarer, falsch sind, bis es eine letzte Konsequenz erreicht, die offensichtlich falsch ist. Wenn wir nicht Unwahrheiten in unserm Gedächtnis ansammeln wollen, müßten wir alles so schnell wie möglich wieder vergessen, was jedoch nicht durchführbar ist, weil alle Punkte scharf und genau während des ganzen Studiums des Beweises hindurch in der Erinnerung haften bleiben müssen.

Der Einwand gegen indirekte Beweise kann jetzt sehr kurz angegeben werden. Wenn wir einen solchen Beweis hören, sind wir gezwungen, die ganze Zeit hindurch unsere Aufmerksamkeit auf eine falsche Annahme zu richten, die wir vergessen sollten, und nicht auf den richtigen Satz, den wir behalten sollen.

Wenn wir den Wert dieser Einwürfe genau beurteilen

wollen, so müssen wir zwischen zwei Verwendungsarten der «Reductio ad absurdum» unterscheiden, der als Werkzeug der Forschung und der als Mittel der Darstellung, und müßten denselben Unterschied bei dem indirekten Beweis machen.

Es muß zugestanden werden, daß die «Reductio ad absurdum» als Mittel der Darstellung nicht ein ungemischter Segen ist. Eine solche «Zurückführung», besonders wenn sie lang ist, kann für den Leser oder Hörer sehr mühevoll sein. Alle Ableitungen, die wir in Aufeinanderfolge prüfen, sind richtig, aber alle Fälle, die wir ins Auge fassen müssen, sind unmöglich. Sogar der Ausdruck in Worten kann langweilig werden, wenn er, wie er sollte, darauf beharrt, immer wieder hervorzuheben, daß alles auf einer anfänglichen Annahme beruht; die Worte «hypothetisch», «nach Annahme» oder «wie angenommen» müssen unaufhörlich wiederkehren, oder irgendein anderer Kunstgriff muß ständig angewandt werden. Wir wollen die Situation als unmöglich verwerfen und sie vergessen, aber wir müssen sie im Gedächtnis behalten und als Grundlage für den nächsten Schritt prüfen, und dieser innere Zwiespalt kann auf die Dauer unerträglich werden.

Doch würde es töricht sein, die «Reductio ad absurdum» als ein Werkzeug der Entdeckung nicht anzuerkennen. Sie kann sich von selbst darbieten und eine Entscheidung herbeiführen, wenn alle anderen Mittel erschöpft zu sein scheinen, wie die vorhergehenden Beispiele zeigen mögen.

Es braucht etwas Erfahrung, um zu bemerken, daß zwischen unseren beiden Standpunkten kein wesentlicher Gegensatz besteht. Die Erfahrung zeigt, daß es gewöhnlich nur wenig Schwierigkeit bereitet, einen indirekten Beweis in einen direkten Beweis umzuwandeln oder einen Beweis, der durch eine lange «Reductio ad absurdum» gefunden ist, in eine gefälligere Form neu anzuordnen, aus der die «Reductio ad absurdum» sogar völlig verschwindet (oder nach entsprechenden Vorbereitungen in wenige treffende Sätze zusammengedrängt werden kann).

Kurzum, wenn wir von unseren Fähigkeiten vollen Gebrauch machen wollen, so müssen wir sowohl mit der «Reductio ad absurdum» wie mit dem indirekten Beweis vertraut sein. Wenn es uns jedoch gelang, ein Resultat durch eine dieser beiden Methoden abzuleiten, sollten wir nicht versäumen, auf die Lösung zurückzuschauen und zu fragen: *Kannst Du das Resultat auf verschiedene Weise ableiten?*

Wir wollen das Gesagte durch Beispiele erläutern.

5. *Umordnung einer Reductio ad absurdum.* Wir schauen zurück auf die Überlegung, die wir unter 1. angestellt haben. Die «Reductio ad absurdum» ging von einer Situation aus, die sich schließlich als unmöglich herausstellte. Wir wollen jedoch einen Teil des Beweises herausschneiden, der unabhängig von der anfänglichen falschen Annahme ist und positive Kenntnisse enthält. Wenn wir erwägen, was wir getan haben, können wir bemerken, daß zweifellos folgendes gilt: Wenn eine Menge von ein- oder zweistelligen Zahlen so geschrieben wird, daß jede der Ziffern 0, 1, 2, ... 9 genau einmal vorkommt, dann ist die Summe der Menge von der Form

$$10t + (45 - t) = 9(t + 5).$$

Diese Summe ist teilbar durch 9. Die vorgelegte Aufgabe fordert jedoch, daß die Summe 100 ist. Ist das möglich? Es ist unmöglich, da 100 nicht durch 9 teilbar ist.

Die «Reductio ad absurdum», die zur Auffindung des Beweises führte, ist aus dieser neuen Darstellung verschwunden.

Nebenbei bemerkt: ein Leser, der mit der üblichen «Neunerprobe» bekannt ist, kann den ganzen Beweis auf den ersten Blick übersehen.

6. *Umwandlung eines indirekten Beweises.* Wir schauen zurück auf die Überlegung, die unter 3 angestellt ist. Wenn wir sorgfältig erwägen, was wir getan haben, finden wir Bestandteile des Beweises, die von einer falschen Annahme unabhängig sind, doch der beste Gedanke kommt aus einer

nochmaligen Erwägung der Bedeutung der ursprünglichen Aufgabe selbst.

Was meinen wir, wenn wir sagen, daß die Reihe der Primzahlen niemals aufhört? Genau dies: wenn wir irgendeine endliche Menge von Primzahlen 2, 3, 5, 7, 11, ..., P ermittelt haben, wo P die letzte bisher gefundene Primzahl ist, dann gibt es immer noch eine weitere Primzahl. Was müssen wir tun, um die Existenz einer unendlichen Menge von Primzahlen zu beweisen? Wir müssen einen Weg aufweisen, wie man eine von allen bisher gefundenen Primzahlen verschiedene Primzahl finden kann. Unsere «Beweisaufgabe» ist damit tatsächlich auf eine «Bestimmungsaufgabe» zurückgeführt: *Es seien gegeben die Primzahlen* 2, 3, 5, ..., P; ***suche eine neue Primzahl** N, **die von den gegebenen verschieden ist.***

Wenn wir unsere ursprüngliche Aufgabe in diese neue Form gekleidet haben, haben wir den Hauptschritt getan. Es ist nun verhältnismäßig leicht zu sehen, wie die wesentlichen Teile unseres früheren Beweises für den neuen Zweck zu verwenden sind. In der Tat, die Zahl

$$Q = (2 \cdot 3 \cdot 5 \cdot 7 \cdot 11 \cdot \ldots \cdot P) + 1$$

ist gewiß durch eine Primzahl teilbar. Nehmen wir nun – das ist der Gedanke – irgendeinen Primzahlteiler von Q (zum Beispiel den kleinsten) als N. (Wenn Q zufällig selbst eine Primzahl ist, ist $N = Q$.) Offensichtlich läßt Q, wenn es durch eine der Primzahlen 2, 3, 5, ..., P geteilt wird, den Rest 1, und deshalb kann keine dieser Zahlen N sein, die ja ein Teiler von Q ist. Das ist schon alles, was wir brauchen: N ist eine Primzahl und verschieden von allen bisher gefundenen Primzahlen 2, 3, 5, 7, 11, ..., P.

Dieser Beweis zeigt ein bestimmtes Verfahren, wie man die Reihe der Primzahlen immer wieder ohne Grenze verlängern kann. Nichts ist indirekt darin, es braucht keine unmögliche Situation betrachtet zu werden. Doch im Grunde genommen ist es derselbe Beweis wie unser früherer indirekter, den wir nur geschickt umgewendet haben.

Regeln des Lehrens. Die erste Regel des Lehrens ist, zu wissen, was man lehren muß. Die zweite Regel des Lehrens ist, mehr zu wissen als das, was man lehren muß.

Die ersten Dinge kommen zuerst. Der Verfasser dieses Buches glaubt nicht, daß alle Regeln über das Verhalten von Lehrern vollständig unnütz sind; sonst würde er nicht gewagt haben, ein ganzes Buch über das Verhalten von Lehrern und Schülern zu schreiben. Doch es sollte nicht vergessen werden, daß ein Lehrer der Mathematik auch wirklich Mathematik können muß, und daß ein Lehrer, der seinen Schülern die richtige Geisteshaltung gegenüber Aufgaben eingeben möchte, diese Haltung selbst erworben haben muß.

Regeln des Stils. Die erste Regel des Stils ist, etwas zu sagen zu haben. Die zweite Regel des Stils ist, sich selbst zu beherrschen, wenn man zufällig zwei Dinge zu sagen hat; man sage zuerst das eine, dann das andere, aber nicht beide gleichzeitig.

Regeln für Entdeckungen. Die erste Regel für Entdekkungen ist, Verstand und Glück zu haben. Die zweite Regel für Entdeckungen ist, beharrlich zu sitzen und zu warten, bis einem eine gute Idee einfällt.

Es mag gut sein, etwas rauh daran erinnert zu werden, daß gewisse Bestrebungen hoffnungslos sind. Unfehlbare Regeln für Entdeckungen, die zur Lösung aller möglichen mathematischen Aufgaben führen, würden noch wünschenswerter sein als der Stein der Weisen, den die Alchimisten vergeblich gesucht haben. Solche Regeln würden Wunder wirken; aber es gibt keine Zauberei. Unfehlbare Regeln, die auf alle Arten von Aufgaben angewandt werden können, aufzufinden, ist ein alter philosophischer Traum; aber dieser Traum wird niemals mehr als ein Traum sein.

Eine sinnvolle Form der Heuristik kann nicht auf unfehlbare Regeln hinzielen; aber sie kann sich bemühen, Verfahren (Denkoperationen, Gedankengänge, Schritte) zu studieren, die typisch förderlich bei der Lösung von Aufgaben sind. Solche Verfahren werden von jedem normalen Menschen, der hinreichend an seiner Aufgabe interessiert ist, geübt. Sie werden durch gewisse stereotype Fragen und Anregungen angedeutet, die jeder intelligente Mensch sich selbst vorlegt und intelligente Lehrer ihren Schülern stellen. Eine Sammlung solcher Fragen und Anregungen, die mit genügender Allgemeingültigkeit formuliert und sauber angeordnet sind, mag weniger erstrebenswert sein als der Stein der Weisen, kann aber wirklich beschafft werden. Unsere Tabelle liefert eine solche Sammlung.

Rückwärts arbeiten. Wenn wir menschliches Verhalten zu verstehen wünschen, sollten wir es mit dem Verhalten von Tieren vergleichen. Auch Tiere «haben Aufgaben» und «lösen Aufgaben». Die experimentelle Psychologie hat in den letzten Jahrzehnten wesentliche Fortschritte gemacht, indem sie die «aufgabenlösenden» Tätigkeiten von verschiedenen Tieren erforscht hat. Wir können diese Forschungen hier nicht erörtern, aber wir werden ein einfaches und lehrreiches Experiment skizzieren, und unsere Beschreibung wird als eine Art Erläuterung der Methode der Analyse oder der Methode des «Rückwärtsarbeitens» dienen. Diese Methode ist beiläufig auch sonst in dem vorliegenden Buche erörtert, und zwar unter dem Namen PAPPUS, dem wir eine wichtige Beschreibung der Methode verdanken.

1. Wir wollen versuchen, auf die folgende knifflige Frage eine Antwort zu finden: *Wie kann man vom Fluß genau 6 Liter Wasser heraufholen, wenn man nur zwei Gefäße hat, einen 4-l-Eimer und einen 9-l-Eimer, um damit zu messen?*

Wir wollen uns die beiden Gefäße, mit denen wir arbeiten sollen, die beiden Eimer, deutlich vor Augen führen. (*Was ist gegeben?*) Wir denken uns zwei zylindrische Gefäße mit gleicher Basis, deren Höhen sich wie 9 zu 4 verhalten, siehe Fig. 22. Wenn auf der Seitenwand eines jeden Gefäßes eine Skala aus horizontalen Linien in gleichem Abstand sich befände, an der wir die Höhe des Wasserstandes ablesen könnten, würde unsere Aufgabe leicht sein. Doch es

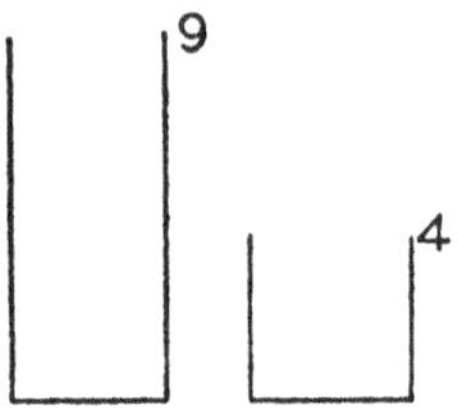

Fig. 22

ist keine solche Skala vorhanden, und so sind wir noch weit entfernt von der Lösung.

Wir wissen noch nicht, wie wir genau 6 Liter messen können; aber können wir sonst etwas messen? (*Wenn Du die vorgelegte Aufgabe nicht lösen kannst, versuche zuerst eine verwandte Aufgabe zu lösen. Kannst Du etwas Förderliches aus den Daten ableiten?*) Wir wollen etwas unternehmen und ein wenig herumspielen. Wir könnten den großen Eimer ganz voll füllen und dann so viel, wie in den kleinen Eimer geht, ausleeren; dann könnten wir 5 Liter erhalten. Könnten wir auch 6 Liter bekommen? Hier haben wir wieder die beiden leeren Eimer. Wir könnten auch ...

Wir arbeiten nun, wie die meisten Leute tun, wenn sie diesem Rätsel gegenübergestellt werden. Wir fangen mit den zwei leeren Eimern an, wir versuchen dies und das, wir leeren und füllen, und wenn es uns nicht gelingt, fangen wir wieder von vorne an und versuchen etwas anderes. Wir *arbeiten vorwärts*, von der gegebenen Anfangssituation zu der erstrebten Endsituation, von den Daten zu der Unbekannten. Es mag uns nach vielen Versuchen zufällig gelingen.

2. Aber besonders tüchtige Leute oder solche, die das Glück hatten, in ihrem Mathematikunterricht etwas mehr als reine Schablone-Verfahren zu lernen, verbringen nicht

zu viel Zeit mit solchen Versuchen, sondern wenden die Sache um und fangen an, rückwärts zu arbeiten.

Was wird von uns verlangt? (*Was ist unbekannt?*) Wir wollen die Endsituation, auf die wir hinzielen, so klar wie möglich ins Auge fassen. Wir stellen uns vor, daß wir den großen Eimer mit genau 6 Liter Wasser und den kleinen

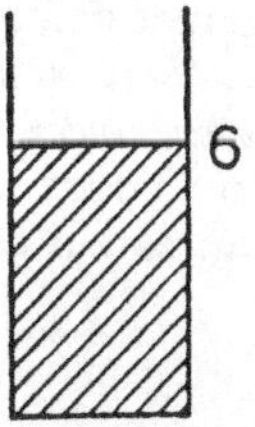

Fig. 23

Eimer leer vor uns haben, wie in Fig. 23. (Wir wollen *ausgehen von dem, was gefordert wird,* und *das, was gesucht ist, als bereits gefunden annehmen,* sagt PAPPUS.)

Von welcher vorhergehenden Situation könnten wir die gewünschte Endsituation, wie sie Fig. 23 zeigt, erhalten? (Wir wollen *untersuchen, von welchem Vorangehenden das gewünschte Resultat abgeleitet werden könnte,* sagt Pappus.) Wir könnten natürlich den großen Eimer vollständig füllen, d. h. mit 9 Liter. Aber dann müßten wir in der Lage sein, genau 3 Liter auszugießen. Um das zu können, ... müßten

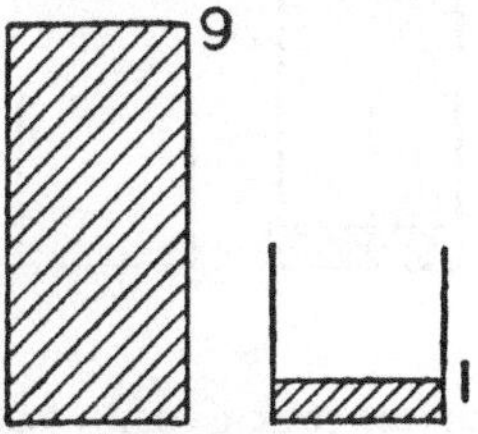

Fig. 24

wir genau 1 Liter in dem kleinen Eimer haben! Jetzt haben wir die Idee. Siehe Fig. 24.

(Der Schritt, den wir gerade vollbracht haben, ist gar nicht leicht. Wenige werden ihn machen, ohne vorher zu zögern. Wenn wir die Bedeutung dieses Schrittes erkennen, sehen wir in der Tat den Umriß der folgenden Lösung vor uns.)

Aber wie können wir die gerade gefundene und in Fig. 24 erläuterte Situation erreichen! (Wir wollen *untersuchen, was das Vorangehende von jenem Vorangehenden sein könnte.*) Da die Menge des Wassers im Fluß für unsern Zweck unbegrenzt ist, läuft die Situation von Fig. 24 auf dasselbe hinaus wie die nächste in Fig. 25.

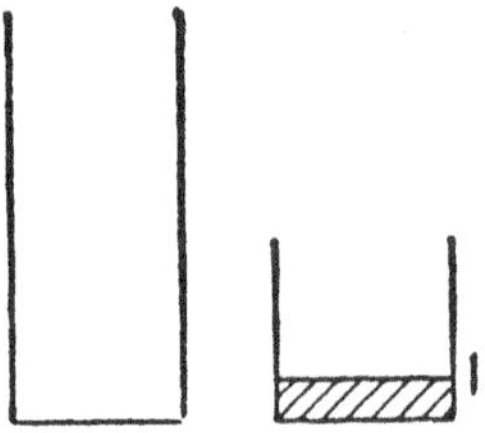

Fig. 25

oder die folgende in Fig. 26.

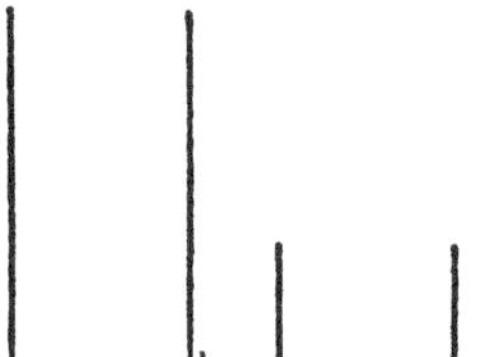

Fig. 26

Es ist leicht zu erkennen, daß, wenn irgendeine der Situationen von Fig. 24, 25 oder 26 erhalten ist, jede andere ebensogut erhalten werden kann, aber es ist nicht so leicht, auf Fig. 26 zu verfallen, wenn *wir sie nicht vorher gesehen haben*, zufällig bei einem unserer anfänglichen Versuche darauf gestoßen sind. Als wir mit den beiden Eimern herumspielten, können wir etwas Ähnliches getan haben und erinnern uns nun im richtigen Moment, daß die Situation von Fig. 26 als durch Fig. 27 angeregt entstehen kann: wir füllen den großen Eimer voll und gießen daraus 4 Liter

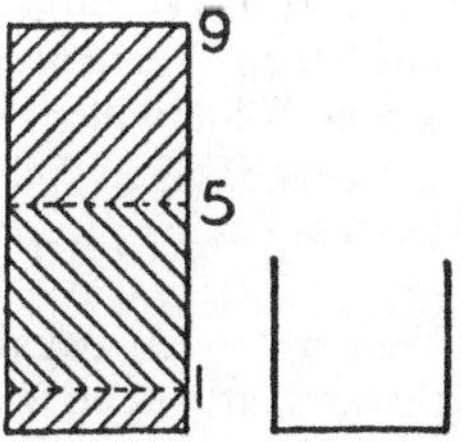

Fig. 27

in den kleineren und das dann in den Fluß, zweimal nacheinander. Wir kamen *schließlich auf etwas bereits Bekanntes* (das sind Pappus' Worte), und indem wir der Methode der Analyse folgten und *rückwärts arbeiteten*, haben wir die richtige Folge der Handlungen entdeckt.

Wir haben wirklich die richtige Folge in rückwärtsschreitender Reihenfolge entdeckt, aber das, was noch zu tun bleibt, ist, *den Prozeß umzukehren und von dem Punkt auszugehen, den wir als letzten in der Analyse erreicht haben* (wie Pappus sagt). Zuerst vollziehen wir die Handlungen, die in Fig. 27 angedeutet werden, und erhalten Fig. 26; dann gehen wir zu Fig. 25 über, dann zu Fig. 24 und schließlich zu Fig. 23. *Durch Zurückverfolgen unserer Schritte gelingt es uns schließlich abzuleiten, was verlangt wurde.*,

3. Die griechische Überlieferung schrieb die Entdeckung der Methode der Analyse Platon zu. Die Überlieferung mag nicht ganz zuverlässig sein, aber auf jeden Fall, wenn die

Methode nicht von Platon erfunden wurde, so fanden es griechische Gelehrte doch notwendig, ihre Erfindung einem philosophischen Genius zuzuschreiben.

Man kann etwas in dieser Methode wahrnehmen, was man nicht als oberflächlich bezeichnen kann. Es liegt eine gewisse psychologische Schwierigkeit darin, umzukehren, vom Ziel wegzugehen, rückwärts zu arbeiten, nicht dem geraden Weg zu dem erstrebten Ziel zu folgen. Wenn wir die Folge der richtigen Handlungen entdecken, muß unser Verstand in einer Reihenfolge vorgehen, die genau die Umkehrung der wirklichen Verrichtung ist. Es entsteht eine Art psychologischen Widerwillens gegen diese Umkehrung, die einen durchaus fähigen Schüler daran hindern kann, diese Methode zu verstehen, wenn sie nicht sorgfältig dargestellt wird.

Doch es bedarf keiner großen Begabung, um eine konkrete Aufgabe rückwärts arbeitend zu lösen; jedermann bringt es fertig mit einem bißchen gesunden Menschenverstand. Wir konzentrieren uns auf das gewünschte Ziel und fassen die Endlage, in der wir uns befinden möchten, fest ins Auge. Von welcher vorhergehenden Lage aus können wir dorthin gelangen? Es ist ganz natürlich, diese Frage zu stellen, und indem wir so fragen, arbeiten wir rückwärts. Ganz einfache Aufgaben können ungezwungen zu diesem Rückwärtsarbeiten führen ; siehe PAPPUS, 4.

Das Rückwärtsarbeiten ist ein der natürlichen geistigen Fassungskraft des Menschen angepaßtes Verfahren, und wir können kaum daran zweifeln, daß es schon vor Plato von Mathematikern und Nichtmathematikern angewandt wurde. Was einige griechische Gelehrte als eine Leistung würdig dem Genius eines Plato angesehen haben, ist, das Verfahren in einer allgemeinen Formulierung aufzustellen und es als eine Handlungsweise zu prägen, die typisch beim Lösen von mathematischen und nichtmathematischen Aufgaben förderlich ist.

4. Und nun wenden wir uns wieder dem psychologischen Experiment zu – wenn der Übergang von Plato zu Hun-

den, Hühnern und Schimpansen nicht zu schroff ist. Ein Zaun möge drei Seiten eines Rechtecks bilden, aber die vierte Seite offen lassen, wie es Fig. 28 zeigt. Wir setzen

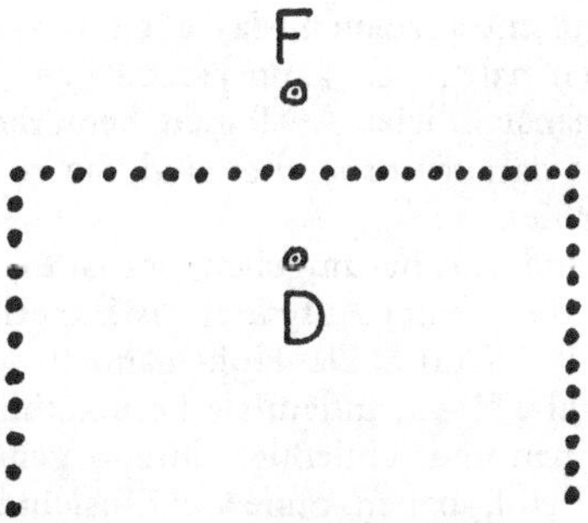

Fig. 28

einen Hund auf die eine Seite des Zaunes, in den Punkt *D*, und legen etwas Futter auf die andere Seite, in den Punkt *F*. Die Aufgabe ist für den Hund ganz leicht. Er wird zuerst eine Stellung einnehmen, als ob er direkt auf das Futter zuspringen wolle, aber dann wird er schnell umkehren, um das Ende des Zaunes herumstürzen und, ohne Zögern laufend, sein Futter in einer glatten Kurve erreichen. Manchmal jedoch, besonders dann, wenn die Punkte *D* und *F* nahe beieinander liegen, wird die Lösung nicht ganz so glatt gehen; der Hund wird erst etwas Zeit damit verlieren zu bellen, zu kratzen oder gegen den Zaun zu springen, bis er «die glänzende Idee faßt» (wie wir sagen würden), um den Zaun herumzulaufen.

Es ist interessant, das Verhalten verschiedener Tiere zu vergleichen, die man an die Stelle des Hundes bringt. Die Aufgabe ist sehr leicht für einen Schimpansen oder für ein vier Jahre altes Kind (für das ein Spielzeug ein anziehenderes Lockmittel sein mag als etwas zu essen). Die Aufgabe stellt sich jedoch als etwas überraschend Schwieriges heraus für ein Huhn, das auf seiner Seite des Zaunes aufgeregt hin und her läuft und beträchtliche Zeit braucht, bis es zu seinem Futter gelangt, wenn es überhaupt dazu kommt. Nach vielem Umherlaufen kommt es vielleicht zufällig dazu.

5. Wir dürfen keine große Theorie auf ein einziges einfaches Experiment aufbauen, das wir nur skizzenhaft hier wiedergegeben haben. Es kann jedoch kein Schaden sein, wenn wir offensichtliche Analogien bemerken, vorausgesetzt, daß wir darauf vorbereitet sind, sie zu kontrollieren und nachzuprüfen.

Um ein Hindernis herumgehen, das ist es, was auch wir tun bei der Lösung einer Aufgabe; das Experiment hat eine Art symbolischen Wertes. Das Huhn handelte wie Menschen, die ihre Aufgabe lösen, indem sie herumstümpern, immer wieder versuchen und schließlich durch irgendeinen glücklichen Zufall Erfolg haben, ohne viel Einsicht in die Gründe ihres Erfolges. Der Hund, der kratzte und umhersprang und bellte, bevor er sich umkehrte, hat seine Aufgabe ungefähr ebensogut gelöst wie wir die unsere mit den beiden Eimern. Als wir uns eine Skala vorstellten, die den Wasserstand in unsern Eimern anzeigen sollte, vollführten wir eine Art nutzloses Kratzen und konnten nur bemerken, daß das, was wir suchen, tiefer liegt. Wir versuchten zuerst auch, vorwärts zu arbeiten und kamen danach auf die Idee umzukehren. Der Hund, der nach kurzer Besichtigung der Lage umkehrte und davonstürzte, gibt, mit Recht oder Unrecht, den Eindruck einer höheren Einsicht.

Nun, wir wollen das Huhn wegen seiner Ungeschicklichkeit nicht einfach tadeln. Es ist eine gewisse Schwierigkeit, umzukehren, vom Ziel fortzugehen, voranzuschreiten, ohne ständig das Ziel vor sich zu sehen, nicht dem geraden Weg zu dem erstrebten Ziel zu folgen. Es besteht eine offensichtliche Analogie zwischen den Schwierigkeiten des Huhnes und unsern eigenen Schwierigkeiten.

Schablonen-Aufgabe möge z. B. die Aufgabe genannt werden, die Gleichung $x^2 - 3x + 2 = 0$ zu lösen, wenn die Lösung der allgemeinen quadratischen Gleichung vorher erklärt und erläutert worden ist, so daß der Schüler nichts weiter zu tun hat, als die Zahlen — 3 und 2 für gewisse Buchstaben einzusetzen, die in der allgemeinen Lösung auftreten. Sogar wenn die quadratische Gleichung noch nicht allgemein «in Buchstaben» gelöst worden ist, aber schon ein halbes Dutzend ähnlicher quadratischer Gleichungen mit numerischen Koeffizienten vorher gelöst worden sind, müßte man die Aufgabe eine «Schablonen-Aufgabe» nennen. Allgemein ist eine Aufgabe eine «Schablonen-Aufgabe», wenn sie entweder durch Substituierung spezieller Daten in eine früher gelöste allgemeine Aufgabe gelöst werden kann, oder durch schrittweises Verfolgen irgendeines allzu bekannten Vorbildes, so daß nicht eine Spur von Originalität zur Lösung erforderlich ist. Wenn der Lehrer eine Schablonen-Aufgabe stellt, hält er dem Schüler eine unmittelbare und bestimmte Antwort auf die Frage: *Kennst Du eine verwandte Aufgabe?* unter die Nase. Der Schüler braucht dann nichts weiter als ein bißchen Sorgfalt und Geduld, um einem fertigen Rezept zu folgen. Er hat dabei keine Gelegenheit, sein eigenes Urteil und seine erfinderischen Fähigkeiten anzuwenden.

Schablonen-Aufgaben, sogar viele Schablonen-Aufgaben können im Mathematikunterricht nötig sein, aber es ist unentschuldbar, den Schüler keine andere Art von Aufgaben machen zu lassen. Das mechanische Vollziehen von schablonenmäßigen mathematischen Operationen zu lehren und sonst nichts, liegt unter dem Niveau des Kochbuches, weil Küchenrezepte noch immer etwas der Phantasie und dem Urteil des Kochs überlassen, mathematische Rezepte dagegen nicht.

Spezialisierung geht von der Betrachtung einer gegebenen Menge von Dingen zu der einer kleineren Menge, die in der gegebenen Menge enthalten ist, oder eines einzelnen Dinges aus ihr über. Spezialisierung ist bei der Lösung von Aufgaben oft förderlich.

1. *Beispiel.* In einem Dreieck sei r der Radius des einge-

schriebenen Kreises, R der Radius des umgeschriebenen Kreises und H die größte Höhe. Dann ist

$$r + R \leqq H.$$

Wir sollen diesen Satz beweisen (oder widerlegen)[8]; wir haben also eine «Beweisaufgabe».

Der genannte Satz ist von ungewöhnlicher Art. Wir können uns kaum eines Satzes über Dreiecke mit einer ähnlichen Schlußfolgerung erinnern. Wenn uns sonst nichts einfällt, können wir einen *Spezialfall* dieser merkwürdigen Behauptung prüfen. Das am besten bekannte spezielle Dreieck ist das gleichseitige Dreieck, für das gilt

$$r = \frac{H}{3} \qquad R = \frac{2H}{3};$$

für diesen Fall stimmt die Behauptung.

Wenn sich noch keine andere Idee bietet, können wir den ausgedehnteren speziellen Fall des gleichschenkligen Dreiecks prüfen. Die Form eines gleichschenkligen Dreiecks variiert mit dem Winkel an der Spitze, und es gibt zwei extreme (oder Grenz-) Fälle; der eine, in dem der Winkel an der Spitze 0^0, und der andere, in dem er 180^0 wird. In dem ersten extremen Fall verschwindet die Grundlinie des gleichschenkligen Dreiecks, und es wird ersichtlich

$$r = 0 \qquad R = \tfrac{1}{2}H;$$

auch hier ist die Behauptung verifiziert. In dem zweiten Grenzfall jedoch verschwinden alle drei Höhen, und es wird

$$r = 0 \qquad R = \infty \qquad H = 0.$$

Die Behauptung stimmt hier nicht. Wir haben bewiesen, daß der vorgegebene Satz falsch ist, und somit haben wir unsere Aufgabe gelöst.

Nebenbei bemerkt, ist es klar, daß die Behauptung auch für sehr flache gleichschenklige Dreiecke falsch ist, deren

[8] *The American Mathematical Monthly*, Bd. 50 (1943), S. 124, und Bd. 51 (1944), S. 234–236.

Winkel an der Spitze beinahe 180° ist, so daß wir «offiziell» den extremen Fall vernachlässigen können, dessen Betrachtung nicht ganz «streng» erscheinen mag.

2. «L'exception confirme la règle.» «Die Ausnahme bestätigt die Regel.» Wir müssen diese weit bekannte Redensart als einen Scherz hinnehmen und über die Lässigkeit einer gewissen Art von Logik lachen. Wenn wir die Sache ernst nehmen, genügt natürlich eine einzige Ausnahme, um irgendeine so genannte Regel oder allgemeine Aussage unumstößlich zu widerlegen. Die gebräuchlichste und in mancher Hinsicht beste Methode, eine solche Aussage zu widerlegen, besteht gerade darin, ein Ding aufzuweisen, das nicht damit übereinstimmt; man nennt ein solches Ding ein *Gegenbeispiel.*

Die nach Behauptung allgemeingültige Aussage befaßt sich mit einer gewissen Menge von Dingen; um die Aussage zu widerlegen, *spezialisieren* wir, wir suchen aus der Menge ein Ding heraus, das nicht damit übereinstimmt. Das vorhergehende Beispiel (unter 1.) zeigt, wie das geschieht. Wir können zuerst irgendeinen einfachen Spezialfall untersuchen, d. h. irgendein mehr oder minder zufällig gewähltes Ding, das wir leicht nachprüfen können. Wenn die Prüfung ergibt, daß der Fall nicht in Übereinstimmung mit der allgemeinen Aussage ist, ist die Aussage widerlegt und unsere Aufgabe beendigt. Wenn jedoch das geprüfte Ding mit der Aussage übereinstimmt, können wir möglicherweise einen Wink aus seiner Prüfung herleiten. Wir können den Eindruck gewinnen, daß die Aussage schließlich wahr sein könnte, und dazu irgendeine Anregung bekommen, in welcher Richtung wir den Beweis suchen sollen. Oder aber wir können, wie in unserm Beispiel unter 1., eine Anregung erhalten, in welcher Richtung wir ein Gegenbeispiel suchen müssen, d. h., welche anderen speziellen Fälle wir prüfen sollten. Wir können den gerade geprüften Fall modifizieren, ändern, irgendeinen ausgedehnteren speziellen Fall erforschen, uns nach extremen Fällen umsehen, wie es in dem Beispiel unter 1. ausgeführt wurde.

Extreme Fälle sind besonders lehrreich. Wenn von einer

allgemeinen Feststellung vorausgesetzt wird, daß sie für alle Säugetiere gilt, muß sie sich auch auf ein solches ungewöhnliches Säugetier wie den Walfisch anwenden lassen. Dieser extreme Fall des Walfischs sei nicht vergessen. Mit seiner Hilfe können wir die allgemeine Aussage widerlegen; das ist eine gute Möglichkeit, weil solche extremen Fälle leicht von den Erfindern von Verallgemeinerungen übersehen werden. Wenn wir jedoch finden, daß die allgemeine Aussage sogar in dem extremen Fall gilt, wird diese Bestätigung ein besonderes Gewicht haben, gerade weil die Aussicht auf Widerlegung groß war. So sind wir versucht, der Redensart, von der wir ausgingen, die Gestalt zu geben: «Grenzfälle bestätigen die Regel».

3. *Beispiel.* Gegeben sei die Geschwindigkeit von zwei Schiffen und ihre Lage zu einem gewissen Zeitpunkt; jedes Schiff steuert einen geradlinigen Kurs mit konstanter Geschwindigkeit. Suche den Abstand der beiden Schiffe, wenn sie einander am nächsten sind.

Was ist unbekannt? Die kürzeste Entfernung zwischen zwei sich bewegenden Körpern. Die Körper sollen als materielle Punkte betrachtet werden.

Was ist gegeben? Die Anfangsstellungen der sich bewegenden materiellen Punkte und die Geschwindigkeit jedes einzelnen. Diese Geschwindigkeiten sind dem Betrage und der Richtung nach konstant.

Wie lautet die Bedingung? Die Entfernung soll ermittelt werden, wenn sie am kürzesten ist, d. h. in dem Augenblick, wenn die beiden sich bewegenden Punkte (Schiffe) einander am nächsten sind.

Zeichne eine Figur. Führe eine passende Bezeichnung ein. In Fig. 29 bezeichnen die Punkte A und B die gegebenen Anfangsstellungen der beiden Schiffe. Die gerichteten Geradenabschnitte (Vektoren) AP und BQ stellen die gegebenen Geschwindigkeiten dar, so daß das erste Schiff entlang der Geraden durch die Punkte A und P fährt und den Abstand AP in der Zeiteinheit zurücklegt. Das zweite Schiff fährt in gleicher Weise entlang der Geraden BQ.

Fig. 29

Was ist unbekannt? Die kürzeste Entfernung der beiden Schiffe, von denen das eine längs AP und das andere längs BQ fährt.

Es ist jetzt klar, was wir finden sollen; doch wenn wir nur elementare Mittel verwenden wollen, werden wir noch im unklaren darüber sein, wie wir es finden sollen. Die Aufgabe ist gar nicht leicht, und ihre Schwierigkeit hat einen besonderen Charakter, den wir mit den Worten ausdrücken können: zu viel Mannigfaltigkeit. Die Anfangsstellungen, A und B, und die Geschwindigkeiten, AP und BQ, können auf verschiedene Weisen gegeben sein; in der Tat können die vier Punkte A, B, P, Q willkürlich gewählt werden. Was auch immer die Daten sein mögen, die gesuchte Lösung muß sich anwenden lassen, und wir sehen noch nicht, wie dieselbe Lösung allen diesen Möglichkeiten angepaßt werden kann. Ausgehend von einem solchen Gefühl zu großer Mannigfaltigkeit kann schließlich die Frage und die Antwort sich erheben:

Kannst Du Dir eine zugänglichere verwandte Aufgabe denken? Eine speziellere Aufgabe? Selbstverständlich, es gibt den extremen Fall, daß eine der Geschwindigkeiten verschwindet. Das Schiff in B möge vor Anker liegen, Q möge mit B zusammenfallen. Die kürzeste Entfernung von dem ruhenden Schiff zu dem sich bewegenden Schiff ist die Senkrechte auf die Gerade, längs der sich das eine Schiff bewegt.

4. Wenn die vorstehende Idee mit dem Eindruck kommt, daß da noch mehr zu holen ist, und mit dem Gefühl, daß jener extreme Spezialfall (der zu einfach erscheinen könnte, um von Bedeutung zu sein) eine Rolle zu spielen hat – dann ist es wirklich eine glänzende Idee.

Hier ist eine Deiner Aufgabe verwandte Aufgabe, jene spezialisierte Aufgabe, die Du gerade gelöst hast. *Kannst Du sie gebrauchen? Kannst Du ihr Resultat gebrauchen? Würdest Du eine Hilfsgröße einführen, damit Du es gebrauchen kannst?* Es soll gebraucht werden, aber wie? Wie kann das Resultat des Falles, daß B in Ruhe ist, für den Fall, daß B sich bewegt, gebraucht werden? Ruhe ist ein *spezieller Fall* von Bewegung. Und Bewegung ist relativ – und deshalb, was auch die gegebene Geschwindigkeit von B sein mag, kann ich B als in Ruhe befindlich betrachten! Hier wird die Idee klarer: Wenn ich dem ganzen System, das aus beiden Schiffen besteht, dieselbe gleichförmige Bewegung gebe, so verändern sich die relativen Stellungen nicht, die relativen Geschwin-

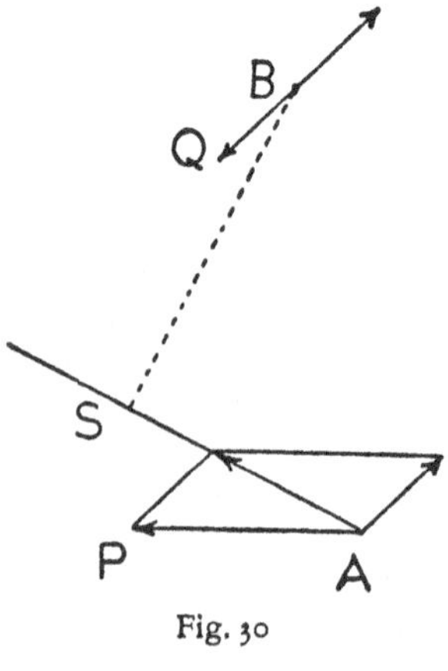

Fig. 30

digkeiten bleiben dieselben, und insbesondere bleibt auch die kürzeste relative Entfernung der beiden Schiffe, nach der die Aufgabe fragt, die gleiche. Ich kann nun eine Bewegung verleihen, die die Geschwindigkeit des einen der Schiffe auf Null reduziert, und dann reduziert sich der allgemeine Fall der Aufgabe auf den speziellen gerade gelösten. Wir wollen sowohl zu BQ als zu AP eine Geschwindigkeit addieren, die BQ entgegengesetzt, aber vom gleichen Betrage ist. Das ist das Hilfselement, das den Gebrauch des speziellen Resultats möglich macht.

Siehe zur Konstruktion der kürzesten Entfernung BS Fig. 30.

5. Die vorhergehende Lösung (unter 3. und 4.) ist logisch ein ausgezeichnetes Beispiel, das sich zu analysieren und im Gedächtnis zu behalten lohnt.

Um unsere ursprüngliche Aufgabe (unter 3., Anfang) zu lösen, haben wir zuerst eine andere Aufgabe gelöst, die wir passend als Hilfsaufgabe (unter 3., Schluß) bezeichnen. Diese Hilfsaufgabe ist ein Spezialfall der ursprünglichen Aufgabe (der extreme Spezialfall, in welchem eines der beiden Schiffe in Ruhe ist). Die ursprüngliche Aufgabe war gegeben, die Hilfsaufgabe wurde im Verlauf der Lösung erfunden. Die ursprüngliche Aufgabe sah schwer aus, die Lösung der Hilfsaufgabe ergab sich unmittelbar. Die Hilfsaufgabe war als ein Spezialfall viel *weniger umfassend* als die ursprüngliche Aufgabe. Wie ist es dann möglich, daß wir in der Lage waren, die ursprüngliche Aufgabe auf Grund der Hilfsaufgabe zu lösen? Weil wir bei der Zurückführung der ursprünglichen Aufgabe auf die Hilfsaufgabe eine wesentliche ergänzende Bemerkung (über die Relativität der Bewegung) hinzufügten.

Es gelang uns, unsere ursprüngliche Aufgabe dank zweier Bemerkungen zu lösen. Erstens, wir erfanden eine vorteilhafte Hilfsaufgabe. Zweitens, wir entdeckten eine geeignete Ergänzung, um von der Hilfsaufgabe zu der ursprünglichen Aufgabe überzugehen. Wir lösten die vorgegebene Aufgabe in zwei Schritten, so wie man einen Bach in zwei Schritten überquert, wenn man das Glück hat, einen geeigneten Stein in der Mitte zu entdecken, der dem Fuße beim Überschreiten einen kurzen Halt geben kann.

Zusammenfassend können wir sagen, wir haben die weniger schwierige, weniger umfassende, spezielle Hilfsaufgabe als einen *Schrittstein* benutzt, um die schwerere, weiterreichende, allgemeine ursprüngliche Aufgabe zu lösen.

6. Spezialisierung hat noch viele andere Verwendungen, die hier nicht alle aufgeführt werden können. Es mag nur noch erwähnt werden, daß sie bei der Kontrolle der Lösung nützlich sein kann (KANNST DU DAS RESULTAT KONTROLLIEREN? 2.).

Eine etwas primitive Art der Spezialisierung ist oft für den Lehrer von Nutzen. Sie besteht darin, *eine konkrete Interpretation* zu den abstrakten mathematischen Bestandteilen der Aufgabe zu geben. Wenn z. B. ein Quader in der Aufgabe vorkommt, so kann der Lehrer als Beispiel das Klassenzimmer nehmen, in dem er spricht (Paragraph **8**). In der analytischen Geometrie des Raumes kann eine Ecke des Klassenzimmers als Koordinatenanfangspunkt dienen, der Fußboden und zwei Wände als Koordinatenebenen, zwei horizontale und eine vertikale Kante des Zimmers als Koordinatenachsen. Um den Begriff einer Rotationsfläche zu erklären, zeichnet der Lehrer mit Kreide eine Kurve auf die Tür und öffnet sie langsam. Das sind alles gewiß einfache Kunstgriffe, aber nichts sollte unterlassen werden, was den Schülern die Mathematik nahebringen kann: die sehr abstrakte Wissenschaft der Mathematik sollte sehr konkret dargestellt werden.

Symmetrie hat zwei Bedeutungen, eine üblichere, besondere, geometrische Bedeutung und eine weniger übliche, allgemeine, logische Bedeutung.

In der elementaren räumlichen Geometrie kommen zwei Arten von Symmetrie vor, Symmetrie in bezug auf eine Ebene (die man Symmetrieebene nennt) und Symmetrie in bezug auf einen Punkt (den man Symmetriezentrum nennt).

Der menschliche Körper erscheint als völlig symmetrisch, aber in Wirklichkeit ist er es nicht; viele innere Organe sind ganz unsymmetrisch angeordnet. Eine Statue kann vollständig symmetrisch sein in bezug auf eine vertikale Ebene, so daß ihre beiden Hälften vollständig untereinander «vertauschbar» sind.

Bei einer allgemeineren Fassung des Wortes kann man ein Ganzes als symmetrisch bezeichnen, wenn es untereinander vertauschbare Teile hat. Es gibt viele Arten von Symmetrie; sie unterscheiden sich voneinander in der Zahl der vertauschbaren Teile, sowie in den Operationen, die die Teile austauschen. So hat ein Würfel einen hohen Grad von Symmetrie; seine 6 Seitenflächen sind miteinander vertauschbar, desgleichen seine 8 Ecken und ebenfalls seine 12 Kanten. Der Ausdruck

$$yz + zx + xy$$

ist symmetrisch; je zwei der drei Buchstaben x, y, z können untereinander vertauscht werden, ohne den Ausdruck zu ändern.

Symmetrie in einem allgemeinen Sinne ist für die hier behandelten Fragen wichtig. Wenn eine Aufgabe in irgendeiner Hinsicht symmetrisch ist, können wir aus der Beachtung der untereinander vertauschbaren Teile Nutzen ziehen, und oft wird es sich lohnen, diese Teile, die dieselbe Rolle spielen, in derselben Weise zu behandeln (siehe HILFSELEMENTE, 3.).

Versuche symmetrisch zu behandeln, was symmetrisch ist, und zerstöre nicht mutwillig eine natürliche Symmetrie. Zuweilen sind wir jedoch gezwungen, das, was von Natur symmetrisch ist, unsymmetrisch zu behandeln. Ein Paar Handschuhe ist gewiß symmetrisch, aber niemand behandelt sie völlig symmetrisch; niemand zieht beide Handschuhe gleichzeitig an, sondern immer nacheinander.

Symmetrie kann auch bei der Kontrolle eines Resultates von Nutzen sein; siehe § **14**.

Trenne die verschiedenen Teile der Bedingung. Unsere erste Pflicht ist, die Aufgabe zu verstehen. Wenn wir die Aufgabe als Ganzes verstanden haben, gehen wir ins einzelne. Wir betrachten ihre Hauptteile, die Unbekannte, die Daten, die Bedingung, jeden Teil für sich. Wenn wir diese Teile wohl im Sinn haben, aber noch keine besonders förderliche Idee uns eingefallen ist, gehen wir noch weiter ins einzelne. Wir betrachten die verschiedenen Daten, jede einzelne gegebene Größe für sich. Wenn wir die Bedingung als Ganzes verstanden haben, *trennen wir ihre verschiedenen Teile* und betrachten jeden Teil für sich.

Wir sehen nun die Rolle der Anregung, die in diesem Abschnitt erörtert wird. Sie zielt darauf ab, einen Schritt hervorzurufen, den wir unternehmen müssen, um die Aufgabe deutlich zu sehen und auf immer feinere Einzelheiten einzugehen. Es ist ein Schritt in ZERLEGUNG UND ZUSAMMENSETZUNG.

Trenne die verschiedenen Teile der Bedingung. Kannst Du sie niederschreiben? Wir haben beim AUFSTELLEN VON GLEICHUNGEN oft genug Gelegenheit, diese Frage zu stellen.

Überbestimmt. Siehe BEDINGUNG.

Unterbewußte Arbeit. Eines Abends wollte ich mit einem Freund über einen gewissen Autor diskutieren, aber ich konnte mich des Namens des Autors nicht entsinnen. Ich war ärgerlich, da ich mich an eine seiner Erzählungen recht gut erinnerte. Ich erinnerte mich auch an eine Geschichte über den Autor selbst, die ich erzählen wollte; ich erinnerte mich tatsächlich an alles, außer an den Namen. Wiederholt versuchte ich, den Namen mir ins Gedächtnis zu rufen, aber alles war vergeblich. Sobald ich am nächsten Morgen an den Verdruß des Abends vorher dachte, fiel mir der Name ohne jede Anstrengung ein.

Der Leser wird sich sehr wahrscheinlich ähnlicher eigener Erfahrungen erinnern. Und wenn er ein leidenschaftlicher Aufgabenlöser ist, hat er wahrscheinlich ähnliche Erfahrungen auch mit Aufgaben gehabt. Oft passiert es, daß man überhaupt keinen Erfolg hat bei dem Versuch, eine Aufgabe zu lösen; man arbeitet intensiv, doch ohne etwas zu finden. Aber wenn man nach einer ausgeruhten Nacht oder nach einer Unterbrechung von wenigen Tagen zu der Aufgabe zurückkommt, taucht plötzlich eine glänzende Idee auf, und man kann die Aufgabe leicht lösen. Die Art der Aufgabe tut dabei wenig zur Sache; ein vergessenes Wort, ein schwieriges Wort aus einem Kreuzworträtsel, der Anfang eines unangenehmen Briefes oder die Lösung einer mathematischen Aufgabe können auf diese Weise einfallen.

Solche Geschehnisse machen den Eindruck einer *unterbewußten Arbeit*. Es ist eine Tatsache, daß eine Aufgabe nach einer Zeit des Abwesendseins wesentlich geklärt wieder zum Bewußtsein kommen kann, weit näher ihrer Lösung als sie war, als sie dem Bewußtsein entfiel. Wer klärte sie, wer brachte sie der Lösung näher? Offensichtlich man selbst, indem man *im Unterbewußtsein* daran arbeitete. Es ist schwer, eine andere Antwort zu geben, obwohl Psychologen die Anfänge einer anderen Antwort entdeckt haben, die sich eines Tages als befriedigender herausstellen mag.

Was immer die Verdienste der Theorie der unterbewußten Arbeit sein oder nicht sein mögen, es ist gewiß, daß es eine Grenze gibt, über die hinaus wir die bewußte Reflexion nicht zwingen sollten. Es gibt gewisse Momente, in denen es besser ist, die Aufgabe für eine Weile allein zu lassen. «Guter Rat kommt über Nacht» ist ein alter Ratschlag. Wenn wir der Aufgabe und uns selbst eine Ruhepause gönnen, können wir morgen mit weniger Anstrengung mehr herausbekommen. «Kommt Zeit, kommt Rat», ist eine andere alte Redensart. Aber es ist angebracht, eine Aufgabe, auf die wir später zurückkommen wollen, nicht ohne den Eindruck eines gewissen Abschlusses beiseite zu legen; wenigstens irgendeine kleine Stelle sollte entschieden, irgendein Aspekt der Frage etwas geklärt sein, wenn wir die Arbeit aufgeben.

Nur solche Probleme tauchen verbessert wieder auf, deren Lösung wir leidenschaftlich ersehnen oder für die wir mit großer Anspannung gearbeitet haben; bewußte Anstrengung und Anspannung scheinen notwendig zu sein, um die unterbewußte Arbeit in Gang zu bringen. Auf jeden Fall würde es zu leicht sein, wenn das anders wäre; wir könnten sonst schwierige Aufgaben dadurch lösen, daß wir schliefen und auf eine gute Idee warteten.

Vergangene Jahrhunderte betrachteten eine plötzliche gute Idee als eine Inspiration, als eine Gabe der Götter. Man muß sich eine solche Gabe durch Arbeit oder wenigstens durch einen inbrünstigen Wunsch verdienen[9].

Variation der Aufgabe. Eine Fliege versucht durch die Fensterscheibe zu entkommen, sie versucht dieses hoffnungslose Unterfangen immer wieder und probiert nicht das nächste Fenster, das weit geöffnet ist und durch das sie ins Zimmer hineinkam. Eine Maus kann klüger handeln; wenn sie in der Falle gefangen ist, versucht sie sich durch zwei Stäbe hindurchzuquetschen, dann durch die beiden nächsten Stäbe, dann wieder durch zwei andere; sie variiert ihre Versuche, sie erforscht verschiedene Möglichkeiten. Der Mensch ist fähig oder sollte wenigstens fähig sein, seine Versuche noch klüger zu variieren, die verschiedenen Möglichkeiten mit mehr Verständnis zu erforschen, aus seinen Fehlern und seiner Unzulänglichkeit zu lernen. «Try, try again», heißt es in einem englischen Kindervers. Das ist ein guter Rat. Die Fliege, die Maus und der Mensch folgen ihm; aber wenn der eine ihm mit mehr Erfolg folgt als die anderen, so ist es, weil er *seine Aufgabe* klüger *variiert.*

1. Am Ende unserer Arbeit – wenn wir die Lösung erhalten haben – werden wir die Aufgabe weit vollständiger und angemessener verstehen, als es zu Beginn der Fall war. In dem Bestreben, von unserm anfänglichen Verständnis der Aufgabe zu einem angemesseneren, besser angepaßten Verständnis voranzuschreiten, versuchen wir verschiedene

---

[9] Die Frage des «unterbewußten Denkens» wird von allen Seiten beleuchtet bei Jacques Hadamard, *The Psychology of Invention in the Mathematical Field.* Princeton University Press.

Standpunkte und betrachten die Aufgabe von verschiedenen Seiten.

Der Erfolg beim Aufgabenlösen hängt ab von der Auswahl des richtigen Aspektes, vom Angreifen der Festung an ihrer zugänglichsten Seite. Um herauszufinden, welcher Aspekt der richtige ist, welche Seite zugänglich ist, versuchen wir verschiedene Seiten und Aspekte, wir *variieren die Aufgabe.*

2. Die Variation der Aufgabe ist wesentlich. Diese Tatsache kann auf verschiedene Weise erklärt werden. So erscheint von einem gewissen Standpunkt der Fortschritt beim Lösen von Aufgaben als Mobilisierung und Organisierung eines früher erworbenen Wissens. Wir müssen gewisse grundlegende Bestandteile aus unserem Gedächtnis hervorholen und in die Aufgabe hineinarbeiten. Die Variation der Aufgabe verhilft uns dazu, solche Bestandteile hervorzuholen. Wie tut sie das?

Wir erinnern uns an etwas durch eine Art von «Wirkung durch Kontakt», die man «Gedankenassoziation» nennt; was wir in unserem Gedächtnis gegenwärtig haben, strebt danach, das zurückzurufen, was mit ihm bei einer früheren Gelegenheit in Kontakt war. (Es ist hier kein Raum und auch keine Notwendigkeit, die Theorie der Assoziation sauber zu formulieren oder ihre Grenzen aufzuweisen.) Wenn wir *die Aufgabe variieren,* bringen wir neue Gesichtspunkte hinein, und so schaffen wir neue Kontakte, neue Möglichkeiten an Bestandteile zu rühren, die für unsere Aufgabe wesentlich sind.

3. Wir können nicht erwarten, irgendeine Aufgabe, die der Mühe wert ist, ohne angespannte Konzentration zu lösen. Aber durch angespannte Konzentration unserer Aufmerksamkeit auf denselben Punkt werden wir leicht müde. Um unsere Aufmerksamkeit wachzuhalten, müssen wir den Gegenstand, auf den sie gerichtet ist, unaufhörlich verändern.

Wenn unsere Arbeit voranschreitet, gibt es etwas zu tun, es gibt neue Gesichtspunkte zu prüfen, unsere Aufmerksamkeit ist beschäftigt, unser Interesse ist geweckt. Aber wenn es uns mißlingt, Fortschritte zu machen, stockt unsere Aufmerksamkeit, unser Interesse verblaßt, wir werden der Aufgabe überdrüssig, unsere Gedanken fangen an zu wandern, und es ist die Gefahr, von der Aufgabe gänzlich abzuschweifen. Um dieser Gefahr zu entgehen, müssen wir uns *eine neue Frage über die Aufgabe stellen.*

Die neue Fragestellung entfaltet unversuchte Möglichkeiten der Berührung mit unserem früheren Wissen, sie belebt wieder unsere Hoffnung, förderliche Kontakte herzustellen. Die neue Frage *erobert unser Interesse zurück, indem sie die Aufgabe variiert*, indem sie einen neuen Aspekt von ihr aufzeigt.

4. *Beispiel.* Suche das Volumen eines Pyramidenstumpfes mit quadratischer Basis, wenn gegeben ist die Seite a der Grundfläche, die Seite b der Deckfläche und die Höhe h des Stumpfes.

Die Aufgabe kann einer Klasse gestellt werden, die mit den Formeln für das Volumen von Prisma und Pyramide vertraut ist. Wenn die Schüler mit irgendwelchen eigenen Gedanken nicht vorankommen, kann der Lehrer damit beginnen, *die Daten* der Aufgabe *zu variieren.* Wir gehen aus von einem Stumpf, bei dem $a > b$. Was geschieht, wenn b wächst, bis es gleich a wird? Der Stumpf wird ein Prisma, und das fragliche Volumen wird a^2h. Was geschieht, wenn b abnimmt, bis es gleich 0 ist? Der Stumpf wird eine Pyramide, und das fragliche Volumen wird $\frac{a^2h}{3}$.

Diese Variation der Daten trägt zunächst dazu bei, das Interesse wachzuhalten. Ferner regt sie an, in der einen oder anderen Weise die aufgeführten Resultate über Prisma und Pyramide zu gebrauchen. Auf jeden Fall aber haben wir bestimmte Eigenschaften des endgültigen Resultates gefunden; die endgültige Formel muß so sein, daß sie für $b = a$ in a^2h übergeht und für $b = 0$ in $\frac{a^2h}{3}$. Es ist von Vorteil, Eigenschaften des erstrebten Resultates vorherzusehen. Solche Eigenschaften können wertvolle Anregungen geben, und auf jeden Fall sind wir, wenn wir die endgültige Formel gefunden haben, dann in der Lage, sie zu prüfen. Wir haben so im voraus eine Antwort auf die Frage: KANNST DU DAS RESULTAT KONTROLLIEREN? (siehe daselbst unter 2.).

5. *Beispiel.* Konstruiere ein Trapez, wenn seine vier Seiten a, b, c, d gegeben sind.

Es sei a die untere und c die obere Basis; a und c seien einander parallel, aber ungleich, b und d seien nichtparallel. Wenn uns kein anderer Gedanke einfällt, beginnen wir damit, die Daten zu variieren.

Wir gehen aus von einem Trapez, bei dem $a > c$. Was geschieht, wenn c abnimmt, bis es gleich o wird? Das Trapez entartet in ein Dreieck. Ein Dreieck ist nun eine wohlbekannte und einfache Figur, die wir aus verschiedenen Daten konstruieren können. Es könnte von einigem Vorteil

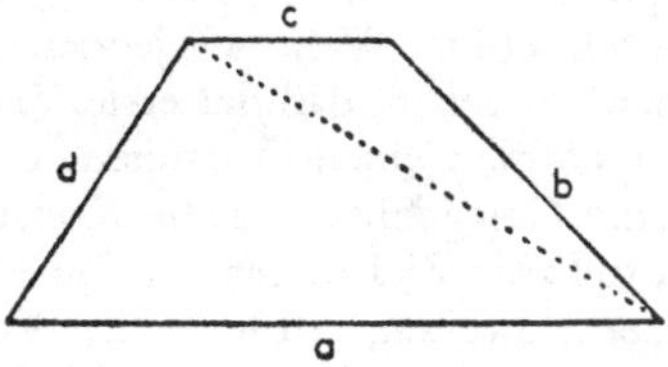

Fig. 31

sein, dieses Dreieck in die Figur einzuführen. Wir tun das durch Zeichnen einer einzigen Hilfslinie, einer Diagonale des Trapezes (Fig. 31). Wenn wir das Dreieck untersuchen, finden wir jedoch, daß es uns kaum weiterhelfen kann; wir kennen zwei Seiten, a und d, aber es müßten drei Größen gegeben sein.

Wir wollen etwas anderes versuchen. Was geschieht, wenn c wächst, bis es gleich a ist? Das Trapez wird ein Parallelogramm. Könnten wir das gebrauchen? Eine kleine Prüfung (siehe Fig. 32) lenkt unsere Aufmerksamkeit auf das Dreieck, das wir dem ursprünglichen Trapez hinzugefügt haben, als wir das Parallelogramm zeichneten. Dieses

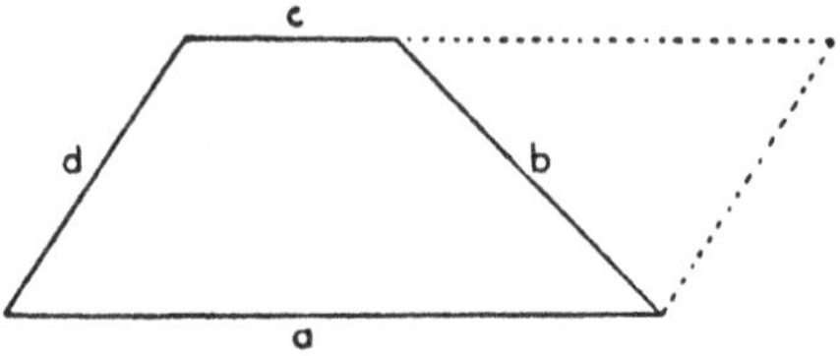

Fig. 32

Dreieck ist leicht zu konstruieren; wir kennen drei Daten, seine drei Seiten *b*, *d* und *a–c*.

Durch Variation der ursprünglichen Aufgabe (Konstruktion des Trapezes) sind wir zu einer zugänglicheren Hilfsaufgabe (Konstruktion des Dreiecks) geführt worden. Wenn wir das Resultat der Hilfsaufgabe verwenden, lösen wir leicht unsere ursprüngliche Aufgabe (wir müssen das Parallelogramm vervollständigen).

Unser Beispiel ist typisch. Es ist auch typisch, daß unser erster Versuch fehlschlug. Wenn wir jedoch darauf zurückschauen, können wir sehen, daß der erste Versuch nicht so unnütz war. Er enthielt einen Gedanken; und er gab uns insbesondere eine Gelegenheit, an die Konstruktion eines Dreiecks als Mittel zum Ziel zu denken. Tatsächlich gelangten wir zu unserm zweiten, erfolgreichen Versuch, indem wir den ersten, erfolglosen Versuch modifizierten. Wir variierten *c*; zuerst ließen wir es abnehmen, dann wachsen.

6. Wie in dem vorhergehenden Beispiel, haben wir oft verschiedene Abänderungen der Aufgabe zu untersuchen. Wir müssen sie variieren, neu formulieren und immer wieder umformen, bis es uns schließlich gelingt, etwas Förderliches zu finden. Wir können aus Mißerfolgen lernen; es kann auch in einem erfolglosen Versuch eine gute Idee stecken, und wir können zu einem erfolgreicheren Versuch gelangen, indem wir einen erfolglosen abändern. Nach verschiedenen Versuchen erreichen wir häufig eine zugänglichere Hilfsaufgabe, wie in dem vorhergehenden Beispiel.

7. Es gibt gewisse Arten und Weisen, die Aufgabe zu variieren, welche typisch von Nutzen sind, wie Zurückgehen

auf die DEFINITION, ZERLEGUNG UND ZUSAMMENSETZUNG, Einführen von HILFSELEMENTEN, VERALLGEMEINERUNG, SPEZIALISIERUNG und die Verwendung der ANALOGIE.

8. Was wir oben (unter 3.) über neue Fragen sagten, die unser Interesse zurückerobern können, ist wichtig für den geeigneten Gebrauch unserer Tabelle.

Ein Lehrer kann die Tabelle gebrauchen, um seinen Schülern zu helfen. Wenn der Schüler Fortschritte macht, braucht er keine Hilfe mehr, und der Lehrer sollte ihm keine Fragen mehr stellen, sondern ihm gestatten, allein zu arbeiten, was für die Entwicklung seiner Selbständigkeit offensichtlich besser ist. Aber der Lehrer sollte natürlich versuchen, irgendeine passende Frage oder Anregung zu finden, um ihm zu helfen, wenn er stecken bleibt. Denn dann besteht die Gefahr, daß der Schüler der Aufgabe überdrüssig wird und sie fallen läßt, oder daß er das Interesse verliert und aus reiner Gleichgültigkeit einen dummen Fehler macht.

Wir können die Tabelle beim Lösen unserer eigenen Aufgaben verwenden. Um sie geeignet anzuwenden, gehen wir wie in dem eben erwähnten Fall vor. Wenn unser Fortschritt zufriedenstellend ist, wenn neue Bemerkungen spontan auftauchen, würde es einfach dumm sein, unsern spontanen Fortschritt durch außenstehende Fragen zu behindern. Aber wenn unser Vorwärtskommen stockt, wenn uns nichts einfällt, besteht die Gefahr, daß wir unserer Aufgabe überdrüssig werden. Dann ist es an der Zeit, an irgendeine allgemeine Idee zu denken, die nützlich sein könnte, an irgendeine Frage oder Anregung der Tabelle, die angebracht sein könnte. Und jede Frage ist willkommen, die Aussicht hat, einen neuen Aspekt der Aufgabe zu zeigen; sie kann unser Interesse zurückerobern, sie verleiht uns Ausdauer für die Arbeit und das Nachdenken.

Verallgemeinerung führt von der Betrachtung eines mathematischen Gegenstandes zu der Betrachtung einer Menge von Dingen, die diesen Gegenstand enthält; oder sie führt von der Betrachtung einer beschränkten Menge zu der einer umfassenderen Menge, die die beschränkte enthält.

1. Wenn wir zufällig auf die Summe

$$1 + 8 + 27 + 64 = 100$$

stoßen, können wir bemerken, daß sie in der merkwürdigen Form

$$1^3 + 2^3 + 3^3 + 4^3 = 10^2$$

geschrieben werden kann. Da kommen wir ganz natürlich zu der Frage: Passiert es oft, daß die Summe von aufeinanderfolgenden dritten Potenzen, wie

$$1^3 + 2^3 + 3^3 + \ldots + n^3,$$

eine Quadratzahl ist? Wenn wir das fragen, verallgemeinern wir. Diese Verallgemeinerung ist glücklich; sie führt von einer Beobachtung zu einem bemerkenswerten allgemeingültigen Gesetz. Viele Resultate sind durch solche glücklichen Verallgemeinerungen in der Mathematik, der Physik und den Naturwissenschaften gefunden worden. Siehe INDUKTION UND VOLLSTÄNDIGE INDUKTION.

2. Verallgemeinerung kann bei der Lösung von Aufgaben nützlich sein. Betrachte die folgende Aufgabe aus der Stereometrie: «Es seien eine Gerade und ein reguläres Oktaeder der Lage nach gegeben. Suche eine Ebene, die durch die gegebene Gerade geht und das gegebene Oktaeder halbiert». Diese Aufgabe sieht schwierig aus, aber nur ein wenig Vertrautheit mit der Gestalt des regulären Oktaeders genügt, um die folgende allgemeinere Aufgabe nahezulegen: «Eine Gerade und *ein fester Körper mit einem Symmetriezentrum* sind der Lage nach gegeben. Suche eine Ebene, die durch die gegebene Gerade geht und das Volumen des gegebenen Körpers halbiert.» Die geforderte Ebene geht natürlich durch das Symmetriezentrum des festen Körpers und wird durch diesen Punkt und die gegebene Gerade bestimmt. Da das Oktaeder ein Symmetriezentrum hat, ist unsere ursprüngliche Aufgabe damit gelöst.

Dem Leser wird es nicht entgehen, zu beobachten, daß

die zweite Aufgabe allgemeiner ist als die erste und nichtsdestoweniger viel leichter als die erste. Unsere Haupttat bei der Lösung der ersten Aufgabe war, *die zweite Aufgabe zu erfinden.* Indem wir die zweite Aufgabe erfanden, erkannten wir die Rolle des Symmetriezentrums; wir lösten diejenige Eigenschaft des Oktaeders, die für die zweite Aufgabe wesentlich ist, heraus, nämlich die Eigenschaft, ein solches Zentrum zu haben.

Die allgemeinere Aufgabe kann leichter zu lösen sein. Das klingt zunächst paradox, aber nach dem vorhergehenden Beispiel wird es für uns nicht mehr paradox sein. Die Haupttat bei der Lösung der speziellen Aufgabe bestand darin, die allgemeine Aufgabe zu finden. Nach dieser Hauptleistung bleibt nur noch ein geringer Teil an Arbeit. So ist in unserem Fall die Lösung der allgemeinen Aufgabe nur ein kleiner Teil der Lösung der speziellen Aufgabe.

Siehe das Paradoxon des Erfinders.

3. «Bestimme das Volumen eines Pyramidenstumpfes mit quadratischer Grundfläche, wenn die Seite der Grundfläche = 10 cm, die Seite der Deckfläche = 5 cm und die Höhe des Stumpfes = 6 cm ist.» Wenn wir statt der Zahlwerte 10, 5 und 6 Buchstaben einsetzen, z. B. a, b und h, so verallgemeinern wir. Wir erhalten eine allgemeinere Aufgabe als die ursprüngliche, nämlich die folgende: «Bestimme das Volumen eines Pyramidenstumpfes mit quadratischer Grundfläche, wenn gegeben ist die Seite a der Grundfläche, die Seite b der Deckfläche und die Höhe h des Stumpfes.» Eine solche Verallgemeinerung kann sehr nützlich sein. Wenn man von einer «numerischen Aufgabe» zu einer «Aufgabe in Buchstaben» übergeht, kann man Zugang zu neuen Lösungsverfahren gewinnen; man kann die Daten ändern und dadurch das Resultat auf verschiedene Weise kontrollieren. Siehe Kannst Du das Resultat kontrollieren? 2., und Variation der Aufgabe, 4.

Warum Beweise? Es wird von Newton folgendes erzählt: Als junger Student begann er das Studium der Geometrie, wie es zu seiner Zeit üblich war, mit dem Lesen von Euklids Elementen. Er las die Theoreme, sah, daß sie stimmten, und überging die Beweise. Er wunderte sich, warum jemand sich der Mühe unterzog, so unmittelbar einleuchtende Dinge zu beweisen. Viele Jahre später jedoch änderte er seine Meinung und pries Euklid.

Diese Geschichte mag glaubwürdig sein oder nicht, doch die Frage bleibt: Warum sollen wir Beweise lernen oder lehren? Was ist vorzuziehen: überhaupt keine Beweise oder Beweise für alles oder einige Beweise? Und wenn nur einige Beweise, dann welche?

1. *Vollständige Beweise.* Für einen Logiker einer gewissen Richtung existieren nur vollständige Beweise. Wenn etwas ein Beweis sein will, darf es keine Lücke lassen, kein Schlupfloch, keinerlei Ungewißheit. Sonst ist es kein Beweis. Können wir vollständige Beweise, die so hohen Ansprüchen genügen, im täglichen Leben oder in einem Rechtsverfahren oder in der Physik finden? Kaum. So ist es schwer zu verstehen, wie man die Idee eines solchen strenggenommen vollständigen Beweises gewinnen konnte.

Wir können mit einer kleinen Übertreibung sagen, daß die Menschheit diese Idee von einem Mann und von einem Buch gelernt hat: von Euklid und seinen Elementen. Auf jeden Fall gewährt das Studium der Elemente der ebenen Geometrie noch die beste Gelegenheit, die Idee des strengen Beweises zu gewinnen.

Nehmen wir als Beispiel den Beweis des Satzes: *In jedem Dreieck ist die Summe der drei Winkel gleich* 2 *R*[10]. Die Fig. 33, die ein unveräußerlicher geistiger Besitz bei den meisten von uns ist, bedarf nur geringer Erklärung. Es ist eine Parallele zur Seite *BC* durch die Spitze *A* gezeichnet. Die Dreieckswinkel bei *B* und *C* sind gewissen Winkeln bei *A* gleich, wie in der Figur angezeigt ist, da Wechselwinkel einander gleich sind. Die drei Winkel des Dreiecks sind gleich drei

[10] Ein Teil von Satz 32 in Buch I von Euklids Elementen. Der folgende Beweis stammt nicht von Euklid, war aber den Griechen bekannt.

Winkeln mit einem gemeinsamen Scheitel *A*, die einen gestreckten Winkel oder 2 *R* bilden; und damit ist der Satz bewiesen.

Wenn ein Schüler seinen Mathematikunterricht absolviert hat, ohne ein paar Beweise wie den eben angegebenen wirklich verstanden zu haben, ist er berechtigt, seiner Schule und seinen Lehrern einen flammenden Vorwurf zu machen. Man sollte in der Tat zwischen Dingen größerer und geringerer Wichtigkeit einen Unterschied machen. Wenn es dem

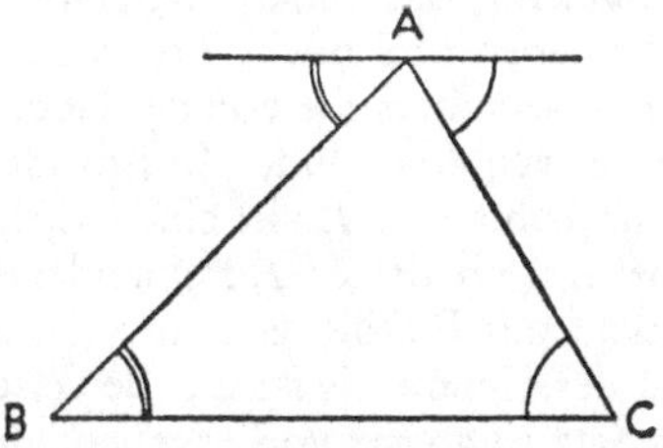

Fig. 33

Schüler mißlang, mit der oder jener besonderen geometrischen Tatsache bekannt zu werden, hat er nicht so viel versäumt; er wird im späteren Leben für solche Tatsachen wenig Verwendung haben. Aber wenn es ihm nicht gelang, mit geometrischen Beweisen bekannt zu werden, hat er die besten und einfachsten Beispiele völliger Klarheit versäumt und die beste Gelegenheit verfehlt, die Idee des genauen Schließens sich anzueignen. Ohne diese Idee fehlt ihm ein echter Maßstab, mit dem er allerlei Behauptungen und angebliche Beweise, wie sie im Leben an ihn herantreten, vergleichen kann.

Kurz, wenn die allgemeine Erziehung dem Schüler die Ideen der intuitiven Klarheit und des logischen Schließens verleihen will, muß den geometrischen Beweisen ein Platz eingeräumt werden.

2. *Logisches System.* Die Geometrie, wie sie in Euklids Elementen dargestellt ist, ist nicht eine bloße Sammlung von Tatsachen, sondern ein logisches System. Die Axiome,

Definitionen und Sätze sind nicht in einer zufälligen Folge aufgereiht, sondern in vollendeter Ordnung angeordnet. Jeder Satz ist so eingeordnet, daß er auf den vorhergehenden Axiomen, Definitionen und Sätzen begründet werden kann. Wir können die Einordnung der Sätze als Euklids Haupttat ansehen und ihr logisches System als das Hauptverdienst der Elemente.

Euklids Geometrie ist nicht nur ein logisches System schlechtweg, sondern es ist das erste und größte Beispiel eines solchen Systems, das andere Wissenschaften nachzuahmen versucht haben und noch versuchen. Sollen andere Wissenschaften – besonders die von der Geometrie weit abliegenden, wie Psychologie und Jurisprudenz – Euklids strenge Logik nachahmen? Das ist eine strittige Frage; aber niemand ist befugt, an dieser Auseinandersetzung teilzunehmen, der nicht mit Euklids System vertraut ist.

Das System der Geometrie ist mit Beweisen zusammengekittet. Jeder Satz ist an die vorhergehenden Axiome, Definitionen und Sätze durch einen Beweis geknüpft. Ohne solche Beweise zu verstehen, können wir nicht das wirkliche Wesen des Systems verstehen.

Kurz, wenn die allgemeine Erziehung dem Schüler die Idee des logischen Systems verleihen soll, muß den geometrischen Beweisen ein Platz eingeräumt werden.

3. *Mnemotechnisches System.* Der Verfasser glaubt nicht, daß die Ideen intuitiver Klarheit, strengen Schließens und des logischen Systems für irgend jemand überflüssig sind. Es mag jedoch Fälle geben, in denen das Studium dieser Ideen wegen des Mangels an Zeit oder aus anderen Gründen nicht als unbedingt notwendig betrachtet wird. Doch selbst in solchen Fällen können Beweise wünschenswert sein.

Beweise gewähren Klarheit; dadurch halten sie das logische System zusammen; und so helfen sie, uns an die verschiedenen zusammengehaltenen Einzelheiten zu erinnern. Nehmen wir das oben in Zusammenhang mit Fig. 33 erwähnte Beispiel. Diese Figur macht die Tatsache klar, daß die Winkelsumme im Dreieck gleich 180° ist. Die Figur verbindet diese Tatsache mit der andern Tatsache, daß Wechselwinkel einander gleich sind. Miteinander verbundene Tatsachen sind jedoch interessanter und werden besser im Gedächtnis behalten als isolierte Tatsachen. So verankert unsere Figur die beiden miteinander verbundenen geometrischen Sätze in unserem Gedächtnis, und schließlich werden die Figur und die Sätze unser unveräußerliches geistiges Eigentum.

Nun kommen wir zu dem Fall, daß die Erwerbung allgemeiner Ideen nicht als notwendig angesehen wird, sondern nur die gewisser Tatsachen erwünscht ist. Selbst in einem solchen Fall müssen die Tatsachen in irgendeinem Zusammenhang und in irgendeiner Art von System dargestellt werden, denn isolierte Einzelheiten werden mühselig erworben und leicht vergessen. Jedwede Art von Zusammenhang, die die Tatsachen einfach, natürlich und dauerhaft vereinigt, ist hier willkommen. Das System braucht nicht auf Logik gegründet zu sein, es muß nur dazu bestimmt sein, dem Gedächtnis wirksam zu helfen; es muß das sein, was man *mnemotechnisches* System nennt. Doch sogar vom Standpunkt eines reinen mnemotechnischen Systems können Beweise nützlich sein, besonders einfache Beweise. Zum Beispiel muß der Schüler die Tatsache über die Winkelsumme im Dreieck und die andere Tatsache über die Wechselwinkel lernen. Kann irgendein Kunstgriff, diese Tatsachen im Gedächtnis zu behalten, einfacher, natürlicher oder wirksamer sein als Fig. 33?

Kurz, sogar wenn kein besonderer Wert auf allgemeine logische Ideen gelegt wird, können Beweise als ein gedächtnisstützender Kunstgriff nützlich sein.

4. *Das Kochbuchsystem.* Wir haben die Vorteile der Beweise erörtert, aber gewiß verteidigen wir nicht, daß alle Beweise «in extenso» gegeben werden sollten. Im Gegenteil, es gibt Fälle, in denen es kaum möglich ist, so zu verfahren; ein wichtiger Fall ist der Unterricht in Differential- und Integralrechnung für Ingenieure.

Wenn die Infinitesimalrechnung entsprechend der heutigen Forderung an Strenge gebracht werden soll, erfordert sie Beweise von einer gewissen Schwierigkeit und Subtilität («Epsilon-Beweise»). Aber Ingenieure lernen die Infinitesimalrechnung im Hinblick auf ihre Anwendung und haben weder genug Zeit noch genug Übung und Interesse, um sich durch lange Beweise durchzukämpfen und Feinheiten zu würdigen. So besteht die große Versuchung, alle Beweise auszulassen. Dadurch jedoch würde man die Infinitesimalrechnung auf das Niveau des Kochbuches herabsetzen.

Das Kochbuch gibt eine ins einzelne gehende Beschreibung von zusammensetzenden Bestandteilen und von Verfahren, aber keine Beweise für seine Verordnungen oder Begründungen für seine Rezepte; der Beweis für den Pudding liegt darin, daß man ihn ißt. Das Kochbuch vermag seinem Zweck vollkommen zu dienen. Es braucht in der Tat nicht irgendeine Art logischen oder mnemotechnischen Systems aufzuweisen, da Rezepte geschrieben oder gedruckt und nicht im Gedächtnis behalten werden.

Doch der Verfasser eines Lehrbuches der Differential- und Integralrechnung oder ein Gymnasiallehrer kann schwerlich seine Absicht erreichen, wenn er das Kochbuchsystem zu eng befolgt. Wenn er Verfahren ohne Beweise unterrichtet, werden die unbegründeten Verfahren nicht verstanden. Wenn er Regeln ohne Begründungen gibt, werden die zusammenhanglosen Regeln schnell vergessen. Mathematik kann nicht in genau der gleichen Art wie eine Speise erprobt werden; wenn jede Art zu schließen verhindert wird, kann ein Lehrgang über Differential- und Integralrechnung leicht ein unzusammenhängendes Inventar unverdaulicher Kenntnisse werden.

5. *Unvollständige Beweise.* Der beste Weg, des Dilemmas zwischen zu schweren Beweisen und dem Niveau des Kochbuchs Herr zu werden, wird sein, einen vernünftigen Gebrauch von unvollständigen Beweisen zu machen.

Für einen strengen Logiker ist ein unvollständiger Beweis überhaupt kein Beweis. Und unvollständige Beweise müssen auch ganz gewiß sorgfältig von vollständigen Beweisen unterschieden werden; den einen mit dem andern zu vermengen, ist schlimm, den einen für den andern auszugeben, ist noch schlimmer. Es ist peinlich, wenn der Verfasser eines Lehrbuches einen unvollständigen Beweis weitschweifig darstellt mit sichtlichem Zögern zwischen Scham und dem Anspruch, daß der Beweis vollständig sei. Aber unvollständige Beweise können nützlich sein, wenn sie an der richtigen Stelle und mit gutem Geschmack verwandt werden. Ihr Zweck ist nicht, vollständige Beweise zu ersetzen, was sie niemals könnten, sondern der Darstellung Interesse und Zusammenhang zu verleihen.

Beispiel 1. *Eine algebraische Gleichung vom Grade n hat genau n Wurzeln.* Dieser Satz, den man den Gauß'schen Fundamentalsatz der Algebra nennt, muß oft Schülern dargestellt werden, die für ein Verständnis seines Beweises völlig unvorbereitet sind. Sie wissen jedoch, daß *eine Gleichung ersten Grades eine Wurzel hat* und *eine zweiten Grades zwei Wurzeln.* Überdies hat der schwierige Satz einen Teil, der leicht gezeigt werden kann: *keine Gleichung vom Grade n hat mehr als n Wurzeln.* Bilden die erwähnten Tatsachen einen vollständigen Beweis für den Fundamentalsatz? Keineswegs. Sie sind jedoch ausreichend, ihm ein gewisses Interesse und Glaubwürdigkeit zu verleihen – und ihn im Gedächtnis der Schüler zu verankern, was das Wichtigste ist.

Beispiel 2. *Die Summe von je zwei Winkeln, die von den Kanten einer körperlichen Ecke gebildet werden, ist größer als der dritte.* Offensichtlich läuft der Satz darauf hinaus zu behaupten, daß *in einem sphärischen Dreieck die Summe von je zwei Seiten größer als die dritte ist.* Wenn man das beobachtet hat, denkt man natürlich an die Analogie des sphärischen Dreiecks mit dem geradlinigen. Bilden diese Bemerkungen einen Beweis? Keineswegs; aber sie helfen uns, den vorgelegten Satz zu verstehen und zu behalten.

Unser erstes Beispiel hat historisches Interesse. Ungefähr 250 Jahre lang glaubten die Mathematiker den Fundamentalsatz ohne vollständigen Beweis – in der Tat mit nicht viel mehr Grundlage als oben erwähnt wurde. Unser zweites Beispiel weist auf die ANALOGIE hin als einer wichtigen Quelle für Vermutungen. In der Mathematik, wie in der Physik und den Naturwissenschaften überhaupt, geht die Entdeckung oft von Beobachtung, Analogie und Induktion aus. Diese Mittel, geschickt verwandt, um einen glaubwürdigen heuristischen Beweis zusammenzufügen, sprechen besonders den Physiker und den Ingenieur an. (Siehe auch INDUKTION UND VOLLSTÄNDIGE INDUKTION, 1., 2,. 3.)

Die Rolle und der Nutzen unvollständiger Beweise ist bis zu einem gewissen Grade durch unser Studium des Vorgangs der Lösung erklärt. Einige Erfahrung im Lösen von Aufgaben zeigt, daß der erste Gedanke eines Beweises sehr häufig unvollständig ist. Die wesentlichste Bemerkung, der Hauptgedanke, der Kern des Beweises mag da sein, aber Einzelheiten müssen nachträglich beschafft werden und sind oft lästig. Einige Verfasser, doch keineswegs alle, haben die Gabe, gerade den Kern des Beweises darzustellen, den Hauptgedanken in seiner einfachsten Form, und auf das Wesen der übrigbleibenden Einzelheiten nur hinzuweisen. Ein solcher Beweis kann, obwohl er unvollständig ist, viel lehrreicher sein als ein Beweis, der mit allen Einzelheiten ausgeführt ist.

Kurz, unvollständige Beweise mögen gebraucht werden als eine Art von Kunstgriff, der das Gedächtnis stützt (aber natürlich nicht an der Stelle von vollständigen Beweisen), wenn das Ziel leidlicher Zusammenhang in der Darstellung und nicht streng logische Folgerichtigkeit ist.

Es ist sehr gefährlich, der Fürsprecher von unvollständigen Beweisen zu sein. Möglicher Mißbrauch kann jedoch durch wenige Regeln in Schranken gehalten werden. Erstens muß ein Beweis, wenn er unvollständig ist, irgendwo und irgendwie als solcher gekennzeichnet sein. Zweitens ist ein Autor oder ein Lehrer nicht berechtigt, einen unvollständigen Beweis für einen Satz zu geben, wenn er nicht selbst einen vollständigen Beweis für ihn sehr gut kennt.

Und es muß zugestanden werden, daß es gar nicht leicht ist, einen unvollständigen Beweis mit richtigem Geschick darzustellen.

Was ist unbekannt? Was ist gefordert? Was willst Du finden? Was willst Du eigentlich suchen?

Was sind die Daten? Was ist gegeben?

Wie lautet die Bedingung? Durch welche Bedingung ist die Unbekannte an die Daten gebunden?

Diese Fragen können von dem Lehrer gebraucht werden, um zu prüfen, ob die Aufgabe verstanden ist; der Schüler sollte sie klar beantworten können. Überdies richten sie die Aufmerksamkeit des Schülers auf die Hauptteile einer «Bestimmungsaufgabe», die Unbekannte, die Daten und die Bedingung. Da die Betrachtung dieser Teile immer wieder nötig sein wird, mögen die Fragen in den letzten Phasen der Lösung oft wiederholt werden. (Beispiele in den §§ **8, 10, 18, 20**; AUFSTELLEN VON GLEICHUNGEN, 3., 4.; PRAKTISCHE AUFGABEN, 1.; RÄTSEL; und anderswo.)

Die Fragen sind für den, der Aufgaben lösen will, von der größten Wichtigkeit. Er kontrolliert sein eigenes Verständnis der Aufgabe, er sammelt seine Aufmerksamkeit auf diesen oder jenen Hauptteil der Aufgabe. Die Lösung besteht wesentlich darin, die Unbekannte mit den Daten zu verbinden. Deshalb muß der Aufgabenlöser diese Teile immer wieder ins Auge fassen, indem er fragt: *Was ist unbekannt? Was ist gegeben?*

Die Aufgabe kann viele Unbekannte haben, oder die Bedingung kann verschiedene Teile haben, welche getrennt voneinander betrachtet werden müssen, oder es mag wünschenswert sein, irgendeine gegebene Größe für sich zu betrachten. Deshalb können wir verschiedene Abänderungen unserer Fragen gebrauchen, wie: Was sind die Unbekannten? Was ist zuerst gegeben? Was ist an zweiter Stelle gegeben? Was sind die verschiedenen Teile der Bedingung? Was ist die erste Klausel der Bedingung?

Die Hauptteile einer «Beweisaufgabe» sind die Hypothese und der Schluß, und die entsprechenden Fragen sind hier: *Was ist die Hypothese? Was ist die Schlußfolgerung?* Wir können irgendeine Variation im wörtlichen Ausdruck oder eine Abänderung dieser häufig angewandten Fragen nötig haben, wie: Was setzt man voraus? Was sind die verschiedenen Teile in Deiner Voraussetzung? (Beispiel in § **19.**)

Weisheit in Sprichwörtern. Das Lösen von Aufgaben ist eine grundlegende menschliche Tätigkeit. In der Tat befaßt sich der größere Teil unseres bewußten Denkens mit Aufgaben. Wenn wir uns nicht bloßem Nachsinnen oder Träumen hingeben, sind unsere Gedanken auf irgendein Ziel gerichtet; wir suchen Mittel, wir suchen eine Aufgabe zu lösen.

Manche Menschen sind mehr und manche weniger erfolgreich in Erreichung ihrer Ziele und im Lösen ihrer Probleme. Solche Unterschiede werden bemerkt, erörtert und erläutert, und gewisse Sprichwörter scheinen die Quintessenz solcher Erörterungen bewahrt zu haben. Auf jeden Fall gibt es recht viele Sprichwörter, die treffend die typischen Verfahren, denen man bei der Lösung von Aufgaben folgt, den Witz des gesunden Menschenverstandes, die gewöhnlichen Tricks und die üblichen Fehler charakterisieren. Es gibt viele scharfsinnige und manche subtile Bemerkungen in Sprichwörtern, aber es ist in ihnen offensichtlich kein wissenschaftliches System, das frei von Ungereimtheiten und Dunkelheiten wäre. Im Gegenteil, manches Sprichwort kann mit irgendeinem anderen verglichen werden, das genau den entgegengesetzten Rat gibt, und überdies gibt es einen großen Spielraum in der Auslegung. Es würde töricht sein, Sprichwörter als eine maßgebliche Quelle allgemein anzuwendender Weisheit anzusehen, aber es wäre schade, die anschauliche Beschreibung heuristischer Verfahren außer acht zu lassen, die von Sprichwörtern geliefert wird.

Es wäre eine anziehende Aufgabe, Sprichwörter, die sich mit dem Planen, dem Suchen von Hilfsmitteln und dem Auswählen zwischen den Richtungen des möglichen Vorgehens befassen, kurz, Sprichwörter über das Lösen von Aufgaben zu sammeln und zu gruppieren. Von dem Raum, den eine solche Aufgabe erfordert, ist hier nur ein kleiner Bruchteil verfügbar; das beste, das wir tun können, ist, ein paar Sprichwörter zu zitieren, die die Hauptstufen der Lösung erläutern, wie sie in unserer Tabelle aufgeführt und in den Abschnitten **6** bis **14** und auch sonst besprochen werden. Die zitierten Sprichwörter sind kursiv gedruckt.

1. Das Allererste, das wir zur Lösung unserer Aufgabe tun müssen, ist, die Aufgabe zu verstehen. Dazu gehört es, das Ziel, das wir erreichen sollen, klar zu sehen: *Anfangs bedenk das End.* Das ist ein alter Ratschlag; «respice finem» heißt es Lateinisch. Leider beachtet nicht jeder solchen guten Rat, und mancher beginnt oft mit Grübeln‘ Schwatzen und sogar mit geschäftigem Handeln, ohne daß er das Ziel, für das er arbeitet, eigentlich verstanden hat. *Was nicht im Anfang ward bedacht, wird nicht zu gutem End gebracht.* Wenn das Ende nicht klar vor unserem geistigen Auge steht, können wir leicht von unserer Aufgabe abirren und *den Faden verlieren.*

Doch es genügt nicht, die Aufgabe zu verstehen, wir müssen auch ihre Lösung erstreben. Wir haben keine Aussicht, eine schwierige Aufgabe lösen zu können, wenn uns das Verlangen fehlt, sie zu lösen, aber mit einem solchen Verlangen haben wir eine gewisse Aussicht. *Wo ein Wille ist, da ist auch ein Weg.*

2. Die Hauptleistung bei der Lösung einer Aufgabe ist, den Plan auszudenken, den Gedanken für ein geeignetes Vorgehen zu fassen.

Eine gute Idee ist ein Glücksfall, eine Inspiration, eine Gabe der Götter, und wir müssen uns ihrer würdig zeigen: *Fleiß ist des Glückes Vater. Ohne Fleiß kein Preis. Beharrlichkeit führt zum Ziel. Es fällt keine Eiche von einem Streiche. Oft schießen trifft das Ziel.* Es ist jedoch nicht genug, wiederholt Versuche anzustellen, wir müssen verschiedenartige Mittel probieren, wir müssen unsere Versuche variieren. *Viele Wege führen zum Ziel.* Wir müssen unsere Versuche den Umständen anpassen. *Wo der Zaun am niedrigsten ist, steigt man über.* Die Umstände sind nicht immer so, wie man sie wünscht, und so muß man zuweilen *sich nach der Decke strecken. Wer nicht kann, was er will, muß wollen, was er kann. Wo ein Mann nicht überspringen kann, da muß er unten durchkriechen.* Wenn uns etwas fehlschlägt, müssen wir etwas anderes versuchen. *Das sind die Weisen, die durch Irrtum zur Wahrheit reisen; die bei dem Irrtum verharren, das sind die Narren* (Rückert). Wir sollten sogar von Anfang an auf ein mögliches Mißlingen unseres Planes vorbereitet sein und einen anderen in Reserve haben. Es ist gut, *zwei Eisen im Feuer zu haben.* Man kann natürlich diese Art, von einem Plan zum anderen überzugehen, auch übertreiben und *vom Hölzchen aufs Stöckchen kommen.*

Wir arbeiten schwer, um etwas Nützliches aus unserem Gedächtnis herauszuholen, jedoch oft genug, wenn ein Gedanke sich bietet, der nützlich sein könnte, schätzen wir ihn nicht, weil er so unauffällig ist. Der Fachmann hat vielleicht nicht mehr Ideen als der Unerfahrene, aber er schätzt mehr, was er hat, und nutzt es besser aus. Man muß *das Glück beim Schopfe fassen, den guten Wind benutzen, das Eisen schmieden, solange es heiß ist.*

3. Wir sollten unseren Plan im richtigen Moment, wenn er reif ist, durchzuführen beginnen, aber nicht eher. Wir dürfen nicht zu hastig beginnen. *Erst besinn's, dann beginn's. Erst wäg's, dann wag's. Eile mit Weile. Kommt Zeit, kommt Rat.* Andererseits sollten wir auch nicht zu lange zögern. *Wer allzeit auf den Wind wird sehen, der wird nicht säen und nicht mähen. Wer das Wasser fürchtet, gehe nicht zu Schiff. Hilf Dir selbst, so hilft Dir Gott.*

Wir müssen unser Urteil gebrauchen, um den richtigen Augenblick zu bestimmen. Und da sei eine rechtzeitige Warnung ausgesprochen, die auf den gewöhnlichsten Trugschluß, den üblichsten Mißerfolg in unserem Urteil hinweist: *Was man wünscht, das glaubt man gern.*

Unser Plan gibt gewöhnlich nur einen allgemeinen Umriß. Wir müssen uns davon überzeugen, daß die Einzelheiten in diesen Umriß passen, und so müssen wir jede Einzelheit sorgfältig der Reihe nach prüfen. *Nach und nach baut der Vogel sein Nest. Man muß längs der Bank gehen, bis man hinauf kommt. Wer langsam fährt, kommt auch zum Ziel.*

Bei der Durchführung des Planes müssen wir sorgfältig verfahren, um die Schritte in der richtigen Reihenfolge, die oft genau das Umgekehrte der Reihenfolge der Erfindung ist, anzuordnen. Man darf nicht *den zweiten Schritt vor dem ersten tun. Wer eine Leiter hinaufsteigen will, muß bei der untersten Stufe anfangen.*

4. Rückschau halten auf die vollendete Lösung ist eine wichtige und lehrreiche Stufe der Arbeit. *Die besten Gedanken kommen hinten nach.*

Wenn wir die Lösung überprüfen, können wir eine zusätzliche Bestätigung des Resultates entdecken. Doch der Anfänger muß erst darauf hingewiesen werden, daß eine solche zusätzliche Bestätigung wertvoll ist, daß zwei Beweise besser als einer sind. *Doppelt genäht hält besser.*

5. Wir haben keinesfalls die Bemerkungen von Sprichwörtern über die Lösung von Aufgaben erschöpft. Doch viele andere Sprichwörter, die angeführt werden könnten, würden kaum neue Themen liefern, sondern nur Variationen über die bereits erwähnten Themen. Gewisse mehr systematische und subtilere Aspekte des Vorgangs der Lösung liegen schwerlich innerhalb des Gesichtskreises der Weisheit von Sprichwörtern.

Bei der Beschreibung der mehr systematischen Aspekte der Lösung hat der Verfasser gelegentlich versucht, die besondere Wendung von Sprichwörtern nachzuahmen, was nicht ganz leicht ist. Es mögen einige «synthetische» Sprichwörter folgen, die etwas kompliziertere Haltungen beschreiben.

Der Zweck inspiriert die Mittel.

Deine fünf besten Freunde sind Was, Warum, Wo, Wann und Wie. Du fragst Was, Du fragst Warum, Du fragst Wo, Wann und Wie – und frage niemand anders, wenn Du Rat brauchst.

Glaube nichts, aber bezweifle nur, was des Zweifelns wert ist.

Schau um Dich, wenn Du Deinen ersten Pilz gefunden oder Deine erste Entdeckung gemacht hast: sie wachsen in Haufen.

Wenn Du nicht die vorgegebene Aufgabe lösen kannst, so laß Dich durch diesen Mißerfolg nicht zu sehr betrüben, sondern versuche Dich mit einem leichteren Erfolg zu trösten, *versuche zuerst eine verwandte Aufgabe zu lösen;* dann kannst Du Mut bekommen, die ursprüngliche Aufgabe wieder anzupacken. Vergiß nicht, daß die menschliche Überlegenheit darin besteht, um ein Hindernis, das nicht direkt überwunden werden kann, herumzugehen, eine passende Hilfsaufgabe auszudenken, wenn die ursprüngliche unlösbar zu sein scheint.

Kannst Du Dir eine zugänglichere verwandte Aufgabe denken? Du solltest jetzt eine verwandte Aufgabe *erfinden* und Dich nicht nur einer solchen erinnern, was Du bereits versucht hast durch die Frage: *Kennst Du eine verwandte Aufgabe?*

Die noch verbleibenden Fragen in dem Paragraphen unserer Tabelle, der mit dem Titel des vorliegenden Abschnitts beginnt, haben ein gemeinsames Ziel, die VARIATION DER AUFGABE. Es gibt verschiedene Mittel, um dieses Ziel zu erreichen, wie VERALLGEMEINERUNG, SPEZIALISIERUNG, ANALOGIE und andere, die verschiedene Arten der ZERLEGUNG UND ZUSAMMENSETZUNG bilden.

Zeichen des Fortschritts. Als Kolumbus und seine Gefährten westwärts über einen unbekannten Ozean segelten, waren sie guter Dinge, sooft sie Vögel sahen. Sie betrachteten einen Vogel als ein günstiges Zeichen, das die Nähe von Land anzeigte. Aber sie wurden wiederholt darin enttäuscht. Sie beobachteten auch andere Zeichen. Sie dachten, daß schwimmender Seetang oder niedrige Wolkenbänke Land ankündigten, aber sie wurden wieder enttäuscht. Eines Tages jedoch vervielfältigten sich die Zeichen. Am Donnerstag, dem 11. Oktober 1492, «sahen sie Sandpfeifer und ein grünes Schilfrohr neben dem Schiff. Die von der Karavelle *Pinta* sahen ein Rohr und eine Stange, und sie nahmen eine andere kleine Stange auf, die mit Eisen bearbeitet zu sein schien; ferner ein anderes Stück Rohr, eine Landpflanze und ein kleines Brett. Die Mannschaft der Karavelle *Niña* sah auch Anzeichen, daß Land in der Nähe war, und fand einen kleinen, mit Beeren bedeckten Zweig. Jeder atmete auf und freute sich über diese Zeichen.» Und in der Tat sichteten sie am nächsten Tage Land, die erste Insel einer Neuen Welt.

Unser Unternehmen mag wichtig oder unwichtig sein, unsere Aufgabe gleich welcher Art – wenn wir angestrengt arbeiten, geben wir eifrig auf Zeichen des Fortschritts acht, so wie Kolumbus und seine Gefährten auf Zeichen eines sich nähernden Landes warteten. Wir werden einige Beispiele erörtern, um zu verstehen, was sinnvoll als ein Zeichen, daß man sich der Lösung nähert, angesehen werden kann.

1. *Beispiele.* Ich habe eine Schachaufgabe. Ich soll den schwarzen König in, sagen wir, zwei Zügen matt setzen. Auf dem Schachbrett befindet sich ein weißer Springer in ziemlichem Abstand von dem schwarzen König, und ist scheinbar überflüssig. Wofür ist er gut? Ich sehe mich gezwungen, diese Frage vorerst unbeantwortet zu lassen. Doch nach verschiedenen Versuchen stoße ich zufällig auf einen neuen Zug und beobachte, daß man dabei den anscheinend überflüssigen weißen Springer wohl verwenden kann. Diese Beobachtung gibt mir eine neue Hoffnung. Ich betrachte sie als ein günstiges Zeichen: jener neue Zug hat Aussicht, der richtige zu sein. Warum?

In einer gutkonstruierten Schachaufgabe gibt es keine überflüssige Figur. Deshalb sollen wir alle Schachfiguren auf dem Brett in Betracht ziehen; wir müssen *alle Daten benutzen.* Die richtige Lösung verwendet gewiß alle Stücke, auch jenen anscheinend überflüssigen weißen Springer. In dieser letzten Beziehung verhält sich der neue Zug, den ich erwäge, wie der richtige, den ich eigentlich finden will. Der neue Zug sieht aus wie der richtige; er kann der richtige Zug sein.

Es ist interessant, eine ähnliche Situation in einer mathematischen Aufgabe zu betrachten. Die Aufgabe sei, den Inhalt eines Dreiecks in den drei Seiten a, b und c auszudrükken. Ich habe bereits eine Art Plan gemacht. Ich weiß, mehr oder weniger deutlich, welche geometrischen Zusammenhänge ich in Rechnung zu ziehen habe und welche Art von Rechnungen ich ausführen muß. Doch ich bin nicht ganz sicher, ob mein Plan durchführbar ist. Wenn ich nun die von meinem Plan vorgeschriebene Linie verfolge und dabei beobachte, daß die Größe

$$\sqrt{b + c - a}$$

in den Ausdruck des Flächeninhalts eingeht, den ich aufstellen will, so habe ich guten Grund, vergnügt zu sein. Warum?

Man muß in der Tat in Rechnung ziehen, daß die Summe von je zwei Seiten eines Dreiecks größer ist als die dritte Seite. Das umschließt einen gewissen Vorbehalt. Die gegebenen Längen a, b und c können nicht ganz beliebig sein; zum Beispiel muß $b + c$ größer als a sein. Das ist ein wesentlicher Teil der Bedingung, und wir müssen *die ganze Bedingung benutzen*. Wenn $b + c$ nicht größer als a ist, wird die gesuchte Formel notwendig illusorisch. Nun, die oben angeführte Quadratwurzel wird imaginär, wenn $b + c - a$ negativ ist – das heißt, wenn $b + c$ kleiner als a ist –, und so stellt die Quadratwurzel unter genau den Umständen nicht mehr eine reelle Größe dar, unter denen der gewünschte Ausdruck notwendig illusorisch wird. So hat meine Formel, in die diese Quadratwurzel eingeht, eine wichtige Eigenschaft mit der richtigen Formel für den Dreiecksinhalt gemein. Meine Formel sieht wie die richtige Formel aus; sie kann die richtige Formel sein.

Nun noch ein weiteres Beispiel. Vor einiger Zeit wollte ich einen Satz der Stereometrie beweisen. Ohne viele Mühe fand ich eine erste Bemerkung, die zu passen schien; aber dann blieb ich stecken. Es fehlte etwas, um den Beweis zu beenden. Als ich an jenem Tag die Arbeit aufgab, begriff ich viel deutlicher als zu Beginn, wie der Beweis aussehen, wie die Lücke gefüllt werden müßte; aber ich war nicht in der Lage, sie zu schließen. Am nächsten Tage, nach einer guten Nachtruhe, sah ich mir die Frage wieder an, und sogleich fiel mir ein analoger Satz aus der ebenen Geometrie ein. Im Nu war ich überzeugt, daß ich der Lösung nahe war, und ich hatte, so denke ich, auch guten Grund, davon überzeugt zu sein. Warum?

In der Tat ist *Analogie* ein wichtiger Wegweiser. Die Lösung einer Aufgabe aus der Stereometrie hängt oft von einer analogen Aufgabe aus der ebenen Geometrie ab (siehe ANALOGIE, 3.–7.). So bestand in meinem Fall von Anfang an eine Aussicht, daß der gewünschte Beweis als Lemma irgendeinen Satz aus der ebenen Geometrie von der Art, wie er mir tatsächlich einfiel, benutzen würde. «Dieser Satz sieht wie das Lemma aus, das ich brauche; er könnte das Lemma sein, das ich brauche» – so war meine Überlegung.

Wenn Kolumbus und seine Gefährten sich die Mühe gemacht hätten, ausdrücklich Schlüsse zu ziehen, würden sie in einer ähnlichen Weise geschlossen haben. Sie wußten, wie die See in der Nähe der Küste aussieht. Sie wußten, daß häufiger als auf hoher See Vögel in der Luft sind, die vom Lande kommen, und Gegenstände im Wasser schwimmen, die von der Küste losgerissen sind. Viele der Männer mußten solche Dinge beobachtet haben, wenn sie von früheren Reisen in ihre Heimathäfen zurückkamen. Am Tage vor jenem denkwürdigen Datum, an dem sie die Insel San Salvador sichteten, als die im Wasser umherschwimmenden Dinge so zahlreich wurden, dachten sie: «Es sieht aus, als ob wir uns irgendwelchem Land näherten; wir werden uns jetzt wohl irgendwelchem Land nähern» und «jeder atmete auf und freute sich über diese Zeichen.»

2. *Heuristischer Charakter der Zeichen des Fortschritts.* Wir wollen auf einen Punkt zurückkommen, der vielleicht be-

reits jedem klar ist; aber er ist sehr wichtig und sollte deshalb vollständig verstanden werden.

Die Art des Schließens, die durch die vorhergehenden Beispiele erläutert wurde, verdient beachtet und ernsthaft in Rechnung gezogen zu werden, obwohl sie nur eine glaubwürdige Anzeige und nicht unfehlbare Gewißheit gibt. Wir wollen pedantisch und in voller Breite eine dieser Schlußweisen formulieren:

Wenn wir uns dem Lande nähern, sehen wir oft Vögel.
Jetzt sehen wir Vögel.
Also nähern wir uns wahrscheinlich dem Lande.

Ohne das Wort «wahrscheinlich» würde der Schluß ein völliger Trugschluß sein. Tatsächlich sahen Kolumbus und seine Gefährten viele Male Vögel, aber sie wurden später enttäuscht. Genau einmal kam der Tag, an dem sie Sandpfeifer sahen, und dem der Tag der Entdeckung folgte.

Mit dem Wort «wahrscheinlich» ist der Schluß vernünftig und natürlich, aber keineswegs ein Beweis, ein demonstrativer Schluß; er ist nur eine Anzeige, eine heuristische Andeutung. Es würde ein großer Fehler sein, zu vergessen, daß ein solcher Schluß nur wahrscheinlich ist, und ihn als gewiß anzusehen. Aber solche Schlüsse gänzlich unbeachtet zu lassen, würde ein noch größerer Fehler sein. Wenn man einen heuristischen Schluß als gewiß nimmt, wird man zum Narren gehalten und ist enttäuscht; aber wenn man heuristische Schlüsse vernachlässigt, wird man überhaupt keinen Fortschritt machen. Die wichtigsten Anzeichen des Fortschritts sind heuristisch. Sollen wir ihnen trauen? Sollen wir ihnen folgen? Folgen schon, aber die Augen dabei offen halten. Trau, schau wem. Und verzichte niemals auf Dein eigenes Urteil.

3. *Deutlich ausdrückbare Zeichen.* Wir können die vorhergehenden Beispiele noch von einem anderen Standpunkt aus betrachten.

In dem einen dieser Beispiele sahen wir es als ein günstiges Zeichen an, daß es uns gelang, eine der gegebenen und vorher nicht benutzten Figuren (den weißen Springer) zum Zuge zu bringen. Wir hatten völlig recht, das so anzusehen. In der Tat, eine Aufgabe lösen heißt im wesentlichen, *den Zusammenhang zwischen den Daten und der Unbekannten zu finden.* Außerdem sollte man, wenigstens bei gutformulierten Aufgaben, *alle Daten benutzen* und jede von ihnen mit der Unbekannten verbinden. So kann man das Hineinbringen einer weiteren gegebenen Größe ganz richtig als einen Fortschritt, einen Schritt vorwärts empfinden.

In einem anderen Beispiel betrachteten wir als ein günstiges Zeichen, daß durch unsere Formel eine wesentliche Klausel der Bedingung in Rechnung gezogen wurde. Wir hatten völlig recht, das so anzusehen. In der Tat sollen wir *die ganze Bedingung benutzen.* So wird das In-Rechnung-Ziehen einer weiteren Klausel der Bedingung richtig als Fortschritt, als eine Bewegung in der rechten Richtung, empfunden.

In noch einem anderen Beispiel betrachteten wir als ein günstiges Zeichen das Auftauchen einer einfacheren analogen Aufgabe. Auch das ist gerechtfertigt. Analogie ist in der Tat eines der wichtigsten Hilfsmittel, die Lösung zu finden. Wenn andere Mittel fehlschlagen, sollten wir versuchen, uns *eine analoge Aufgabe auszudenken.* Wenn deshalb eine solche Aufgabe spontan und von selbst auftaucht, sind wir natürlich froh; wir fühlen, daß wir uns der Lösung nähern.

Nach diesen Beispielen können wir nun leicht die allgemeine Idee begreifen. Es gibt gewisse Denkoperationen, die typisch nützlich bei dem Lösen von Aufgaben sind. (Die üblichsten Operationen dieser Art sind hier in unserer Tabelle aufgeführt.) Wenn eine solche typische Handlung glückt (wenn eine weitere gegebene Größe mit der Unbekannten verknüpft wird – eine weitere Klausel der Bedingung in Rechnung gezogen wird – eine einfachere analoge Aufgabe eingeführt wird), so wird dieser Erfolg als ein Zeichen des Fortschritts empfunden. Wenn wir diesen wesentlichen Punkt verstanden haben, können wir das Wesen noch anderer Zeichen des Fortschritts einigermaßen deutlich ausdrücken. Alles, was wir zu tun haben, ist, unsere Tabelle herunterzulesen und die verschiedenen Fragen und Anregungen von dem neu erworbenen Standpunkt aus zu betrachten.

So bedeutet das klare Verstehen des Wesens der Unbekannten Fortschritt. Das klare Anordnen der verschiedenen Daten, so daß man sich leicht eines ins Gedächtnis rufen kann, bedeutet ebenfalls Fortschritt. Das lebendige Sich-vor-Augen-Stellen der Bedingung als ein Ganzes kann einen wesentlichen Fortschritt bedeuten; und das Zerlegen der Bedingung in passende Teile kann ein wichtiger Schritt voran sein. Wenn wir eine Figur gefunden haben, die wir uns leicht vorstellen können, oder eine Bezeichnung, die wir leicht behalten können, können wir mit gutem Grund glauben, daß wir einigen Fortschritt gemacht haben. Es kann eine entscheidende Bewegung in der rechten Richtung sein, wenn wir uns eine Aufgabe ins Gedächtnis rufen, *die der unseren verwandt ist und schon früher gelöst wurde.*

Und so geht es weiter. Jeder deutlich erfaßten Denkoperation entspricht ein gewisses deutlich ausdrückbares Zeichen. Wenn unsere Tabelle angemessen gelesen wird, findet man in ihr auch Zeichen des Fortschritts.

Die Fragen und Anregungen unserer Tabelle sind einfach, augenfällig, sie entspringen eben dem natürlichen, gesunden Menschenverstand. Das ist schon wiederholt gesagt worden, und dasselbe kann hier im Zusammenhang mit den Zeichen des Fortschritts gesagt werden. Um solche Zeichen zu lesen, ist kein Okkultismus erforderlich, nur ein wenig gesunder Menschenverstand und natürlich etwas Erfahrung.

4. *Weniger deutlich ausdrückbare Zeichen.* Wenn wir intensiv arbeiten, haben wir einen genauen Maßstab für unsern Fortschritt: wenn er schnell ist, sind wir freudig erregt; wenn er langsam ist, sind wir niedergeschlagen. Wir fühlen solche Unterschiede ganz deutlich, ohne jedoch auf irgendein deutliches Zeichen hinzeigen zu können. Stimmungen, Gefühle, allgemeine Aspekte der Lage dienen dazu, unsern Fortschritt anzuzeigen. Man kann sie nicht leicht ausdrücken. «Das scheint mir gut zu sein» oder «das sieht schlecht aus», sagen einfache Naturen. Etwas nuancierter drückt man sich

etwa so aus: «Das ist ein wohlausgewogener Plan» oder «nein, hier fehlt noch etwas, und das stört die Harmonie». Doch hinter diesen primitiven oder unbestimmten Ausdrücken ist ein unverkennbares Gefühl, dem wir mit Vertrauen folgen und das uns oft in die rechte Richtung führt. Wenn ein solches Gefühl sehr stark ist und ganz plötzlich auftaucht, sprechen wir von Inspiration. Die Menschen können gewöhnlich ihre Inspirationen nicht bezweifeln und werden manchmal von ihnen genarrt. Wir sollten in der Tat solche leitenden Gefühle und Eingebungen genau so behandeln wie die deutlicher ausdrückbaren Zeichen des Fortschritts, die wir vorher betrachtet haben. Traue, aber halte Deine Augen dabei offen.

Folge immer Deiner Eingebung – aber mit einem Körnchen Zweifel.

[Was ist die Natur dieser leitenden Gefühle? Ist irgendeine weniger unbestimmte Bedeutung hinter solchen ästhetisch nuancierten Worten wie «wohlausgewogen» oder «harmonisch»? Diese Fragen können mehr spekulativ als praktisch sein, aber der gegenwärtige Zusammenhang weist auf Antworten hin, die vielleicht verdienen, erwähnt zu werden: da die deutlicher ausdrückbaren Zeichen des Fortschritts mit dem Erfolg oder dem Mißlingen gewisser ziemlich bestimmter Denkoperationen zusammenhängen, können wir vermuten, daß unsere weniger deutlich ausdrückbaren leitenden Gefühle in ähnlicher Weise mit anderen, undurchsichtigeren geistigen Tätigkeiten zusammenhängen – vielleicht mit Tätigkeiten, deren Wesen mehr «psychologisch» und weniger «logisch» ist.]

5. *Wie Zeichen helfen.* Ich habe einen Plan. Ich sehe recht klar, wo ich beginnen und welche Schritte ich zuerst unternehmen sollte. Doch ich sehe noch nicht ganz die Anlage des weiteren Weges; ich bin nicht ganz sicher, daß mein Plan gehen wird; und auf jeden Fall habe ich noch einen langen Weg zu gehen. Deshalb beginne ich vorsichtig in der Richtung, die mir mein Plan anzeigt, und halte Ausschau nach Zeichen des Fortschritts. Wenn die Zeichen selten oder

undeutlich sind, werde ich zögern. Und wenn sie für eine lange Zeit ganz ausbleiben, mag ich wohl den Mut verlieren, mich zurückwenden und einen anderen Weg versuchen. Wenn hingegen bei meinem Vorangehen die günstigen Zeichen häufiger werden, wenn sie sich vervielfältigen, schwindet mein Zögern, mein Lebensgefühl hebt sich, und ich bewege mich mit zunehmendem Vertrauen, gerade so wie Kolumbus und seine Gefährten, bevor sie der Insel San Salvador ansichtig wurden.

Die Zeichen können unsere Handlungen leiten. Ihr Fehlen kann uns vor einer Sackgasse warnen und uns Zeit und unnütze Anstrengung ersparen; ihr Vorhandensein kann uns veranlassen, unsere Kräfte auf den richtigen Fleck zu konzentrieren.

Doch die Zeichen können auch trügerisch sein. Einmal verließ ich wegen Mangels an Zeichen einen gewissen Weg, den ich eingeschlagen hatte, aber jemand, der nach mir kam und jenen Weg ein wenig weiter verfolgte, machte eine wichtige Entdeckung – zu meinem größten Kummer und lange währendem Bedauern. Er hatte nicht nur mehr Ausdauer gehabt, sondern er hatte auch ein gewisses Zeichen gelesen, das ich übersehen hatte. Andererseits kann ich freudig einem Wege folgen, ermutigt durch günstige Zeichen, und gegen ein unvermutetes und unüberwindliches Hindernis rennen.

Gewiß, Zeichen mögen uns in irgendeinem besonderen Fall irreleiten, aber in der Mehrzahl der Fälle lenken sie uns richtig. Ein Jäger mag zuweilen die Spur seines Wildes mißdeuten, aber in der Regel muß er recht haben, sonst könnte er seinen Lebensunterhalt nicht mit Jagen bestreiten.

Man braucht Erfahrung, um die Zeichen genau auszulegen. Einige von Kolumbus' Gefährten wußten sicherlich durch Erfahrung, wie die See nahe der Küste aussieht, und so waren sie in der Lage, die Zeichen zu lesen, die den Gedanken eingaben, daß sie sich dem Lande näherten. Der Kundige weiß aus Erfahrung, wie die Lage aussieht, und fühlt, wenn die Lösung nahe ist, und so kann er die Zeichen lesen, die ihm die Annäherung an die Lösung anzeigen. Der Kundige kennt mehr Zeichen als der Unerfahrene, und er kennt sie besser; sein Hauptvorteil mag in dieser Kenntnis liegen. Ein kundiger Jäger bemerkt Spuren des Wildes und schätzt sogar ab, wie frisch oder wie alt sie sind, wo der Unerfahrene unfähig ist, überhaupt etwas zu sehen.

Der Hauptvorteil des besonders Begabten mag in einer Art von außergewöhnlichem Empfindungsvermögen bestehen. Mit feiner Empfindung fühlt er zarte Zeichen des Fortschritts oder bemerkt ihr Ausbleiben, während der weniger Begabte unfähig ist, einen Unterschied wahrzunehmen.

[6. *Heuristischer Syllogismus.* In Abschnitt 2 stießen wir auf eine Form heuristischen Schließens, die verdient, daß wir uns noch weiter damit befassen und einen technischen Ausdruck suchen. Wir beginnen damit, daß wir dieses Schließen in die folgende Form setzen:

Wenn wir uns dem Lande nähern, sehen wir oft Vögel.
Jetzt sehen wir Vögel.

Also wird es glaubwürdiger, daß wir uns
dem Lande nähern.

Die zwei Aussagen oberhalb des Striches mögen *Prämissen* genannt werden, die Aussage unterhalb des Striches der *Schluß*. Das ganze Muster des Schlusses sei ein *heuristischer Syllogismus* genannt.

Die Prämissen sind hier genau so formuliert wie in Abschnitt 2, aber der Schluß ist sorgfältiger ausgedrückt. Ein wesentlicher Umstand ist besser betont. Kolumbus und seine Gefährten mutmaßten von Anfang an, daß sie schließlich Land finden würden, wenn sie westwärts segelten; und sie mußten dieser Vermutung etwas Glauben beigemessen haben, sonst hätten sie ihre Fahrt überhaupt nicht begonnen. Als sie weiterkamen, bezogen sie jeden Vorfall, ob größer oder kleiner, auf die sie beherrschende Frage: «Nähern wir uns Land?» Ihre Zuversicht stieg und fiel, so wie

Ereignisse auftraten oder ausblieben, und das Vertrauen jedes einzelnen Mannes schwankte mit mehr oder weniger Unterschieden je nach Haltung und Charakter. Die ganze dramatische Spannung der Reise ist solchen Schwankungen des Vertrauens zuzuschreiben.

Der heuristische Syllogismus legt einen vernünftigen Grund dafür dar, daß der Grad des Vertrauens sich ändert. Solchen Wechsel zu verursachen, ist das Wesen dieser Art von Schluß, und dieser Punkt wird besser durch den hier wiedergegebenen Ausdruck bezeigt als durch den in Abschnitt 2.

Das durch unser Beispiel angeregte allgemeine Muster kann so dargelegt werden:

Wenn A wahr ist, dann ist auch B wahr, wie wir wissen.
Jetzt stellt sich heraus, daß *B* wahr ist.

Also wird auch A glaubwürdiger.

Oder kürzer:

$$\frac{\text{Wenn } A\text{, dann } B \qquad B \text{ wahr}}{A \text{ glaubwürdiger.}}$$

In dieser schematischen Formulierung steht die horizontale Linie für das Wort «also» und drückt die Implikation aus, das wesentliche Band zwischen den Prämissen und dem Schluß.]

[7. *Beschaffenheit des plausiblen Schließens.* In diesem kleinen Buch diskutieren wir eine philosophische Frage. Wir erörtern sie so praktisch und so wenig formal und so weit ab von einer abstrakten Ausdrucksweise wie nur möglich, aber nichtsdestoweniger ist unser Thema philosophisch. Es betrifft die Beschaffenheit heuristischen Schließens und ist ausgedehnt auf eine Art des Schließens, die nicht logisch überzeugend, aber doch wichtig ist und die wir in Ermangelung eines besseren Ausdrucks *plausibles* Schließen nennen wollen.

Die Zeichen, die den Erfinder von der Richtigkeit seiner Idee überzeugen, die Anzeichen, die uns in unseren alltäglichen Dingen leiten, die Indizienbeweise für den Rechtsanwalt, der induktive Beweis für den Naturwissenschaftler, der in vielen und verschiedenartigen Dingen herangezogene statistische Beweis – alle diese Arten des Beweises stimmen in zwei wesentlichen Dingen überein. Erstens, sie haben nicht die Gewißheit eines exakten Beweises. Zweitens, sie verhelfen dazu, wesentlich neues Wissen zu erwerben und sind sogar unentbehrlich für jedes nicht rein mathematische oder logische Wissen, für jedes Wissen in der physikalischen Welt. Wir könnten das Schließen, das dieser Art von Beweis zugrunde liegt, «heuristisches Schließen» nennen oder «induktives Schließen» oder (wenn wir vermeiden wollen, die Bedeutung bestehender Wendungen auszudehnen) «plausibles Schließen». Wir nehmen hier den letzten Ausdruck an.

Der im Vorhergehenden eingeführte heuristische Syllogismus kann als das einfachste und weitest verbreitete Muster des plausiblen Schließens angesehen werden. Es erinnert uns an ein klassisches Muster des demonstrativen Schließens, an den so genannten «Modus tollens des hypothetischen Syllogismus». Wir stellen hier beide Muster nebeneinander:

demonstrativ	*heuristisch*
Wenn A, dann B	Wenn A, dann B
B falsch	B wahr
A falsch	A glaubwürdiger

Der Vergleich dieser Muster wird lehrreich sein. Er kann uns eine Einsicht in die Natur des plausiblen (heuristischen, induktiven) Schließens geben, die man anderswo nicht so leicht wird erhalten können.

Beide Muster haben dieselbe erste Prämisse:

Wenn A, dann B.

Sie unterscheiden sich in der zweiten Prämisse. Die Aussagen:

B falsch B wahr

sind einander genau entgegengesetzt, aber sie sind von «ähnlicher logischer Natur», sie sind auf derselben «logischen Ebene». Der wesentliche Unterschied entsteht nach den Prämissen. Die Schlüsse

A falsch A glaubwürdiger

sind auf verschiedenen logischen Ebenen, und ihr Verhältnis zu ihrer entsprechenden Prämisse ist von verschiedener logischer Natur.

Der Schluß des demonstrativen Syllogismus ist von derselben logischen Natur wie die Prämissen. Überdies wird der Schluß vollständig ausgedrückt und von den Prämissen vollständig getragen. Wenn mein Nachbar und ich darin übereinstimmen, die Prämissen anzunehmen, können wir uns vernünftigerweise nicht darüber streiten, auch den Schluß anzunehmen, wie verschiedenartig unser Geschmack und unsere Überzeugungen auch sein mögen.

Der Schluß des heuristischen Syllogismus unterscheidet sich von den Prämissen in seiner logischen Natur; er ist unbestimmter, weniger scharf, unvollständiger ausgedrückt. Dieser Schluß ist mit einer Kraft vergleichbar, er hat Richtung und Größe. Er stößt uns in eine gewisse Richtung: A wird glaubwürdiger. Der Schluß hat auch eine gewisse Kraft: A kann *viel* glaubwürdiger oder *gerade ein wenig* glaubwürdiger werden. Der Schluß ist in den Prämissen nicht vollständig ausgedrückt und nicht vollständig getragen. *Die Richtung ist von den Prämissen getragen und impliziert, die Größe nicht.* Für jeden vernünftigen Menschen implizieren die Prämissen, daß A glaubwürdiger wird (gewiß nicht weniger glaubwürdig). Doch mein Nachbar und ich können uns rechtschaffen darüber streiten, *wieviel* glaubwürdiger A wird, weil unsere Temperamente und unsere nichtformulierten Gründe verschieden sein mögen.

In dem demonstrativen Syllogismus bilden die Prämissen eine *vollständige Basis*, auf der der Schluß ruht. Wenn beide Prämissen gelten, gilt der Schluß auch. Wenn wir irgendeine neue Information bekommen, die unsern Glauben an die Prämissen nicht verändert, so kann sie auch nicht unsern Glauben an den Schluß ändern.

In dem heuristischen Syllogismus bilden die Prämissen nur *einen Teil der Basis*, auf der der Schluß ruht, den vollständig ausgedrückten, «sichtbaren» Teil der Basis; es gibt einen unausgesprochenen, unsichtbaren Teil, der durch irgend etwas anderes gebildet wird, durch undeutliche Gefühle vielleicht oder durch nicht formulierte Gründe. In der Tat kann es geschehen, daß wir irgendeine neue Information bekommen, die unsern Glauben an die beiden Prämissen unberührt läßt, wohl aber das Vertrauen, das wir in A setzen, in einer genau entgegengesetzten Weise zu der, die im Schluß ausgedrückt ist, beeinflußt. A glaubwürdiger zu finden auf der Grundlage der Prämissen unseres heuristischen Syllogismus, ist nur vernünftig. Doch morgen kann ich Gründe finden, die mit diesen Prämissen gar nicht zusammenstoßen und die A weniger plausibel machen oder es sogar bestimmt widerlegen. Der Schluß kann ins Wanken geraten oder sogar vollständig umgestürzt werden durch Erschütterungen in den unsichtbaren Teilen seiner Grundlagen, obgleich die Prämissen, der sichtbare Teil, völlig feststehen.

Diese Bemerkungen scheinen die Natur des heuristischen, induktiven und anderer Arten des nichtdemonstrativen plausiblen Schließens etwas verständlicher zu machen, die anscheinend so hemmend und nicht zu fassen sind, wenn man vom Standpunkt der rein demonstrativen Logik an sie herangeht. Um das plausible Schließen noch verständlicher zu machen, wird es notwendig sein, noch mehr konkretere Beispiele anzuführen, andere Arten des heuristischen Syllogismus zu betrachten und den Begriff der Wahrscheinlichkeit und andere damit zusammenhängende Begriffe zu untersuchen. Der Verfasser hofft, dies in einer vollständigeren Behandlung des Themas zu zeigen.]

Heuristische Überlegungen sind wichtig, obwohl sie nichts beweisen. Es ist auch wichtig, unsere heuristischen Gründe zu klären, obgleich es hinter jedem geklärten Grund viele andere gibt, die dunkel bleiben und vielleicht noch wichtiger sind.

Zeichne eine Figur; siehe FIGUREN. *Führe eine passende Bezeichnung ein;* siehe BEZEICHNUNG.

Zerlegung und Zusammensetzung sind wichtige geistige Vorgänge.

Du prüfst einen Gegenstand, der Deine Interessen berührt oder Deine Neugier anregt: ein Haus, das Du mieten möchtest, ein wichtiges, aber geheimes Telegramm, irgendeinen Gegenstand, dessen Zweck oder Ursprung Dir Kopfzerbrechen macht, oder irgendein Problem, das Du lösen möchtest. Du hast einen Eindruck von dem Gegenstand als Ganzem, aber vielleicht ist dieser Eindruck nicht deutlich genug. Eine Einzelheit fällt Dir auf, und Du richtest Deine Aufmerksamkeit darauf. Dann konzentrierst Du Deine Aufmerksamkeit auf eine andere Einzelheit, dann wiederum auf eine andere. Verschiedene Kombinationen von Einzelheiten mögen sich bieten, und nach einer Weile betrachtest Du den Gegenstand wieder als Ganzes, aber Du wirst ihn nun ganz anders sehen. Du zerlegst das Ganze in seine Teile, und Du setzt die Teile zu einem mehr oder weniger verschiedenen Ganzen zusammen.

1. Wenn Du ins Einzelne gehst, so kannst Du Dich in Einzelheiten verlieren. Zu viele oder zu geringfügige Einzelheiten sind nur eine Last für das Gedächtnis. Sie können Dich davon abhalten, dem Hauptpunkt genügend Aufmerksamkeit zu schenken oder gar, ihn überhaupt zu sehen. Denke an den Mann, der den Wald vor lauter Bäumen nicht sieht!

Wir möchten ja unsere Zeit nicht mit unnützen Einzelheiten vergeuden und müssen unsere Kräfte für das Wesentliche aufsparen. Die Schwierigkeit ist, daß wir nicht im voraus sagen können, welche Einzelheiten sich schließlich als notwendig herausstellen und welche nicht.

Deshalb wollen wir an erster Stelle die Aufgabe als Ganzes verstehen. Wenn wir die Aufgabe verstanden haben, werden wir besser beurteilen können, welche besonderen Punkte am wesentlichsten sind. Wenn wir ein oder zwei wesentliche Punkte geprüft haben, werden wir besser beurteilen können, welche weiteren Einzelheiten nähere Untersuchung verdienen. Sodann wollen wir ins Einzelne gehen und die Aufgabe allmählich zerlegen, aber nicht weiter, als es notwendig ist.

Natürlich kann der Lehrer nicht erwarten, daß alle Schüler in dieser Hinsicht klug handeln. Im Gegenteil ist es bei manchen Schülern eine sehr törichte und schlechte Gewohnheit, daß sie beginnen, an Einzelheiten zu arbeiten, bevor sie noch die Aufgabe als Ganzes verstanden haben.

2. Wir wollen jetzt mathematische Aufgaben betrachten, und zwar «Bestimmungsaufgaben».

Wenn wir die Aufgabe als Ganzes, ihr Ziel, ihren Hauptpunkt verstanden haben, wünschen wir ins Einzelne zu gehen. Wo sollen wir beginnen? In beinahe allen Fällen ist es vernünftig, mit der Betrachtung der Hauptteile der Aufgabe zu beginnen, der Unbekannten, der Daten und der Bedingung.

In beinahe allen Fällen ist es ratsam, die ins Einzelne gehende Prüfung der Aufgabe mit den Fragen: *Was ist unbekannt? Was ist gegeben? Wie lautet die Bedingung?* zu beginnen.

Was ist zu tun, wenn wir weitere Einzelheiten untersuchen wollen? Recht häufig ist es ratsam, jede gegebene Größe für sich allein zu prüfen, die verschiedenen Teile der Bedingung zu trennen und jeden Teil allein zu untersuchen.

Wir können es als notwendig erachten, besonders wenn die Aufgabe schwieriger ist, sie noch weiter zu zerlegen und noch abgelegenere Einzelheiten zu untersuchen. So kann es notwendig werden, *auf die Definition* eines gewissen Ausdrucks *zurückzugehen*, neue, in der Definition enthaltene Bestandteile einzuführen und die so eingeführten Bestandteile zu prüfen.

3. Nachdem wir die Aufgabe zerlegt haben, versuchen wir, ihre Bestandteile auf irgendeine neue Art wieder zusammenzusetzen. Insbesondere können wir versuchen, die Bestandteile der Aufgabe zu einer neuen, zugänglicheren Aufgabe zusammenzusetzen, die wir womöglich als eine Hilfsaufgabe benutzen können.

Es gibt natürlich unbegrenzte Möglichkeiten der Zusammensetzung. Schwierige Aufgaben erfordern versteckte, außergewöhnliche, originelle Zusammensetzungen, und der Scharfsinn des Aufgabenlösers zeigt sich in der Originalität der Zusammensetzung. Es gibt jedoch gewisse übliche und verhältnismäßig einfache Arten der Zusammensetzung, die für einfachere Aufgaben ausreichen und die wir durch und durch kennen und zuerst versuchen müssen, selbst wenn wir später zu weniger augenfälligen Mitteln unsere Zuflucht nehmen müssen.

Es gibt eine formale Klassifizierung, in der die gebräuchlichsten und nützlichsten Zusammensetzungen geschickt angeordnet sind. Wenn man aus der vorgegebenen Aufgabe eine neue konstruieren will, so kann man

(1) die Unbekannte festhalten und das Übrige (die Daten und die Bedingung) ändern; oder

(2) die Daten festhalten und das Übrige (die Unbekannte und die Bedingung) ändern; oder

(3) sowohl die Unbekannte als die Daten ändern.

Wir wollen diese Fälle genauer untersuchen.

[Fall (1) und (2) greifen ineinander über. Es ist in der Tat möglich, sowohl die Unbekannte wie die Daten festzuhalten und die Aufgabe dadurch umzuändern, daß man die Form der Bedingung allein ändert. Zum Beispiel sind die beiden folgenden, obgleich sichtlich äquivalenten Aufgaben nicht genau gleich:

Konstruiere ein gleichseitiges Dreieck, wenn eine Seite gegeben ist.

Konstruiere ein gleichwinkliges Dreieck, wenn eine Seite gegeben ist.

Der Unterschied in den beiden Formulierungen, der in dem vorliegenden Beispiel geringfügig ist, kann in anderen Fällen von Bedeutung sein. Solche Fälle sind in gewisser Hinsicht sogar wichtig, aber es würde zu viel Raum wegnehmen, sie hier zu erörtern. Vergleiche HILFSAUFGABEN, 7., letzte Bemerkung.]

4. *Die Unbekannte festhalten* und die Daten und die Bedingung ändern, um die vorgegebene Aufgabe umzuformen, ist oft nützlich. Die Anregung: BETRACHTE DIE UNBEKANNTE zielt auf Aufgaben mit derselben Unbekannten. Wir können versuchen, uns an eine früher gelöste Aufgabe dieser Art zu erinnern: *Und versuche, Dich auf eine Dir bekannte Aufgabe zu besinnen, die dieselbe oder eine ähnliche Unbekannte hat.* Wenn es uns mißlingt, uns an eine solche Aufgabe zu erinnern, können wir versuchen, eine zu erfinden: *Kannst Du Dir andere Daten denken, die geeignet sind, die Unbekannte zu bestimmen?*

Eine neue Aufgabe, die der vorgegebenen enger verwandt ist, hat eine größere Wahrscheinlichkeit, von Nutzen zu sein. Deshalb versuchen wir, indem wir die Unbekannte festhalten, auch einen Teil der Daten und der Bedingung festzuhalten und nur eine oder zwei gegebene Größen und einen kleinen Teil der Bedingung tunlichst wenig zu ändern. Eine gute Methode ist es, irgend etwas auszulassen, ohne etwas Neues hinzuzufügen; wir halten die Unbekannte fest, *behalten nur einen Teil der Bedingung bei und lassen den anderen Teil fort*, aber führen keinerlei neue Einschränkung und keine neue gegebene Größe ein. Beispiele und Erläuterungen für diesen Fall folgen unter 7. und 8.

5. Wir *halten die Daten fest* und können nun versuchen, irgendeine nützliche und zugänglichere neue Unbekannte einzuführen. Eine solche Unbekannte muß aus dem ursprünglich Gegebenen erhalten werden, und wir haben sie im Sinn, wenn wir fragen: KANNST DU ETWAS NÜTZLICHES AUS DEN DATEN ABLEITEN?

Wir wollen beachten, daß zwei Dinge hier wünschenswert sind. Erstens sollte die neue Unbekannte zugänglicher sein, d. h. leichter aus den Daten zu erhalten als die ursprüngliche Unbekannte. Zweitens sollte die neue Unbekannte nützlich sein, d. h. wenn sie gefunden ist, sollte sie bei der Suche nach der ursprünglichen Unbekannten einen bestimmten Dienst leisten. Kurz, die neue Unbekannte sollte eine Art *Schrittstein* sein. Ein Stein in der Mitte des Baches ist mir näher als das andere Ufer, zu dem ich hinüber möchte, und wenn der Stein erreicht ist, hilft mir das, zum anderen Ufer zu gelangen.

Die neue Unbekannte sollte sowohl zugänglich als nützlich sein, aber in praxi müssen wir uns oft mit weniger zufrieden geben. Wenn sich nichts Besseres bietet, ist es nicht unvernünftig, etwas aus den Daten abzuleiten, das nützlich zu sein scheint; und es ist ebenfalls vernünftig, es mit einer neuen Unbekannten zu versuchen, die mit der ursprünglichen eng verbunden ist, selbst wenn sie zu Anfang nicht besonders zugänglich zu sein scheint.

Wenn z. B. unsere Aufgabe darin besteht, die Diagonale eines Quaders zu suchen (wie in Abschnitt **8**), so können wir die Diagonale einer Seitenfläche als neue Unbekannte einführen. Wir können so verfahren, entweder weil wir *wissen*, daß wir, wenn wir die Diagonale der Fläche haben, auch die Diagonale des Körpers erhalten können (wie in Abschnitt **10**), oder, weil wir sehen, daß die Diagonale der Fläche leicht zu erhalten ist und wir *vermuten*, daß sie auf der Suche nach der Körperdiagonale nützlich sein könnte. (Vergleiche: HAST DU ALLE DATEN BENUTZT? 1.)

Wenn unsere Aufgabe darin besteht, einen Kreis zu konstruieren, müssen wir zwei Dinge finden, den Mittelpunkt und den Radius; wir können sagen, unsere Aufgabe hat zwei Teile. In gewissen Fällen ist der eine Teil zugänglicher als der andere, und deshalb können wir vernünftigerweise in jedem Falle kurz die Möglichkeit betrachten: *Kannst Du einen Teil der Aufgabe lösen?* Wenn wir das fragen, schätzen wir die Aussicht ab: lohnt es sich, seine Aufmerksamkeit auf den Mittelpunkt zu konzentrieren oder auf den Radius und den einen oder den anderen als neue Unbekannte einzuführen? Fragen dieser Art sind oft sehr nützlich. In zusammengesetzteren oder in fortgeschrittenen Aufgaben besteht die entscheidende Idee oft darin, irgendeinen zugänglicheren, aber wesentlichen Teil der Aufgabe herauszuschälen.

6. *Ändern wir sowohl die Unbekannte als die Daten*, so weichen wir von unserem ursprünglichen Kurs mehr ab als in den vorhergehenden Fällen. Das schätzen wir natürlich nicht; wir fühlen die Gefahr, die ursprüngliche Aufgabe gänzlich zu verlieren. Doch können wir zu einer solchen umfassenden Änderung gezwungen werden, wenn weniger radikale Änderungen, etwas Zugängliches und Nützliches hervorzubringen, fehlgeschlagen sind, und es verlockt uns, so weit von unserer ursprünglichen Aufgabe abzuweichen, wenn die neue Aufgabe Aussicht auf Erfolg hat. *Kannst Du die Unbekannte oder die Daten oder, wenn nötig, beides ändern, so daß die neue Unbekannte und die neuen Daten einander näher sind?*

Eine interessante Möglichkeit, sowohl die Unbekannte als die Daten zu ändern, ist, die Unbekannte mit einer der gegebenen Größen auszutauschen. (Siehe KANNST DU DAS RESULTAT VERWENDEN? 3.)

7. *Beispiel.* Konstruiere ein Dreieck, wenn gegeben ist die Seite a, die zu a senkrechte Höhe h und der a gegenüberliegende Winkel α.

Was ist unbekannt? Ein Dreieck.

Was ist gegeben? Zwei Geraden, a und h, und ein Winkel, α.

Nun, wenn wir etwas mit geometrischen Konstruktionsaufgaben vertraut sind, versuchen wir eine solche Aufgabe auf die Konstruktion eines Punktes zurückzuführen. Wir zeichnen die Gerade BC gleich der gegebenen Seite a; dann ist alles, was wir finden sollen, die Spitze A des Dreiecks, die der Seite a gegenüber liegt; siehe Figur 34. Wir haben in der Tat eine neue Aufgabe.

Was ist unbekannt? Der Punkt A.

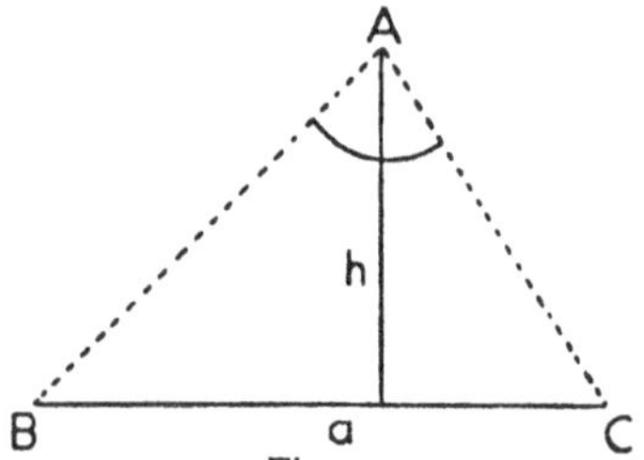

Fig. 34

Was ist gegeben? Eine Gerade h, ein Winkel α, und zwei Punkte B und C, deren Lage gegeben ist.

Wie lautet die Bedingung? Der senkrechte Abstand des Punktes A von der Geraden BC soll h und der Winkel $BAC = \alpha$ sein.

Wir haben also unsere Aufgabe umgewandelt, indem wir sowohl die Unbekannte als die Daten verändert haben. Die neue Unbekannte ist ein Punkt, die alte war ein Dreieck. Ein Teil der Daten ist in beiden Aufgaben gleich, die Gerade h und der Winkel α; aber in der alten Aufgabe war eine Länge a gegeben und jetzt statt dessen zwei Punkte B und C.

Die neue Aufgabe ist nicht schwierig. Die folgende Anregung bringt uns der Lösung ganz nahe.

Trenne die verschiedenen Teile der Bedingung. Die Bedingung hat zwei Teile, der eine betrifft die gegebene Größe h, der andere die gegebene Größe α. Es wird gefordert, daß der unbekannte Punkt

(I) im Abstand h von der Geraden BC liegt; und

(II) der Scheitel eines Winkels von der gegebenen Größe α ist, dessen Schenkel durch die gegebenen Punkte B und C gehen.

Wenn wir *nur einen Teil der Bedingung beibehalten und den anderen Teil fort lassen*, ist der unbekannte Punkt nicht ganz bestimmt. Es gibt viele Punkte, die Teil (I) der Bedingung erfüllen, nämlich alle Punkte auf einer Parallelen zu der Geraden BC im Abstand h von BC[11]. Diese Parallele ist der geometrische Ort der Punkte, die Teil (I) der Bedingung erfüllen. Der geometrische Ort der Punkte, die Teil (II) erfüllen, ist ein gewisser Kreisbogen, dessen Endpunkte B und C sind. Wir können beide Örter beschreiben; ihr Schnittpunkt ist der Punkt, den wir konstruieren wollten.

Das Verfahren, das wir soeben angewandt haben, verdient eine gewisse Beachtung; wenn wir geometrische Konstruktionsaufgaben lösen wollen, können wir oft mit Erfolg diesem Muster folgen: Führe die Aufgabe zurück auf die Konstruktion eines Punktes und konstruiere den Punkt als den Schnittpunkt zweier geometrischer Örter.

Aber ein gewisser Schritt in diesem Verfahren hat noch ein allgemeineres Interesse; wenn wir «Bestimmungsaufgaben» jedweder Art lösen, können wir seinem Muster folgen: *Behalte nur einen Teil der Bedingung bei und lasse den anderen Teil fort.* Wenn wir so verfahren, schwächen wir die Bedingung der vorgegebenen Aufgabe, und damit schränken wir die Unbekannte weniger ein. *Inwieweit ist die Unbekannte dann bestimmt, wie kann sie sich ändern?* Durch diese Frage stellen wir eine neue Aufgabe auf. Wenn die Unbekannte ein Punkt der Ebene ist (wie in unserem Beispiel), besteht die Lösung dieser neuen Aufgabe darin, einen geometrischen Ort zu bestimmen, der durch diesen Punkt beschrieben wird. Wenn die Unbekannte ein mathematisches Ding einer anderen Art ist (in Abschnitt **18** war sie ein Quadrat), müssen wir eine gewisse Menge von Dingen geeignet beschreiben und genau charakterisieren. Sogar wenn die Unbekannte nicht ein mathematisches Ding ist (wie im nächsten Beispiel unter 8.), kann es nützlich sein, diese Dinge, die einen gewissen Teil der der Unbekannten durch die vorgegebene Aufgabe auferlegten Bedingung erfüllen, zu betrachten, zu charakterisieren, zu beschreiben oder anzuordnen.

[11] Die Ebene ist durch die Gerade durch B und C halbiert. Wir wählen eine der Halbebenen für die Konstruktion von A, und so brauchen wir nur eine Parallele zu BC zu betrachten; andernfalls hätten wir zwei solcher Parallelen zu betrachten.

8. *Beispiel.* Wir sollen das folgende Beispiel lösen:

«Vorwärts und rückwärts
bin ich stets seitwärts.»

Was ist unbekannt? Ein Wort.

Wie lautet die Bedingung? Sie ist noch sehr verschwommen. Das Wort soll natürlich ein deutsches Wort sein – ein nicht zu kompliziertes oder seltenes Wort, hoffen wir. Es soll etwas beschreiben, das seitwärts ist oder liegt oder sich befindet ... und auch zugleich rückwärts und vorwärts!

Ist die Bedingung ausreichend, um die Unbekannte zu bestimmen? Nein! Sie ist viel zu verschwommen. Das heißt, die Bedingung mag an sich genügen, jedoch was davon uns in diesem Moment klar ist, ist sicherlich ungenügend. Was ist «seitwärts»? Tasche? Säbel? Arm? Zu unbestimmt!

Die Bedingung ist vieldeutig ausgedrückt – offenbar absichtlich. Nachdem wir uns eine Weile erfolglos abgemüht haben, können wir auf die Vermutung verfallen, daß das gesuchte Wort vorwärts und rückwärts *gelesen* werden sollte. Es mag der Mühe wert sein, diese Deutung des Rätsels genauer zu untersuchen.

Trenne die verschiedenen Teile der Bedingung. Die Bedingung hat zwei Teile, der eine betrifft die Bedeutung des Wortes, der andere seine Rechtschreibung. Es wird gefordert, daß das unbekannte Wort

(I) ein (einfaches) deutsches Wort ist, das etwas zu tun hat mit «seitwärts».

(II) ein Wort ist, das, rückwärts gelesen, wieder etwas mit «seitwärts» zu tun hat.

Wenn wir *nur einen Teil der Bedingung beibehalten und den anderen fortlassen*, ist die Unbekannte nicht vollständig bestimmt. Es gibt viele Worte, die Teil (I) der Bedingung erfüllen, wir haben eine Art geometrischen Ort. Wir können diesen geometrischen Ort (I) «beschreiben» und ihn bis zu seinem «Schnittpunkt» mit dem geometrischen Ort (II) «verfolgen». Das natürliche Verfahren ist, auf Teil (I) der Bedingung seine Aufmerksamkeit zu konzentrieren, Worte zu sammeln, die die vorgeschriebene Bedeutung haben, und wenn es gelungen ist, sich an irgendein solches Wort zu erinnern, zu prüfen, ob es rückwärts gelesen werden kann oder nicht. Wir werden vielleicht viele verschiedene Wörter versuchen müssen, bevor wir das richtige treffen: Tasche, Säbel, Arm, Ellenbogen – Elle! Teil (II) der Bedingung wäre erfüllt, wenn Teil (I) erfüllt wäre; aber es ist noch nicht ganz das rechte.

Natürlich, *neben!*

9. In 3. haben wir die Möglichkeiten klassifiziert, dadurch eine neue «Bestimmungsaufgabe» zu erhalten, daß wir gewisse Bestandteile einer vorgegebenen «Bestimmungsaufgabe» wieder zusammensetzten. Wenn wir nicht nur eine neue Aufgabe einführen, sondern zwei oder mehr, gibt es mehr Möglichkeiten, die hier erwähnt, aber nicht mehr klassifiziert seien.

Noch weitere Möglichkeiten können sich ergeben. Insbesondere kann die Lösung einer «Bestimmungsaufgabe» von der Lösung einer «Beweisaufgabe» abhängen. Wir erwähnen diese wichtige Möglichkeit nur; wegen Raummangels kann sie nicht weiter ausgeführt werden.

10. Nur wenige und kurze Bemerkungen über «Beweisaufgaben» mögen hinzugefügt werden; sie sind analog zu den vorhergehenden ausführlicheren Bemerkungen über «Bestimmungsaufgaben» (2.–9.).

Wenn man eine solche Aufgabe als Ganzes verstanden hat, sollte man im allgemeinen ihre Hauptteile prüfen. Die Hauptteile sind die Annahme und der Schluß des Lehrsatzes, den wir beweisen oder widerlegen sollen. Wir müssen diese Teile durch und durch verstehen: *Was ist die Annahme? Was ist der Schluß?* Wenn wir auf einzelne Punkte eingehen müssen, so können wir *die verschiedenen Teile der Annahme trennen* und jeden für sich allein betrachten. Dann können wir zu anderen Einzelheiten fortschreiten und die Aufgabe immer weiter zerlegen.

Nachdem wir die Aufgabe zerlegt haben, werden wir versuchen, ihre Bestandteile auf eine neue Art wieder zusammenzusetzen. Besonders werden wir versuchen, die Bestandteile zu einem anderen Lehrsatz zusammenzusetzen. In dieser Hinsicht gibt es drei Möglichkeiten.

(1) Wir *behalten den Schluß bei* und ändern die Annahme. Wir versuchen zunächst, uns an einen solchen Lehrsatz zu erinnern: *Betrachte den Schluß! Und versuche, Dich auf einen Dir bekannten Satz zu besinnen, der denselben oder einen ähnlichen Schluß hat.* Wenn es uns nicht gelingt, uns an einen solchen Satz zu erinnern, versuchen wir, einen zu erfinden: *Kannst Du Dir eine andere Annahme denken, aus der Du leicht den Schluß ableiten könntest?* Wir können die Hypothese dadurch ändern, daß wir etwas auslassen, ohne etwas anderes hinzuzufügen: *Behalte nur einen Teil der Annahme bei und lasse den anderen Teil fort; ist der Schluß noch gültig?*

(2) Wir *behalten die Annahme bei* und ändern den Schluß: *Kannst Du etwas Nützliches aus der Annahme ableiten?*

(3) Wir *ändern sowohl die Annahme als den Schluß.* Wir werden um so mehr geneigt sein, beide zu ändern, wenn es uns nicht gelang, nur eine zu ändern. *Kannst Du die Annahme ändern oder den Schluß oder, wenn nötig, beide, so daß die neue Annahme und der neue Schluß einander näher sind?*

Noch andere Möglichkeiten entstehen, wenn wir, um die Lösung der vorgegebenen «Beweisaufgabe» zu erhalten, zwei oder mehrere neue «Beweisaufgaben» einführen oder wenn wir die gegebene Aufgabe mit einer geeigneten «Bestimmungsaufgabe» verbinden. Auf diese Fälle kann hier nicht mehr eingegangen werden.

INHALTSVERZEICHNIS

Vorbemerkung zur Neuauflage (von Peter Roquette) . . . 1
Vorwort 7
Einführung 11

TEIL I. IM KLASSENZIMMER

Zweck der Tabelle

1. Hilfe für den Schüler 14
2. Fragen, Anregungen, Denkoperationen 14
3. Allgemeingültigkeit 15
4. Gesunder Menschenverstand 16
5. Lehrer und Schüler. Nachahmung und Übung . 17

Hauptteile und Hauptfragen

6. Vier Phasen der Arbeit 18
7. Verstehen der Aufgabe 19
8. Beispiel 20
9. Ausdenken eines Planes 22
10. Beispiel 24
11. Ausführen des Planes 26
12. Beispiel 27
13. Rückschau 28
14. Beispiel 30
15. Verschiedenartige Wege 33
16. Die Methode des Lehrers zu fragen 34
17. Gute und schlechte Fragen 36

Weitere Beispiele

18. Eine Konstruktionsaufgabe 37
19. Eine Beweisaufgabe 39
20. Eine Geschwindigkeitsaufgabe 43

TEIL II. WIE LÖST MAN PROBLEME?

Ein Zwiegespräch 48

TEIL III. KLEINES WÖRTERBUCH DER HEURISTIK

Analogie 52
Aufstellen von Gleichungen 61
Bedingung 65
Bestimmungsaufgaben und Beweisaufgaben 66
Betrachte die Unbekannte 69
Bezeichnung 75
Bolzano 83
Definition 83
Der angehende Mathematiker 91
Der intelligente Aufgabenlöser 92
Der intelligente Leser 93
Der traditionelle Mathematikprofessor 94
Descartes 95
Diagnose 95
Durchführen eines Planes 96
Entschlossenheit, Hoffnung, Erfolg 100
Fachausdrücke, alte und neue 102
Figuren 105
Fortschritt und Leistung 110
Glänzende Idee 113
Hast du alle Daten benutzt? 115
Hast du die Aufgabe schon früher gesehen? . . . 118
Heuristik 118
Heuristisches Denken 119
Hier ist eine Aufgabe, die der Deinen verwandt und
früher schon gelöst ist 120
Hilfsaufgabe 122
Hilfselemente 128
Induktion und vollständige Induktion 133
Ist es möglich, die Bedingung zu befriedigen? . . . 140

Kannst du das Resultat auf verschiedene Weise ableiten? 141
Kannst du das Resultat kontrollieren? 145
Kannst du das Resultat verwenden? 147
Kannst du die Aufgabe anders ausdrücken?[1] . . . 151
Kannst du etwas Nützliches aus den Daten ableiten? 151
Kennst du eine verwandte Aufgabe? 154
Kontradiktorisch[1] 154
Korollar 154
Leibniz 155
Lemma 155
Moderne Heuristik 155
Nachprüfung durch Dimensionsbetrachtung . . . 160
Pappus 163
Paradoxon des Erfinders 170
Pedanterie und Meisterschaft 170
Praktische Aufgaben 171
Prüfe deine Vermutung 177
Rätsel 180
Reductio ad absurdum und indirekter Beweis . . . 188
Regeln des Lehrens 198
Regeln des Stils 198
Regeln für Entdeckungen 198
Rückwärts arbeiten 199
Schablonen-Aufgabe 206
Spezialisierung 207
Symmetrie 214
Trenne die verschiedenen Teile der Bedingung . . 216
Überbestimmt[1] 216
Unterbewußte Arbeit 216
Variation der Aufgabe 218
Verallgemeinerung 223
Warum Beweise? 225
Was ist unbekannt? 233
Weisheit in Sprichwörtern 234

---

[1] Enthält nur Verweise.

Wenn Du nicht die vorgegebene Aufgabe lösen kannst 238
Zeichen des Fortschritts 238
Zeichne eine Figur[1] 252
Zerlegung und Zusammensetzung 252

[1] Enthält nur Verweise.

WIE SUCHT MAN DIE LÖSUNG?

Erstens

Du mußt die Aufgabe *verstehen*

Zweitens

Suche den Zusammenhang zwischen den Daten und der Unbekannten

Du mußt vielleicht Hilfsaufgaben betrachten, wenn ein unmittelbarer Zusammenhang nicht gefunden werden kann

Du mußt schließlich einen *Plan* der Lösung erhalten

Drittens

Führe Deinen Plan *aus*

Viertens

Prüfe die erhaltene Lösung